「幻」の日本爆撃計画

「真珠湾」に隠された真実

アラン・アームストロング
塩谷 紘訳

Preemptive Strike

THE SECRET PLAN THAT WOULD HAVE PREVENTED
THE ATTACK ON PEARL HARBOR

Alan Armstrong

日本経済新聞出版社

WAR AND NAVY DEPARTMENTS
WASHINGTON

JUL 18 1941

[redacted]

DECLASSIFIED
DOD Dir...
9/27/...

The President,

The White House.

Dear Mr. President:

At the request of Mr. Lauchlin Currie, Administrative Assistant to The President, The Joint Board has made recommendations for furnishing aircraft to the Chinese Government under the Lend-Lease Act. These recommendations are contained in the Joint Planning Committee report of July 9, 1941, J.B. No. 355 (Serial 691), which The Joint Board approved, and which is transmitted herewith for your consideration.

In connection with this matter, may we point out that the accomplishment of The Joint Board's proposals to furnish aircraft equipment to China in accordance with Mr. Currie's Short Term Requirements for China, requires the collaboration of Great Britain in diversions of allocations already made to them; however, it is our belief that the suggested diversions present no insurmountable difficulty nor occasion any great handicap.

We have approved this report and in forwarding it to you, recommend your approval.

July 23, 1941.
OK — but re-study military mission versus the attaché method.
FDR

Robert P. Patterson
Acting Secretary of War.

Frank Knox
Secretary of the Navy.

1 Incl.

日本への先制爆撃計画「JB-355」を承認したルーズベルト大統領のサイン入り文書。「1941年7月23日。了解——ただし、軍事使節団方式を採るか、アタッシェ方式を採るかについては、再検討されたし。FDR」

右）第二次世界大戦終結後のクレア・リー・シェノールト少将。軍服の胸ポケット上部には鳥の翼をかたどった司令官用航空記章を、左腕上部には中国とビルマの袖章をつけている。（写真提供 アメリカ国立公文書館）

下）ボーイングB－17〝空の要塞〞爆撃機の初期モデル。この爆撃機は中国本土の浙江省株洲から発進して東京に爆弾を投下したあと、基地に戻れる航続距離を誇った。（写真提供 バート・キンゼー）

カーティスP-36ホーク戦闘機。垂直尾翼に登録番号NR1276を記したこの機は、中国での空中戦でシェノールトが操縦した戦闘機の一つといわれる。（写真提供 チャレンジ・パブリケーションズ社刊「エア・クラシックス・マガジン」誌）

シェノールトと蒋介石、宋美齢夫妻。1942年撮影。（写真提供 フライング・タイガーズ協会）

大破したカーティスP－40戦闘機。アメリカ義勇兵部隊のパイロットは、アメリカを発つ前にP－40の操縦訓練を受けていなかった。そのため、訓練中や作戦行動中の事故が頻発した。（写真提供 フライング・タイガーズ協会）

1942年、桂林の飛行場で、ローラーでならして滑走路を平坦にする作業にあたる中国人労働者。この飛行場は、シェノールトの部隊の予備爆撃基地であった。（写真提供 フライング・タイガーズ協会）

航空機とエンジンの状態を記したボードを見つめる義勇兵部隊のパイロット。
（写真 シーラ・ビショップ・アーウィン）

編隊長たちにブリーフィングを行なうシェノールト（中央）。（写真提供 フライング・タイガーズ協会）

日本軍を幻惑するためにシェノールトが考案した木製のP−40トマホーク。シェノールトは、自分の部隊の作戦機数を日本軍に知られないために、さまざまな手を使った。（写真提供 フライング・タイガーズ協会）

義勇兵部隊の本部として使われた、中国昆明の南西雲南大学の建物。
（写真提供 フライング・タイガーズ協会）

本著を妻マーリーンと娘サラに捧げる

装幀　山口鷹雄
本文デザイン　アーティザンカンパニー

天空が落ちかけた日、
大地の礎が崩れゆくとき、
男たちは傭兵の天職を奉じ、
禄を得て、皆、死に絶えた。

崩れ来る天空を両肩で支え、
男たちは踏みとどまり、大地の礎は揺るがなかった。
彼らは神が見捨て賜うたものを守り、
禄と引き換えに、すべての事態を救った。

——A・E・ハウスマン「傭兵隊の墓碑銘」

目次

序文

一冊の本が一つではなく二つの世界観を同時に提示することは、非常に稀である。アラン・アームストロングの著書『「幻」の日本爆撃計画』は、歴史がいかに頻繁に繰り返されるかを示すばかりでなく、歴史上の偉大な出来事は常に、偉大な人々によって動かされることを明示している。

このテンポの速い物語の中でアームストロングが描く出来事の数々は、一九四一年一二月七日の真珠湾攻撃以前に起こったことである。著者は一貫して、アメリカが密かに計画していた日本本土への先制爆撃計画がもし実行されていたら、果たして太平洋戦争は避けられたか否か、という疑問を呈している。

第二次世界大戦に参戦する前夜のアメリカでは、孤立主義を掲げる保守派が大きな政治的影響力をもっていた。だから、アメリカが他国に対して先制攻撃を計画していたなどありえない、と思えるかもしれない。

アメリカにとって幸運だったのは、起こりつつある事態を明確に察知し、孤立主義に凝り固まって自衛する意思を放棄してしまったかのような祖国を救うために粉骨砕身した、薄給ながら勤勉な人々がいたことである。その一つの重要なグループが、当時すでに第二次世界大戦として知られていた戦いに勝利するためにはどの程度の努力と犠牲が必要かを驚くべき正確さで予測した四人の男たちだった。その四人――ハロルド・L・ジョージ、ケネス・ウォーカー、ヘイウッド・S・ハンセルの三中佐と、ローレンス・キューター少佐――は、アメリカは航空機の生産能力を年間三〇〇〇機から一〇万機まで向上させなければならないとする計画を立案したが、それは信頼に値する数字とみなされた。

合衆国は近代に至るまで先制攻撃に出ることを控えていたが、その一方で、アメリカ人は先制攻撃がもたらす有利さを古くから理解していた。日本の真珠湾攻撃は、アメリカが〝汚辱を受けた〟と大々的に喧伝されたが、軍関係者や一般大衆の中の実利を考える多くの人々は、こうした不意打ちが酒場における喧嘩でも実際の戦争でも有効な手段であることを心得ていた。彼らは、日本がアメリカに対して攻撃を仕掛けてきたことを無礼であると憤慨したかもしれないが、同時に、日本にとってはそのような攻撃こそ勝利が期待できる唯一の道だったということもわかっていたのである。

アームストロングはまた、アメリカがその時点までに行なってきたいかなる攻撃の規模をも凌駕する軍事攻撃を計画するだけの、先見性と豪胆さを備えた勇気ある人々が当時のアメリカ政府の内外にいた、という事実も明らかにしている。

これら勇気ある人々は、アメリカ政府と中国国民党政府の重要な部門を代表する面々だった。そして彼らは、真に意表を突いた軍事攻撃の成功はすべて、それを指揮する人間次第であることを知るだけの洞察力を兼ね備えていた。このきわめて並み外れた軍事作戦を指揮するために選ばれた男、クレア・リー・シェノールトは、通常ならどのような状況下でもこの任務に選ばれることはなかっただろう。シェノールトはアメリカ陸軍航空隊でつまはじきにされ、事実上追放された人物である。飛ぶことに対する情熱は尋常ではなかったが、爆撃機至上主義に支配された当時の陸軍航空隊首脳部の考え方を嫌悪していた。第一次世界大戦以来、航空隊にとって爆撃機こそが最も崇高な兵器であり、航空隊に割り当てられたばからしいほど少ない軍事予算の大半は爆撃機の開発・製造に費やされていた。

そのような状況だったため、ワシントンと中国の指導陣が双方ともに、アメリカにとって第二次大戦中で最も重要な任務となったかもしれない軍事行動――つまり、中国国民党の青天白日旗のマークをつけたアメリカの爆撃機を使った対日奇襲攻撃――を遂行する人物が、反爆撃機派だったシェノールト以外にいないと感じたのは、少なからず皮肉なことだった。もし完全な自由を与えられていたら、シェノールトが日本本土を夜間空襲する能力を備えた爆撃隊を結成していたことは十分に考えられる。中国空軍のマーチン型爆撃機（アメリカのＢ‐10Ｂ爆撃機と同種）は、すでに一九三八年五月の段階で、中国本土から九州地方に飛び、反戦ビラをばら撒いているのだ。

もし、アメリカの指導者たちに、シェノールトが求めていた航空機、搭乗員、燃料、爆弾を与えるだけの勇気と分別と先見の明があったとしたら、彼は確実に、日本本土への先制奇襲攻撃に始まる一連の空爆を敢行しており、その結果、日本の軍国主義者たちに、彼らの祖国がいかに無防備であるかを認識させていたことだろう。

しかし、そうはならなかった。国際政治が介入したため、シェノールトにできたことは、〝フライング・タイガーズ〟として勇名を馳せた、一〇〇機のカーティスＰ‐40戦闘機からなるアメリカ義勇兵部隊（ＡＶＧ）の指揮官として後世に名を遺すことのみだったのである。

アメリカは先制攻撃に必要な資材をシェノールトに与えなかったという失敗から学んで行動する機会を、すでに一度失っている。その機会は、二〇〇一年九月一一日にアメリカを襲った同時多発テロ事件の直後に到来した。それは、世界中のテロリスト訓練基地に対して先制攻撃を仕掛けることがおそらく賢明であり、歓迎されたであろう時期だった。いま、先制攻撃をこれまで以上に強く求める二つ目の状況が眼前に不気味に迫りつつある。つまり、核兵器を入手して使おうとする「ならず者国家」のもたらしつつある脅威である。幸運にも、今日のアメリカ合衆国は攻撃のために口実を用いなくても済むし、軍事行動を隠すために一九四一年に中国がその役を務めたであろう代理国を必要ともしていない。代わりにアメリカは、優れた軍事組織を保持しており、正確にして大胆な先制攻撃をやってのけるだけの能力を十分に備えている。事後、ぶつぶつ言う国は出てくるかもしれないが、アメリカが本気であることは誰も疑わないだろう。

本著はアメリカにとって強力な教訓を提示しているが、その中で最も重要なことは、先制攻撃能力を持ちながら行使せず、いたずらに温存することがもたらす損害は甚大だ、という点である。もし事態が、著者アームストロングが可能だったと考えるような形で展開していたとしたら、真珠湾、ウェーキ、グアム、フィリピン、ガダルカナル、さらにそれ以外の地域におけるアメリカ側のおびただしい人的被害は避けられたかもしれない。先制攻撃を受けることで、日本は本土防衛を優先する方針に変換し、結果としてアメリカとの戦いを避けたかもしれないのだ。

第二次大戦前であれ大戦中であれ、日本にもドイツにも、現在、テロリストやならず者国家がアメリカに対して実行可能なほどの損害を与えることはできなかったということを、アメリカ人は認識せねばならない。テロリストもしくはならず者国家による核攻撃がもたらす壊滅的な結末を回避するためには、アメリカ合衆国はできるだけ迅速かつ可能な限り強力に先手を打つよう、自らの指導者たちに訴えなければならない。フランクリン・デラノ・ルーズベルトとクレア・シェノールトが存命だったら、共に確実にそれを承認するに違いない。

バージニア州アッシュバーンにて
二〇〇六年四月一一日

アメリカ空軍退役大佐、ウォルター・ボイン

はしがきに代えて

アメリカにとって史上最も屈辱的な負け戦となった日本の真珠湾攻撃は、起こる必要はなかった。フィリピンにおけるアメリカ軍の敗北も、バターンの死の行進も、起こる必要はなかった。また、ウェーキ島における米軍の降伏も、起こる必要はなかったのである。

日米開戦に関するアメリカ人の歴史認識では、アメリカは日本と仲良くしていたのに、日本が突然、警告なしに真珠湾を攻撃してきたことになっている。しかし、現実には、ルーズベルト大統領は一九四一年七月二三日、陸海軍の首脳で構成される合同委員会から提出された、日本に対する空からの先制攻撃計画を承認しているのである。この計画にはいくつかの戦略目的があったが、その四つ目には、「兵器並びに日本の経済構造を維持するために必要な主要物資の生産を麻痺させるために、日本の民間・軍需工場を壊滅させること」が含まれていた。アメリカが「合同委員会計画JB－355」（正式名称は米陸海軍合同委員会文書JB－355シリーズ691）を折よく実行し、目的を達成していたとしたら、東南アジアと太平洋地域における日本の侵略は阻止され、歴史の流れは変わっていたかもしれないのである。

合同委員会計画JB－355の第一の戦略目的は、「中国内陸部における軍事攻勢に対抗するために日本が駆使できる航空戦力の相当な部分を、中国南部沿岸地帯および日本国内の社会的施設防衛のために転用せしめること」だった。同計画の立案者たちは、日本が、アメリカの〝ゲリラ航空戦隊〟の後ろ盾を得て強化された中国との戦いで手一杯の状態になれば、フィリピン、グアム島、ウェーキ島、ハワイの真珠湾などにあったアメリカの軍事施設を攻撃するのに必要な軍事資源に事欠くことになるだろうと見ていたわけだが、これは理論的に正しかった。アメリカのゲリラ航空戦隊が中国における日本の権益の象徴たる軍事・産業・民間施設に爆撃を加えれば、日本は「中国本土に駐留する兵力を大幅に増強する必要」に迫られていたことだろう。これが、同計画の二つ目の戦略目的だった。

最後に、一九四〇年七月一六日に雲南鉄道を閉鎖せしめた日本の軍事攻勢の後、アメリカが航空機用ガソリンの対日禁輸令を発動した結果、日本は石油資源の豊かなオランダ領東インド諸島（現在のインドネシア）に向かって南進する可能性が高い、とアメリカの戦争計画立案者たちは考えていた。「南部インドシナに向けて展開する日本軍遠征艦隊の作戦を妨害するために兵站と補給船団を撃破する」ことを目論んだ第三の戦略目的の理由が、ここにあった。もし、海路マレー、オランダ領東インド諸島、フィリピンに向かうために多数の日本軍勢が中国本土で召集されたとしたら、アメリカのゲリラ航空戦隊は、船団が中国の港を離れる前に襲撃していたことだろう。以上のような理由から、陸海軍合同委員会の対日秘密攻撃計画は東南アジアと太平洋地域における日本の軍事攻勢を阻止するために意図されたのである。

真珠湾奇襲攻撃に至るもろもろの出来事の沿革に関するアメリカ人の記憶は、ルーズベルト政権によって承認された米中合作のこの対日先制攻勢計画を度外視している。さらにそれは、真珠湾とフィリピンにおけるアメリカの屈辱的な敗北を回避することを目論んだ、ある重要な軍事計画が存在したことを無視するものでもある。

一九四一年二月初頭、連合艦隊司令長官山本五十六海軍大将から、真珠湾に投錨中のアメリカ太平洋艦隊に先制攻撃によって損害を蒙らせる計画を立てるよう求められた日本海軍第十一航空艦隊参謀長の大西瀧治郎少将は、第一航空艦隊航空参謀の源田実中佐に、真珠湾への奇襲攻撃計画を立案するよう依頼した。源田が携わった綿密な計画と準備は、一九四一年一二月七日（日本時間一二月八日）日曜日の午前中、真珠湾で死者二三〇〇名を超える甚大な人命損失を出すに至った、戦艦、航空機、軍事施設のあの壊滅的な破壊で極点に達したのだった。

だが、真珠湾攻撃以前の段階で先制攻撃の成否を吟味していたのは、日本だけではなかった。源田が日本側の計画を立案するよう依頼される少なくとも一年以上前の時点で、ルーズベルト大統領の内閣の面々は、日本の軍事施設、船舶、そして本土全体に空襲を加えてはどうかという提案について密かに熟慮していたのである。実は、アメリカ側の秘密計画の立案者は、アメリカ軍の現役将校ではなかった。この人物はかつてアメリカ陸軍航空隊で大尉を務めた後に退役し、当時は外国の軍指導者、蔣介石に雇われていた。名前は、クレア・リー・シェノールト。

ルーズベルト大統領およびその内閣閣僚とアメリカ軍部、そして中国政府の面々は一九四〇年一一月以来、日本を空襲することの是非を検討していた。(註1) 討議の対象となったのは、日本空爆のために中国東部の秘密基地に配備され、そこから発進するボーイングB-17〝空の要塞〟爆撃機とその要員を提供してほしい、という中国政府からアメリカ政府への要請だった。この計画は当初、陸軍参謀総長ジョージ・C・マーシャル将軍の要望で棚上げにされたが、日本による真珠湾攻撃の半年以上も前の一九四一年春に、再び検討されることになった。

本書は、これらの活動に参加した個人たちの行動と、それを取り巻く状況を検証するものだ。この〝先制攻撃〟計画の立案は、アメリカの民主主義が機能していたことを明示している。本書はまた、世論はしばしば政府の行動を規制し、その結果は吉と出ることも凶と出ることもある、という点を明らかにするものでもある。最後に、本書は日本の対中侵略を抑えようとするルーズベルト政権の努力を通して、公衆が信頼を寄せる地位に立つ人々の人間性が如実に示されたことを広く知らしめるものだ。彼らは、アメリカ全体のムードが孤立主義だった時代に、正しい道義上の選択を行なおうと努めた人々だった。

アメリカはどのようにして、中国における義勇兵航空戦隊の結成に関わることになったのか。

シェノールトは、アメリカの航空機と、表向きは中国政府の〝エージェント〟たるアメリカ人のパイロットを使うことによって、日本の軍事・産業・民間諸施設に対する空爆作戦を展開する計画をどのようにして推進していったのか。

シェノールトの計画の実践を妨げた法的・政治的障壁とは、どのようなものだったのか。

この秘密計画を支持したのは誰で、反対したのは誰だったのか。

真珠湾奇襲攻撃の前に、日本側はアメリカの日本奇襲空爆計画についてどれだけ知っていたのか。

アメリカ義勇兵部隊の結成と、中国における戦闘に備えてビルマで行なわれたこのグループの訓練、そして中国南東部およびフィリピンの基地から発進して日本を爆撃しようというアメリカの軍事構想は、最終的にどのような形で日本の真珠湾攻撃のきっかけとなったか。

真珠湾やその他の軍事施設に対する奇襲攻撃に先立って日本に先制攻撃を仕掛け得なかったことから、アメリカはどのような教訓を学び取るべきか。

真珠湾攻撃後の数十年間で、アメリカの外交政策はどのように変化したか。

本書は以上の諸点に加えて、アメリカ政府、クレア・シェノールト、そして公式には〝アメリカ義勇兵部隊〟(略してAVG)と呼ばれたが、過去の出来事を記す年代記の中では〝フライング・タイガーズ〟としてよりよく知られるシェノールトとその仲間たちの行動をめぐる、さらに多くの疑問に答えようとするものである。

これら屈強なパイロットや個人主義者や冒険家たちは、ビルマ、タイ、そして中国上空で展開された空中戦で自らの編隊の損害を最小限に留めながら日本軍の航空編隊に甚大な被害を与えることによって、開戦後の数カ月間、暗い戦況に打ちひしがれていたアメリカに一筋の光明をもたらした。彼らの偉業は、アメリカの民間伝承の基礎構造にしっかりと組み込まれており、異端で、異論が多かったこのような先制攻撃計画の前に立ちはだかる多くの法律や規制をものともせずに、苦難に喘ぐ祖国を救うために男たちが〝正しいこと〟をした時代を思い起こさせてくれる。これら兵士たちの大半はすでに鬼籍に入ってしまったが、本書の記述はシェノールトとフライング・タイガーズに関わる事柄について、これまでに他では明らかにされなかったいくばくかの見識を読者に提供することになるだろう。闇に包まれてきたフライング・タイガーズの政治的起源について検証し、語り合うことは、これら義勇兵や彼らの指導者たちの英雄的行為を決してけなすものではない点をお断りしておきたい。逆に、本文が明らかにするこれらの、そしてその他もろもろの事実によって、彼らの物語はなおさら迫力を増すのである。

本書は、合同委員会計画ＪＢ－３５５として知られる、暗闇に隠され、看過されてきたアメリカの歴史の一章に関する真実を発掘し、解明しようとする試みである。

第1章　空飛ぶサーカスの三人組

一九三五年の全米エア・レース

三人組は一九三五年一二月にマイアミで催された全米エア・ショウで最後の演技を披露した。〝セクション・ロール〟と呼ばれる彼らの宙返り〔三機が等間隔を保ちながら飛ぶなかで、左右の機が隊長機の周りを旋回する離れ業〕は観衆の喝采を浴び、これによって彼らは団体アクロバット飛行部門のトロフィーを獲得した。

――マーサ・バード著『シェノールト――トラに翼を与えて』(註1)

マイアミの澄みきった紺碧の空の下、アナウンサーが次の演技を紹介する間に、三機のボーイングP－12複葉戦闘機が軍用飛行場の上空を雄飛していた。「紳士淑女の皆さん、空飛ぶサーカスの三人組の登場です！」三機編隊の中心となるリーダー機の操縦桿を握るのは、アラバマ州モンゴメリー近郊のマックスウェル航空基地に駐在し、戦闘機戦術の指導官を務めるクレア・リー・シェノールト大尉である。編隊の左翼はビリー・マクドナルド中尉、右翼はルーク・ウィリアムソン中尉だった。開放式コックピットの三機の戦闘機は見事な編隊を維持して飛びながら、さまざまな離れ業を演じて観衆を驚かせた。三機は、宙返り、インメルマン・ターン、急横転、キューバン・エイト・ループや横転などを、他のいかなる航空エキシビション・チームもかなわないハイ・レベルの技術と正確さで演じて見せた。観衆の間には、中国空軍の毛邦初大佐がいたが、セントラル航空機製造会社（ＣＡＭＣＯ）社長で、ニューヨーク州バッファローのカーティス＝ライト航空機会社の販売代理人ウィリアム・ポーリーも一緒だった。マイアミで催された一九三五年度全米エア・レースで毛大佐の姿が見られたのは、決して偶然ではなかった。大佐は、中国空軍のために飛行教官をリクルートする目的でそこにいたのである。(註2)

ライト・エシェロン編隊に形を変えると、三機の戦闘機は滑走路の上空で鋭く左に位置を変え、そこから間断なく左旋回を続けながらぐんぐんと高度を下げ、滑走路の端きっかりの地点に最小限の対気速度で着陸した。戦闘機はそのあと、そろって緩やかなタキシングを開始した。やがて二人のウィングマンは、シェノールトの合図に従って愛機のエンジンを止めた。シェノールト、マクドナルド、ウィリアムソンの三人が機外に出ると、観衆から熱狂的な喝采を浴びた。この有名なエア・ショウを観に来た人々は、これら三人の颯爽たるパイロットの演技に驚嘆した。三人はアナウンサーの立つ演壇に歩み寄って、そこで団体アクロバット飛行を称えるトロフィーを受け取った。高さ八〇センチ近くもあるトロフィーは、地球儀の上に飛行機をあしらったデザインだったが、これは合衆国陸軍航空隊のこのデモンストレーション・チームに対する事実上の餞別だった。今回がこの三人組にとって最後の演技だったからである。身長一七六センチで筋肉質な体軀のシェノールトは、まるでなめし革のような顔色をしていて、ルイジアナ訛りの柔らかな口ぶりにもかかわらず立ち居振る舞いに威厳があった。(註3) シェノールトの内に秘めた迫力とは対照的に、編隊でウィングの位置を飛んでいた二人の部下は、表彰式の間に見せた振る舞いからして隊長よりも愛想がよさそうだった。

トロフィーの授与のあと、三人のパイロットは毛大佐から声をかけられた。大佐がマイアミ港に停泊中のウィリアム・ポーリーのヨットに招くと、シェノールトと彼の二人のウィングマンは招待を受けた。

その日の夕方、毛大佐はシェノールト、ウィリアムソン、マクドナルドの三人に、中国が直面する苦境について語った。満州は四年以上も日本に占領されている。中国国民党の蒋介石総統は、日本には南進の意図があり、上海を含む沿岸都市占領のための行動を起こすに違いないと確信していた。毛大佐は、中国人のパイロットは一九三二年になって初めて本格的な操縦の訓練を受けたにすぎず、中国空軍はまだ揺籃期にあると説明した。アメリカ陸軍航空隊の退役大佐、ジャック・ジューイットが中国人パイロット育成の責任者であり、ハーベイ・グリーンローを含むアメリカの飛行指導官の一団が手を貸していた。グリーンローはウェスト・ポイント（陸軍士官学校）の出身だったが、引退する前にシェノールトと一緒に務めていた陸軍航空隊では、かなり平凡なキャリアに甘んじていた。

なんとしても目的を達したかった毛大佐は、シェノールトと二人のウィングマンに、中国空軍の教官になれば、アメリカ陸軍航空隊では絶対に期待できないほど高額の報酬を得られると約束した。たとえば、シェノールトの場合、航空隊では月額二五〇ドルから三五〇ドルの給与を支給されているかもしれないが、中国空軍なら月額一〇〇〇ドルが期待できる、というのである。

マクドナルドとウィリアムソンはこの勧誘に好感を持った。二人は中尉の記章をつけることこそ許されてはいたものの、正式な階級は軍曹にすぎなかった。二人は将校昇進を繰り返し申請したが、陸軍航空隊は毎回却下してきた。シェノールトは航空隊にとっての二人の価値を高く評価していたが、これら優秀な部下に将校の辞令を出してほしいという彼の要請も、上層部から同じように無視されてきたのだった。

自分たちのキャリアに不満を抱いていた陸軍航空隊のパイロットはドナルドとウィリアムソンだけではなかった。シェノールト自身、飛行チームのリーダーとしての実績で世間的な賞賛こそ受けていたものの、戦闘機の価値を信奉していることで航空隊戦術教習所（ＡＣＴＳ）の同僚たちから馬鹿にされていた。実践的で独自の考え方に徹するシェノールトは、〝爆撃機至上主義〟にほぼ全面的に焦点を合わせた航空隊の正統派的信念と、爆撃機は戦闘機による迎撃をおおかたものともしないという誤った考えを受け付けない向こう見ずさを持ち合わせていた。しかし、一九三五年の時点では、陸軍航空隊の指導陣の大半は、航空隊副司令官ビリー・ミッチェル将軍とイタリアの将軍ジュリオ・ドゥーエが信奉する独断的見解を信じていた。それはつまり、将来の戦争の結果を決定づけるのは、戦闘機ではなくて爆撃機だというものである。胴体に機関銃を林立させた巨大な爆撃機は、大空を雄飛し、一度の爆撃任務で都市全体を跡形もなく壊滅でき、おまけにどういうわけか、その間の敵戦闘機による攻撃に対しても無傷でいられる、と信じられていたのである。

一九二一年、ミッチェル将軍は海軍との合同軍事演習に参加した[註4]が、そのとき海軍は、ミッチェルの指揮する爆撃機の編隊が、捕獲されたドイツの戦艦オストフリースラントを爆撃するに際し、爆弾を一度に一個ずつ投下するよう強く求めた。そうすれば、個々の爆弾によって蒙った損害を毎回評価することができるからだった。ところが、ミッチェルの編隊が上空に姿を現すと、海軍との事前の約束に反し、合計六七個の二〇〇〇ポンド（約九〇〇キロ）爆弾が矢継ぎ早に投下されたのだった。一六個の爆弾が戦艦を直撃し、三個が至近弾だった。戦艦が沈没すると、アメリカのマスコミは「戦艦時代の終焉」と書きたてた。(註5) マスコミは、飛行機の持つ強力な破壊力は、海外で力を誇示する主要な兵器としての戦艦の時代が終わる前兆だ、との結論を下していたが、これは正しい見方だった。事実、戦艦ではなく、航空機が将来の戦争の行方を決定づけることになった。ミッチェルは、空軍力の優越性に関する自らの理論と自分自身のキャリアを益するなら、演習のルール違反などかまわないと思っていたようだ。

その後、ミッチェルは独立空軍創設の必要性を主張し、陸軍と海軍の保守的な指導部に対し、「国家防衛の管理の仕方は反逆的とも言える」と言って非難した。(註6) ミッチェルは航空主兵を主張しすぎて反抗罪で軍法会議にかけられ、その結果一九二六年に陸軍を退役している。しかしながらその後、ミッチェルの秘蔵っ子のヘンリー・〝ハップ〟・アーノルドが、陸軍航空隊の司令官に昇進した。アーノルドがミッチェル同様、重爆撃機が将来の戦争で勝利を収めるためのえり抜きの兵器であると確信していたことは間違いない。戦艦オストフリースラントを撃沈したときにルールを無視したにもかかわらず、ミッチェルの独断的見解はその頃までにすでに航空隊の教義になっており、それに従わない者はすべて異端者とみなされた。

シェノールトも、そのような烙印を押されていた。航空隊の戦略的思考の柱となる従来の見識を踏み外した一匹狼、とみなされていたのだ。シェノールトの考えでは、戦闘機に護衛されない爆撃機は、敵戦闘機によって迎撃、撃墜されやすく、敵のパイロットが無線通信による報告や指令から爆撃機の位置をつかんでいた場合には、なおさらだった。レーダーが登場する前に、シェノールトは無線電話網で実験を行なって自説が正しいことを立証している。しかし、戦闘機による迎撃に関してシェノールトが展開した理論と原則は、航空隊を統括する将校たちには概ね無視されていた。彼は、第一次大戦の戦闘から進化した戦術の数々を研究し、ドイツ空軍の偉大な撃墜王、オズワルト・ベルケが書き残した文書を読んだ。ベルケは第一次大戦のドイツのエリート戦闘機部隊のエースにして指揮官だった人物で、戦闘機の戦術を初めて記した〝ベルケの見解〟を執筆・定式化し、〝空戦の父〟として称えられた。シェノールトは、クモの巣のように張り巡らせた地上通信施設から情報を集める無線機を装備すれば、戦闘機ははるか上空から爆撃機に対して奇襲攻撃を仕掛ける位置で待機することができると考えていた。シェノールトは急上昇が可能な機は必ず目的を果たし、最終的に爆撃機が攻撃目標に接近するのを阻むことができると主張した。同時に彼は、戦闘機に護衛されない爆撃機の編隊が仮に戦闘機の攻撃をかいくぐることができたとしても、敵戦闘機によって甚大な損害を負い、その結果爆撃機による昼間の空爆は実行不可能になる、と理論づけたのだった。

シェノールトは、毛大佐の勧誘に確かに興味をそそられた。実際、中国空軍のために働いてみないかという大佐の提案に、即座に承諾の返事をした。(註7)エア・ショウでこそ観衆から大喝采を浴びはしたが、航空隊における彼の人生は決して幸せではなかった。長年、自らの信ずることが上層部に認められるよう訴え続けてきたが、その努力は不首尾に終わっていた。『防衛的追撃の役割』(註8)と題する論文の中でシェノールトが展開した主張を耳にしたとき、アーノルド将軍は「このシェノールトって馬鹿は、どこのどいつだ?」という侮蔑的な言葉で彼の理論を鋭く非難したのだった。

シェノールトが考えなければならなかったのは、航空隊における自分の惨めなキャリアのことだけではなかった。彼には、支えを必要とする妻と七人の子供たちがいた。彼は表向きの階級は少佐代理ではあったが、引退時の階級は大尉でしかなく、今後航空隊で昇進する見通しは明るくないことを心得ていた。しかしシェノールトは、毛大佐の金銭的に有利な申し出にもかかわらず、最終的にアメリカを離れ、家族を後に残す気になれなかった。翌日、遺憾ながら申し出を呑むわけにはいかない、と大佐に伝えた。だが、毛はマクドナルドとウィリアムソンとの間では合意に達した。シェノールトの二人のウィングマンは、航空隊に違約金を払うことによって除隊を許可され、一九三六年初夏にシェノールトを後に残して、ロシア客船エンプレス・オブ・ロシア号で中国に渡航する計画を立てた。

毛大佐の申し出を断った後、シェノールトは航空隊戦術教習所でたゆみなく働き続け、爆撃機の支持者たちが迎撃飛行のコースを廃止するよう提唱するなか、この科目をカリキュラムの一部として存続させるために戦った。(註9) 実際、一九三五年から一九三六年の間に、彼は三本の論文を書き、アメリカが迫りくる危機に真っ向から立ち向かう必要を訴えた。その危機の根拠となっていたのは、①イタリアのエチオピア侵略、②ルフトバッフェ(ドイツ空軍)とロシアの空軍が第二次世界大戦の本稽古にしていると感じたスペイン内戦、③満州における日本の軍事行動だった。(註10)

自分にとって最後となった一九三五年一二月のエア・ショウにおける演技の後、シェノールトはインフルエンザと気管支炎と低血圧症を患った。(註11) 当時四七歳だった彼は、疲労困憊し、意気阻喪していた。陸軍航空隊というシステムの中にいる限り、戦闘機の戦術に関して自分の足元にも及ばないような連中から命令を受けなければならないと悟った彼は、そのことに怒りを感じ、引退を考え始めた。唯一の問題は、その後どうすればいいかがわからないことだった。第一次大戦後、アメリカ議会が軍のための追加財源を歳出するまで、シェノールトは農夫として生活していた。だがその生活は性に合わず、陸軍航空隊に復帰できたときには幸運だと思った。退役してルイジアナ州にある自分の農園に戻り、再び綿花畑を掘り返すことを考えると、シェノールトはうんざりした。

一九三六年七月二〇日、中国航空問題委員会はシェノールトに、さらに興味をそそる機会を提供した。中国空軍の高度追撃訓練を完全に取り仕切る権限を与えたい、と申し出たのだ。中国空軍がどのような機種の戦闘機を購入すべきかを、シェノールトの意思で決定できるというのだ。また、中国空軍の運営に関して、訓練マニュアルや戦術面での指令も起草することになるという話だった。さらに、航空機警報システムを開発するに当たっては、中国政府の協力が約束される。米中間を旅する際の旅費は支払われ、中国航空問題委員会の防空顧問として年額一万二〇〇〇ドルの報酬が支給される。要するに中国は、シェノールトに対して新しい申し出を行なうことによって〝掛け金〟を増やしたわけである。中国に仕えれば、陸軍航空隊がシェノールトに対して拒んできたまさにそのもの、つまり空中戦に関する彼の理論の正当性を立証する環境が拓かれる可能性は十分にあった。

アメリカの中立法に抵触するあらゆる可能性を排除するため、シェノールトの雇用主は、名目上、バンク・オブ・チャイナ（中国銀行）になる手はずだった。蔣介石の夫人である宋美齢の兄、宋子文は当時、同銀行と、アメリカのクレジットを使って合衆国内で物資を購入していたユニバーサル・トレーディング・コーポレーション（UTC）をはじめとするその他の大企業を取り仕切っていた（宋子文自身と、蔣介石の個人的在米代表として彼が展開した広範なロビー活動については後述する）。シェノールトが中国で軍務中に死亡した場合には、遺族には彼の一年分の報酬が支払われることになる。(註12) 中国はまた、シェノールトが陸軍航空隊から引退を強いられた際には、中国で独自の航空軍を編成・育成できるというオプションまで提示したのだった。

シェノールトは好戦的で野心的な性格の持ち主で、ルイジアナ州北部のフランクリン郡の厳しい自然環境の下で育った。苦境をなんとしても生き延び、克服するという強い意思は、幼くして母親に先立たれたシェノールトを育てた父親譲りの特性の一つだった。シェノールトは男同士の喧嘩にめっぽう強くなり、小火器の扱い方をマスターした。そして、人生でほしいものはすべて戦って勝ち取らざるを得ないことを受容するようになっていった。飛行機の操縦自体、苦労して学ばなければならなかった。教官がシェノールトを毛嫌いし、彼の意気を阻喪させ、飛行訓練を断念させようとしたからである。陸軍におけるキャリアが始まる前も、始まってからも、シェノールトの性格は過酷な逆境によって育まれたのだった。中国で自分の理論を実証するオプションと合衆国に留まることを欲する家族のいずれを取るか熟慮しなければならないシェノールトの内なる葛藤は、察するに余りある。しかしながら、もし彼が航空隊を離れることを余儀なくされるとしたら、中国における雇用は、自分自身と自分の理論が正しいことを立証するための最善のオプションとなるように見えた。これは航空隊で長年批判され拒絶され続けた後、シェノールトが切望していたことに違いなかった。

シェノールトが考えなければならないことは多かった。

シェノールト、中国へ渡る

シェノールトは二〇年にわたって合計約二〇〇〇時間、開放式コックピットの航空機を操縦してきたため、一九三六年には、かなり聴力が落ちていた。航空隊は長年、医療上の免責を条件にシェノールトの飛行を認めていた。毛大佐から最初の申し出があった後の一九三六年夏に、シェノールトは戦術教習所教官の立場から配置換えの命を受け、ルイジアナ州バークスデール航空隊基地の戦闘機編隊の副隊長になった。その間に、中国はさらに魅力的な申し出を行なった。

しかしながら、同年九月には、彼はアーカンソー州ホットスプリングスにある陸軍総合病院に収容された。その後一九三六年から三七年にかけての冬に、彼は、過労と、今日ならたぶんノイローゼと称される症状で、数回の入退院を繰り返すことになる。ついに、陸軍航空隊退職勧告委員会は一九三七年二月二五日に会合を開き、シェノールトに航空隊から身を引くよう勧告した。教えること、議論すること、そして大空を飛翔することなどからくる積年のストレスが、ベテラン飛行士の身体を蝕んでいたのである。委員会の勧告を受け入れたシェノールトは、弟のウィリアムに次のような手紙を書いている。「……陸軍も航空隊も連帯して、私の助言や助けがなくてもやっていける、とはっきり示唆している。私と袂を分かったことを彼らが悔やむときがやがて来るだろうと私は考えている。だが現時点では、自分の誇りと名誉のために、決別を確約して当局に全面的に協力しなければならない(註13)」

アメリカにおける軍人としてのキャリアが終わりつつあるという現実を受け入れる一方で、シェノールトは中国から受けた申し出について引き続き考えていた。この話に乗ろうという気持ちがいっそう強くなるにつれて、現実からの逃避が、戦闘機に関する持論を立証したいという欲望と並んで、動機の一部となっていることを悟った。実は、カーティス－ライト航空機会社からデモンストレーション飛行用のパイロット兼販売要員としての地位を提示されていたが、(註14)航空機のデモ飛行を行なったところで、持説を立証する機会が得られないことは自明だった。その必要を満たすのは、中国側の提示するオプションしかなかった。アメリカでは環境（特に陸軍航空隊）のせいで、彼は体調を崩した。一方中国側が提示していたのは、一見アメリカ以上に過酷で注文の厳しい環境で職分を果たす機会だった。だが、自分に対して批判的な上官はいないし、アメリカ航空隊の将校たちではなくて自分自身が自らの運命を支配できる労働環境を提供する中国は、シェノールトが存分に活躍し、自分自身より大きな力によって抹殺されずに済む、格好の場所かもしれなかった。

引退の日が近づくと、シェノールトは家族をルイジアナ州ウォータープルーフに近いセント・ジョン湖畔の家に移した。妻のネルは彼の中国行きの決断に反対だったが、それでも彼を支援した。シェノールトは、航空隊から支払われる自分の退職金が、まだ四人の子供たちを育てていたネルに送られるよう手配した。一家の上の三人の子供たちはすでに家を出ていた。長男のジョンは航空隊に勤務し、次男のマックスはアラバマ州の大学に在学中で、長女のペギーは結婚していた。シェノールトは退職金のほかに、新しいサラリーの一部を妻に送る取り決めを、在ワシントン中国大使館とニューヨークのチェース・マンハッタン銀行との間で交わした。(註15)

一九三七年四月三〇日、シェノールトはアメリカ陸軍航空隊から退役した。中国への旅について熟慮するなか、彼は弟のウィリアムにこう書いている。「古くから慣れ親しんできた道が塞がれたら、新しい道が拓かれなければならない。万物の法に従い、私は今、自分の新しい人生のアウトラインを見晴らしている。私がこれまでに知ってきたすべてのものとの共通点がほとんどない、まったく新しい人生だ（註16）」

シェノールトの日記の一九三七年五月八日付の記載には、こうある。「プレジデント・ガーフィールド号に乗船、午後二時、大いなる冒険への航海が始まる（註17）」。サンフランシスコを出港すると、シェノールトは日本の神戸に向かった（註18）。そこで彼を待っていたのは、以前、陸軍航空隊のアクロバット・チームで彼のウィングマンを務めたビリー・マクドナルドだった。もう一人の元ウィングマンのウィリアムソンは、そのころ中国本土にいて、中国人のパイロットに操縦術を教えていた。神戸で下船したシェノールトはマクドナルドと共に、アマチュア・スパイさながらに関西の主要都市周辺を旅し、各地の産業・軍需施設を密かにカメラに収めた。今日われわれに言えるのは、これら二人のパイロットによるこの行為は中国人上官から命じられたものではなく、どうやらあくまでも自然発生的なものだったようだということだ。シェノールトは直ちに日本の家屋や工場の脆弱な構造に注目し（註19）、焼夷爆弾を上空から投下すれば日本国内の建物に壊滅的な打撃を与えることができると確信した。プレジデント・ガーフィールド号に戻ったシェノールトとマクドナルドは、揚子江の支流に面する中国東部の見事な港湾都市、上海へ向かった。上海には、アメリカ、イギリス、フランス、イタリアの管轄下で運営される数多くの租界があった。これらは西洋諸国が中国に対して軍事力を行使することによって中国からせしめた、いわゆる〝条約港〟である。中国は分断国家だった。事実、この頃の中国は統一国家というよりはむしろ外国の属領だったと言えよう。(註20) 中国は自国内の土地を管理する権利を西側強国に実質上委ねることを強いられていたが、これこそ、中国人が自らの主権を主張することも防衛することもできない証拠だった。だが、こうした背景が一面で上海を素晴らしい都市にしていた。ヨーロッパの影響を顕著に受けた国際都市となっていたからである。一方、アジア地域の新興勢力日本は、中国における諸外国の利権を不安と侮蔑の目で見ていた。アジアはヨーロッパ人やアメリカ人ではなくて、アジア人によって支配されるべきである、と日本は考えていた。なにしろアメリカは一八五三年、ペリー提督が東インド艦隊を率いて日本の領海に到着して砲艦外交の威力を見せつけたとき、力ずくで日本に欧米列強との通商を開始させているのだ。

上海でプレジデント・ガーフィールド号を下船したシェノールトとマクドナルドは、三人組の残りの一人ルーク・ウィリアムソンの出迎えを受けた。シェノールトはそのままメトロポール・ホテルへ連れていかれ、三人のパイロットはそこで深夜までばか騒ぎを楽しんだ。新しい環境に馴染む努力を払うなかで、シェノールトには中国人の性格の主要な部分、それも特に〝面子を失う〟ことを極端に心配する点が不可解に思えた。西側の文化では、飛行機操縦の訓練を受けるパイロットの卵たちが誤りを犯し、それを教官に正してもらうことは、ごく当然の学習過程の一部だとみなされている。だが、中国人が固執する〝顔を立てる〟あるいは〝プライドを守る〟ことの重要性は、中国人パイロットたちを訓練し、指導していく点のみならず、シェノールトの軍関係者や政治家たちとの日常の関係にとっても障害となっていくのだった。

さて、中国空軍の行政面の表向きの最高責任者兼後援者は、蔣介石夫人、宋美齢だった。宋美齢は蒋介石総統の二度目の妻である。二〇世紀の中国の前進を図るなかで蒋介石が、アメリカで教育を受けた夫人がいれば西洋人とうまく付き合う見通しが明るくなると読んでいたことは明らかだった。宋美齢は幼い頃アメリカに渡り、ボストン郊外の名門女子大学ウェルズリー・カレッジを一九一七年に卒業した才色兼備の女性だった。父親の宋耀如はバンダービルト大学で学んでおり、兄の宋子文（中国政府の元財務長官で、蒋介石の個人的在米代表）はハーバード大学で教育を受けている。また、姉の宋慶齢は〝中国革命の父〟、孫文に嫁いでいた。

一九二五年に孫文が癌で死去すると、蒋介石は巧みな手腕で孫文の後継者となり、国民党にできた力の空白を埋めた。一九二七年一二月一日、蒋介石は宋美齢と結婚した。宋美齢の父、宋耀如は「チャーリー宋」の別名を持つ浙江財閥の富豪であり、孫文の支援者としても知られていた。宋家の三姉妹の末娘を娶ったとき、蒋介石は自己の立場をさらに強化したのだった。

蒋介石は軍事理論の訓練こそ受けていたが、軍用機の権威ではなかった。そこで、西側の文化とテクノロジーに造詣の深い夫人が、中国航空委員会を取り仕切ることになった。これは奇妙に思えるかもしれないが、一九三〇年代の中国の都市部では、女性の弁護士や医師が家庭の外で活躍していたのである。

シェノールトが中国での新しい仕事に慣れつつあった一九三七年、西側諸国は内戦や征服戦争を通して、ミッチェルとドゥーエが信奉していた爆撃の原理を実験していた。その年、ドイツとイタリアの爆撃機がスペインのゲルニカを爆撃して一〇〇〇人以上の民間人が命を落とし、反乱軍と人民戦線の戦闘機がスペイン上空で激しい空中戦を展開した。(註21)

シェノールトは、宋美齢との対面を待ちながら、スペインにおけるそのような爆撃〝実験〟について熟考していたに違いない。そして、ついに彼は上海で自分の雇用の後援者と会った。仲間の飛行士、ロイ・ホルブルックの紹介だったが、初対面の後、シェノールトは宋美齢が「今日から私の〝プリンセス〟になる」だろうと日記に記している。この記述から、シェノールトがたちまち宋美齢の美貌と魅力の虜になってしまったことが窺い知れる。

シェノールトは中国語が話せなかったから、舒伯炎少佐（名前の頭文字をとって、PYと呼ばれた）が専属の通訳官を命じられた。シェノールトが各地の空軍基地を視察する際、PYは練習機の操縦席に座ってお供をする羽目になった。不幸にして、PYは飛行機酔いをする体質で、通訳官としてシェノールトに仕えている間にすっかり体調を崩してしまった。シェノールトが見たところ、中国にある軍用飛行場の大半は未舗装の空き地にすぎず、雨天での使用には適さなかった。航空委員会の五人の将軍とイタリア人顧問、スカローニ将軍に会いはしたが、シェノールトが受けた全体的印象では、中国空軍は機能する組織を欠いていた。中国空軍の実態を各地で調査し、軍の航空機の操縦を許されたため、シェノールトの空を飛ぶ必要が満たされる一方、中国が戦術面の指導者を持つことの必要性も、ほどなく満たされることになった。シェノールトの新しい役割の真価が最初に試されることになったのは、一九三七年七月七日、北京から約一五キロの地点にある盧溝橋付近で、日本軍と中国軍の間で小競り合いが発生したときだった。由々しき事態が待ち受けていることは確かだった。シェノールトはそれをどう処理するつもりだったのか。そして、準備はできていたのか。

日本軍機との初めての交戦

盧溝橋で日中両軍が戦闘を開始したことを知ると、シェノールトは直ちに中国航空問題委員会に電報を送って軍務に就くことを申し出たが、もはや中国空軍を視察する軍事顧問に留まるつもりはなかった。もし許されるなら、日中間に正式な宣戦布告がないために〝満州事変〟と呼ばれる状況発生の後、日本に対する航空作戦の指揮を執りたいと伝えたのだった。そこで新しい役割が与えられ、シェノールトは江西省の省都、南昌にある高等飛行訓練学校で戦闘訓練を担当するよう命じられた。当時この訓練学校を指揮していた毛邦初は、その二年前に、シェノールトに中国空軍の飛行教官として支援してほしいと要請した人物だった。しかし、その時点では大佐にすぎなかった毛は、いまでは将軍に昇進しており、中国空軍に対する彼の権力と影響力は、責任と共に増しつつあった。

一九三七年七月二三日、シェノールトと毛は中国空軍の臨戦態勢の現状について、蔣介石総統に対して報告を行なった。内容は、日本の攻撃に抵抗するために戦闘可能な航空機は二〇〇機足らずしかない、というものだった。それを聞いた総統は激怒し、毛を銃殺刑にすると語気を荒らげた。それらの航空機は、アメリカ、ドイツ、イタリアから調達したものの寄せ集めだったが、ボーイングP－26戦闘機一〇機、ドイツ製ハインケル機六機、マーチンB－10爆撃機九機、さらにサボイア－マルケッティ三発爆撃機六機などが含まれていた。幸い、中国はウィリアム・ポーリーのCAMCO社から、カーティスP－36ホーク戦闘機を多数購入していた。これらホーク2型機と3型機は、戦闘機としても爆撃機としても使える頑丈な航空機だった。そしてこれらの機が、中国東部上空で日本機を相手に展開される空中戦で中国側が使用する、主たる兵器となるはずだった。

日本の攻撃が上海に及ぶと、シェノールトとビリー・マクドナルドは八月一三日金曜日に、日本軍旗艦出雲に対する攻撃計画の立案を開始した（註22）。中国空軍による空襲は、翌日敢行された。

だが、結果は惨憺たるものだった。中国人パイロットは、自国の市民たちを爆撃する結果になってしまったが、これは重く垂れ込めた雲の下まで降下することを余儀なくされ、その事態が爆弾の軌跡に及ぼす影響を読めなかったために起こった惨事だった。シェノールトはと言えば、爆撃現場の上空を飛んでいたが、ユニオン・ジャックを掲げたイギリスの軍艦の砲撃を受ける始末だった（註23）。

だが、状況はほどなく改善した。一二機の日本軍爆撃機が空母加賀から発進したときには、編隊は、シェノールトが選んだ最も腕利きの中国人パイロットの集団によって甚大な損害を蒙り、一二機中一一機が大破した（註24）。

八月一五日、首都南京が日本軍の九六式陸上攻撃機一六機の襲撃を受けた。これらの爆撃機は台湾を飛び立って往復一九〇〇キロの飛行を行なったことになるが、これは中国側にはとうてい可能と思えない離れ業だった。日本は旧来、他国から航空機を購入していたが、中国東部上空に爆撃機が出没したということは、日本が当時としては驚くべき性能を持つ国産航空機を開発する能力を備えていることを示していた。一九三七年の段階では、このような離れ業を演じることができるアメリカ製の爆撃機は、ボーイングB－17爆撃機〝空の要塞〟だけだったのである。

九月の初めまでに、シェノールトは南京一帯に無線警戒通信網を張り巡らせ、市内の運動場に指揮本部を設置した。(註25) 中国人無線通信士、李中尉が無線装置の装備された指揮本部の車で市内を駆け巡り、日本軍機を迎撃するために必要な情報を中国編隊の指揮者たちに伝達した。(註26) だが不幸にも、このとき三菱製の九六式艦上戦闘機が南京上空に初登場した。従来型機より高速で操縦性能の高いこれら新型の日本製戦闘機は空中戦で中国軍のカーティス・ホーク戦闘機を圧倒し、戦闘の結果は中国側にとって壊滅的だった。

上海陥落後、中国軍は日本艦隊に対して夜間空爆を再開した。このとき中国機が示した飛行技術のレベルは非常に高かったため、西側のオブザーバーは操縦しているのが中国人パイロットか否か疑問に思ったものである。九月一四日、シェノールトが日本軍の〝年間爆撃演習〟と呼んだ期間に、六機の日本軍爆撃機が中国軍戦闘機によって迎撃・撃破された。シェノールトは、航空隊の飛行デモンストレーション・チームで以前自分のウィングマンを務め、今はアメリカにいるヘイウッド・〝ポッサム〟・ハンセルに宛てた手紙の中で、一〇〇機の優秀な戦闘機とそれを操縦する一〇〇名の有能なパイロットがいたら、中国上空でどれほど多くのことが達成できるだろうかと、考えをめぐらせている。

中国空軍を再建せよ

日本軍のすさまじい侵攻が中国に荒廃をもたらすにつれて、一九三七年の秋にはパニックが起こり始めた。航空戦の経験を触れ込んだヨーロッパとアメリカの飛行士たちが、五〇〇ドルの月給と日本機を撃墜した際に支給される一機あたり一〇〇〇ドルの報酬に惹かれて中国に渡った。これら義勇兵パイロットたちは、ヴァルティ社製のV－11軽爆撃機を備えた中国の第一四国際義勇兵飛行編隊を構成していた。国際飛行編隊は多くの空爆飛行を行ない、橋梁や鉄道の操車場を攻撃した。空を飛んでいないとき、これらのパイロットは、用心深く日本側に協力している中国人のたむろする漢江の売春宿やバーに入り浸っていた。すべての中国人が蒋介石政府に忠誠を誓っていたと考えるのが普通かもしれないが、さまざまな理由から、侵略者日本に協力し、シェノールト、中国空軍、そして国民党政府の努力に水を差すような情報を提供する中国人がいたのである。義勇兵を集めて、山東省済南にある日本軍兵站部を爆撃させるというシェノールトの計画が噂となって流れると、爆撃前日の夕方、日本軍機が飛来して、飛行場に駐機中の国際航空隊機を全滅させた。飛行機をすべて失った国際飛行編隊は、解隊の憂き目を見ることになった。

一九三七年の暮れから三九年にかけて、中国空軍が保有する飛行可能な航空機の数は、戦闘あるいは訓練中の事故による著しい損失の結果、さらに減った。そのため、中国上空の防衛の任務は、名目上は〝教官〟と呼ばれ、ソ連のポリカルポフI－15型複葉戦闘機とツポレフSB－2爆撃機を操縦するソ連人義勇兵に任せられることになった。中国が、侵攻してくる日本の軍門に降らないことこそ、ソ連にとって最大の関心事だった。さらにソ連は、日露戦争によって日本が満州の旅順港の支配権をロシアから奪取したことを忘れていなかった。中国上空で展開されつつあった空中戦は、ソ連空軍にとって、自軍のパイロットたちに〝実戦体験〟をさせるための口実にすぎなかった。歴史のこの時点において、シェノールトが中国空軍に及ぼす権力と影響力は、ソ連のアサノフ将軍がソ連人パイロットと彼らの飛行機の指揮を執った段階で弱まったように見える。やがてソ連の複葉機はポリカルポフ

Ｉ－16型単葉戦闘機に代わり、それらが中国上空で日本陸軍航空隊の九七式（キ27）戦闘機と相見えることになる。

アメリカが中国側に航空機を提供している一方で、一九三七年、アメリカのヴォート航空機会社がダイヤグラムと製図を完備した美しいデザインの単葉戦闘機Ｖ－１４３の試作機を日本に引き渡していることは、特記に値する。航空歴史家のウォレン・Ｍ・ボディーによると、日本がヴォート社のＶ－１４３型機を入手したことは「日本海軍の零式艦上戦闘機（零戦）と、後に連合国側に〝オスカー〟のコードネームで知られることになった日本陸軍の一式戦闘機〝隼〟（キ43）のデザインの変更をもたらす絶対的な手段となった」のだった。(註27) 日本側は、ヴォート社のＶ－１４３戦闘機が零戦や隼戦闘機のデザインに影響を与えた点を否定しているが、ボディーは、これら戦闘機のデザイン変更のタイミングを見れば、本件に関する日本側の公式見解は覆されると主張している。(註28)

スターリンがロシア人パイロット（公式には〝飛行教官〟）の操縦するソ連製戦闘機と爆撃機を提供したことによって、中国防空の主体は今やソ連の将校たちの手に移っていた。シェノールトは、（ビルマ・ルートの終点に当たる）昆明の西方約一六〇キロの地点にある雲南驛村の飛行訓練所で主任飛行教官を務めることによって、中国のために尽くした。だがシェノールトのこの新しい地位は、中国空軍の事実上の中心的戦略家としての彼本来の役割から大きく後退するものだった。日中戦争勃発当初、シェノールトは戦闘任務を立案・統括し、自身も空中戦に参戦したが、中国空軍のパイロットと航空機の損失が増加するにつれて、彼の精力は次第に中国空軍再建のための努力に注がれることになった。

一九三七年には、蒋介石とその南京政府は西方の四川省重慶の町まで退却していた。揚子江沿いの中国内陸部にある重慶は、山岳地帯に隠れるようなたたずまいの町だった。だが不幸なことに、蒋介石とその政府が重慶まで退却しても、中国の人々は日本軍の容赦ない爆撃を免れることはなかった。一九三九年五月三日と四日に行なわれた重慶に対する連日の空爆で、少なくとも五〇〇〇人の市民が死傷した、と中国側は伝えている。

香港と（仏領インドシナ、現在のベトナムの）ハノイ経由で軍需物資と航空機が中国に搬入されている間に、蒋介石は目端をきかせて英領ビルマ（現在のミャンマー）のラシオから中国の昆明に至る全長一一〇〇キロの曲がりくねった道路、〝ビルマ・ルート〟を開通させた。ビルマの港湾都市ラングーンまで海路搬送された物資は、ラングーンからラシオまで鉄道で運ばれ、そこからビルマ・ルート経由で昆明に向かった。常に抜け目のないビジネスマンとして立ち回るウィリアム・ポーリーは、ビルマとの国境から少し北東の中国南西部の壘允に自社CAMCO航空機会社の工場をすでに設立していた。

CAMCOが組み立てていた航空機のなかには、カーティス－ライト・ホーク75（75H型）があったが、これは航空隊のカーティスP－36ホーク戦闘機の輸出モデルだった。引き込み脚方式を採用したこの単葉戦闘機は、ライト社製GR－1820－G3エンジンを装着しており、最高時速約四五〇キロを誇った。この新機種の戦闘機を熟練パイロットが操縦すれば、日本の戦闘機と互角に戦えると考えられていた。これらの航空機はいずれも数は限られていたが、シェノールトにアメリカ製のモデルが一機、宋美齢からの贈り物として与えられた。もちろん、シェノールトの優れた操縦術と攻撃的な性格を考えれば、彼がこの航空機で単に操縦の腕を維持しておく以上のことをしたと推断するのは決して不合理ではない。事実、ジャック・サムソン著の『ザ・フライング・タイガー』によれば、シェノールトは一九五一年、愛機の整備士ロルフ・ワトソンの死後、未亡人に手紙を書き、ワトソンは「私の愛機の銃を常に最高の状態に保ってくれたので、必要なときに不発に終わることは決してなかった」と述懐している。シェノールトが空中戦でホーク75機を操縦していたことを示すもう一つの証拠は、自伝『ある戦士の生き方』の五八ページに見られるが、そこで彼は次のように認めている。「ホーク特別戦闘機は、あまりにも至近距離から銃弾を受けた穴が開いて快適とは言えず、日本の戦闘機との戦いが始まって非常に早い段階で、敵機に合わせて空中を旋回することは癖になるような楽しみとは程遠いことを悟った」。シェノールトは自らが撃墜した日本機に対して中国政府から支払われた懸賞金でアメリカにいる家族を養っていた、という噂は今日でも尽きない。シェノールトこそ、中国上空で日本人飛行士と対峙したアメリカの主要な空のエースだったのではないかと示唆する向きすらある。シェノールト自身は、自分自身が撃墜したかもしれない日本機に関して公式には徹底して沈黙を守っているが、日本軍機と戦ったことを容認する前述の彼の言葉は、シェノールトが怒りに駆られて愛機の銃を発射する機会があったことを明らかに証明しているのである。

第2章　「有能なゲリラ航空戦隊」

かくして、有能なゲリラ航空戦隊の基礎はすでに構築され、単にインターコンチネント・コーポレーションの現有スタッフを増員するだけで戦隊が現実のものとなる可能性がでてきた……。五〇名以上のアメリカ人パイロットは必要ない……。日本がこの手順に異議を唱える根拠はないだろう。(註1)
——アメリカ海兵隊少佐、ロドニー・A・ブーン（海軍情報局極東課、一九四〇年一月一七日）

ニューヨーク州ハイドパークのルーズベルト大統領記念図書館に、「合同委員会計画JB－355（シリーズ691）、中国政府の航空機必要条件」と題するフォルダーが所蔵されている。このフォルダーには、中国政府への軍用機の提供に関する文書がすべて収められている。その中には、ルーズベルト大統領、陸軍次官ロバート・P・パターソン、海軍長官フランク・ノックス、大統領補佐官ロークリン・カリー博士、そして陸軍参謀総長ジョージ・C・マーシャル将軍や海軍作戦部長ハロルド・R・〝ベティ〟・スターク提督、陸軍航空隊司令官ヘンリー・H・〝ハップ〟・アーノルド将軍等、アメ

リカ軍部の指導者たちの間で交わされた文書が含まれている。(註2)

予測どおり、アメリカ陸海軍合同航空機委員会からの通信事項の内容もこのフォルダーに含まれていたが、これは理に適ったことだ。合同航空機委員会はアメリカで製造された航空機の割当てに関して、陸海軍の調整を行なう合同委員会に対して勧告する任務を負っていた。一九四〇年一月、空中戦で中国のために戦う目的でアメリカの航空機とパイロットを提供すべきではないかという考えが持ち上がった。だが、この構想はどのようにして浮上したのだろうか。そして、この構想の裏で暗躍したのは誰だったのだろうか。

一九三七年に中国に渡ったシェノールトは、中国側との合意の下で年に一カ月の休暇が取れた。そこで、三九年末から四〇年初頭まで、シェノールトは休暇を利用してアメリカ各地を回った。二人の優れた人物と一緒だった。ウィリアム・ポーリーと、パイロットで退役海軍将校のブルース・レイトン少佐である。三人はポーリーの個人用機に乗り込んで、カリフォルニア州の各地にある航空機製造会社を訪れた。

一九三九年のアメリカで中国とビジネス上重要な接触を持つ人物がいたとすれば、それはまさにポーリーその人だった。彼は長年にわたって多くの地位を占めてきたが、三九年には、CAMCO社の社長を務める一方で、インターコンチネント・コーポレーションの社長でもあった。彼にまつわる話は興味深く、一九三七年に勃発した宣戦布告なき日中戦争の間にアメリカが中国で巡らせた陰謀の数々を洞察する鍵を提供してくれる。

アメリカ資本が所有していた中国航空（チャイナ・エアウェイズ）は、一九二九年に初めて中国の主要都市間で郵便を空輸する事業の独占権を与えられた。そして一九三〇年、中国市場を外国企業に開放することを渋る国民党政府を懐柔するため、中国航空は中国航空公司（ＣＮＡＣ）に再編された。その結果、ＣＮＡＣの株の五五％は中国側が保有し、残りはＣＮＡＣを事実上支配していたインターコンチネント社が所有することになった。

ＣＮＡＣとインターコンチネント社が合意に達してから三年後の一九三三年五月、ウィリアム・ポーリーは中国を訪れた。ポーリーは時間をかけて、国民党政府高官たちの信頼を得ていった。そして一九三九年五月に、中国政府から、アメリカ人パイロットとアメリカ製の戦闘機からなる〝外人部隊〟を結成できるよう、アメリカにおける彼の権力と影響力を行使してほしい、という話を持ちかけられた。

これまでの記述からお察しのとおり、ＣＮＡＣはインターコンチネント社の中国における唯一の事業ではなかった。同社のもう一つのビジネスは、中国に航空機を売り込み、中国空軍に配備された航空機を組み立て、整備し、修理していたＣＡＭＣＯである。一説では、ポーリーが唯一の株主だったとされているが、ＣＡＭＣＯはインターコンチネント社の子会社だったとする説もある。いずれにせよ、一九三九年には、ブルース・レイトン少佐はＣＡＭＣＯの副社長を務めており、インターコンチネント社の副社長でもあったようだ。

ポーリーには、レイトンをＣＡＭＣＯ社に雇い入れる格好な理由があった。レイトンは海軍兵学校出身で、海軍パイロットとしての訓練を受けており、のちに海軍大将となるリッチモンド・ケリー・

ターナーと共に極東に勤務した経歴があった。当時、ターナーは海軍少将で海軍作戦本部次長を務めており、海軍の戦闘計画の実質的な責任者であった。軍関係者に知己が多いことと航空関連の経験の豊かさに鑑み、レイトンはポーリーにとって自由に扱うのに有用な人物だった。レイトンがポーリーだけではなく中国政府にとっても貴重な存在であることは、ほどなく明らかになる。

シェノールトは、一九四〇年一月にポーリーとレイトンと共にカリフォルニアの飛行機工場を歴訪した点こそ認めているものの、海軍省に同月提出されたアメリカ製軍用機に対する中国政府の要求については何も知らないと主張している。(註３)仮に、海軍省に対するレイトンの働きかけについてシェノールトが何も知らなかったとしても、二人が同じような考え方をしていたことは明白である。さらにシェノールトは、自伝にもあるように、一九三九年の年次休暇中の米国訪問の際に、中国で捕獲した三菱製の陸軍九七式戦闘機を実際に操縦した経験をもとに、ワシントンの軍需ビルで自らの空中戦の体験について陸軍航空隊の隊員たちに説明している。だが、シェノールトの行なった説明会は、航空隊による日本軍の航空戦力の推定になんら影響を及ぼさなかったようだし、彼は航空隊の戦闘機飛行教官として古巣に戻って来いとの誘いも受けていない。一九四〇年初頭、〝ハップ〟・アーノルド将軍はシェノールトに、モンロー要塞の沿岸砲兵隊の教官という地位を提示している。

一九四九年刊の自伝で、シェノールトは中国における航空戦隊に関するビジョンを次のように説明している。

私の計画は、小規模だが装備の整った航空戦隊の投入を提唱するものだった。日本はイギリス同様、国家存続に肝要な血液が大洋に浮かんでいるような状態だから、心臓部を刺すよりは、塩水に浸かった動脈に切りつける方が負かしやすいだろうと思われた。自由中国内の軍用飛行場からは、日本の重要な補給線と、前線の中間準備地帯のすべてが攻撃できる。攻撃が時宜にかなって開始され、本腰で行なわれていれば、中国国内からの空爆は、南進を企てていた日本軍を母港や中間準備地帯を離れる前に粉砕することができていたはずだった。(註4)

合同委員会計画JB－355を見ると、〝商業的ベンチャー〟の一環として中国に戦闘機と爆撃機を提供するにあたってアメリカ政府の支援を求めた一九四〇年一月のレイトンの努力に関して、以下の三つの文書が多くを物語っていることがわかる。これら三文書は興味が尽きない。最初のものは、タイプ打ちのたった一枚の文書で、作成者や受信者を判別するデータはなく、〝マル秘〟の判が押されている。第二に、ロドニー・A・ブーン海兵隊少佐が作成した、一九四〇年一月一七日付「アメリカ海軍退役少佐ブルース・G・レイトンへのインタビュー報告書」がある。ブーンは当時、海軍情報局で極東課課長アーサー・H・マッコラム少佐の下で仕えていた。第三は、ウォルター・S・アンダーソン少将(註5)が書いた、一九四〇年一月一七日付の「海軍作戦部長（スターク提督）宛覚書」である。

ブーン少佐が作成したレイトン少佐へのインタビュー報告書によれば、インターコンチネント社はポーリーを社長、レイトンを副社長としてコロンビア特別区（首都ワシントン）に設立された。(註6)同社は一九三七年に日中間の戦闘が始まって以来、中国で航空機工場を運営していた。(註7)当初、工場は杭州にあったが、後に漢江に移され、最終的には「雲南省とビルマの国境線にあるロウニング〔ママ〕に移っている」。(註8) インターコンチネント社は主要な地位を占める一五名のアメリカ人エキスパートと、一五〇〇人の中国人従業員を擁していたが、(註9) 中国人を三〇〇〇名まで増やし、アメリカ人エキスパートをさらに一〇名増員する計画だった。(註10) レイトンは、この工場の生産能力は年間二〇〇機だと述べている。

レイトンによれば、インターコンチネント社はスペリー・コーポレーションその他の航空機部品メーカーと並ぶカーティス-ライト社の販売代理店だったが、実際の代理業務はCAMCOが取り仕切っていた。レイトンはブーンによるインタビューの時点で、同工場は「三〇機のカーティス-ホーク3〔ママ〕」を組み立てていたが、(註11) 資材は三年前（一九三七年）に注文されたものだった、と語っている。彼はまた、インターコンチネント社は中国からヴァルティ社製の軽爆撃機七五機、(註12) カーティスP-36戦闘機五〇機、(註13) P-36以外のカーティス-ライト社製戦闘機三〇機を受注しているとも述べている。インターコンチネント社は塁允の工場のほかに、重慶の山腹に横穴を穿って工場を建て、ロシア製戦闘機六〇機を組み立てるのに必要な資材を用意した。(註15) この工場までの交通機関はビルマのイラワディ川を行く蒸気船と、手入れされていない田舎道からなるいささかお粗末なものだった。しかしながら、塁允の工場はビルマ・ルートに近かった。そのため中国側としては、日本軍の占領下にある南昌を迂回して走る浙江鉄道経由で航空機用の部品を運ぶことができたのである。

レイトン少佐は、中国は一〇〇機から二〇〇機の戦闘機（この相違は大きい）と、五〇機から一〇〇機の爆撃機（ここでも相違は大きい）を保有していると主張している。また彼は、中国側には「緊急にオーバーホールが必要で、工場が現在その作業に当たっている」航空機のエンジンは四五〇基あると述べている。(註16) もし中国空軍が緊急に修理しなければならない航空機のエンジンを四五〇基も抱えているとしたら、それはすなわち、これらのエンジンは〝使い尽くされた〟状態にあり、自国の防衛にとって肝要なこれらの戦争物資を、空が飛べる状態に戻し、航空機に装備して役に立たせるために必要な財源か人力のどちらか、あるいは両方が、中国側には払底していることを意味する。つまり、この工場ではこれらのエンジンを速やかに点検し、修理することができないでいることを示唆しているのである。

アメリカ政府の密かな支援

インターコンチネント社は、中国政府からの軍用機の注文は何機分でも確保できた。問題は金だった。中国空軍は、いわば〝レバレッジド・ビジネス・ベンチャー〟、つまり、借入金をテコにしたベンチャーだった。中国政府は軍用機を注文するとき、二〇％の頭金を支払った。残金は三年から四年の間に（件の航空機がおそらくすでに使用に耐えないか、無価値になった後で）支払われた。販売代理業を営むインターコンチネント社はアメリカのメーカーに五〇％の頭金を支払うために銀行で借金をする必要があり、残額を航空機の引渡し時に支払うことを確約するため、銀行が発行する信用状を提示することを求められた。頭金を支払うために、インターコンチネントは五％の金利で香港上海銀行から金を借りていた。

ブーンが作成したレイトン少佐へのインタビュー報告書には、レイトン少佐と交わした会話の内容が詳述されている。「レイトン少佐によれば、香港上海銀行およびその他の外国銀行は、この取引を〝グッド・リスク〟と考えていた。なぜなら中国政府は月々の支払いを完璧に履行していたからだ」[註17]。厳密に商業的な状況を考えた場合、これは決して〝グッド・リスク〟とは考えられなかっただろう。融資を保証する担保は、老朽化するか、それ以上にひどい場合には、戦闘で使い物にならなくなっている可能性があったからだ。この財務的ベンチャーにとって唯一本物の担保は、中国政府の経済的健全性だった。中国政府による月々の支払いは常に期限までになされている、とレイトンが強調した理由がここにあったことは明白である。

ブーンはまた、太平洋並びに東南アジアにおける勢力均衡に関わる中国の明らかな重要性に関するレイトンの説明も加えている[註18]。「〔レイトンは〕急降下爆撃機五〇機、双発爆撃機五〇機、戦闘機五〇機、そして輸送機一〇機からなる小規模で有効な軍用機の編隊があれば、日本の通信網を防備不可能にすることができると主張した。これは、日本の通信線が揚子江と珠江および南寧で特に脆弱だからである[註19]」

レイトンとシェノールトが、口に出さなかったとしても同じことを考えていたことは明らかである。シェノールト、レイトン、ポーリーの三人が飛行機工場視察のためにカリフォルニア州一帯を一緒に飛び回っていたのに、中国空軍が必要とするものに関して何ら意見を交わさなかったとは想像し難い。これら三人の男たちは、小規模ながら優れた装備の航空戦隊が、中国において、侵略戦争を進める日本軍に対して何ができるかを熟考していたと考えるのは、道理に適ったことだと言えよう。

〝商業的ベンチャー〟の概念に立ち戻ってみると、「合衆国政府の直接的な参加なしで[註20]」中国の状況を改善するためにアメリカがすべきことは、わずか三つだけだった。まず、合衆国政府は輸出入銀行を動かして二五〇〇万ドルの対中借款を認めさせる。中国空軍の活動の財源となる借款は輸出入銀行の保証を必要としたが、レイトンによると、その理由は、「ヨーロッパ情勢の影響で香港上海銀行が財布の紐を締めるようになったから」だった。(註21)今日、われわれはもちろん、政治情勢が不安定になると、金の貸し手は不安に駆られ、融資の基準が制限されることを承知している。レイトンの発言は、この点から十分に予測されたものである。レイトンは、輸出入銀行は単に融資を保証するだけのことであり、実際に融資するわけではない点を強調した。香港上海銀行はこの経済上の取引をより安全なものにするため、まさかのときの頼みが追加的にほしかっただけのことである。

この商業的ベンチャーを成功させる第二の要素は、合衆国政府は「インターコンチネント・コーポレーションがアメリカ陸軍、海軍、海兵隊予備軍の腕利きのパイロットを雇用することに対して異議を差し挟まない」ことだった。(註22)これらパイロットの雇用に関する考え方は次第に発展し、ついにはCAMCO(インターコンチネント社の子会社)が実質的にアメリカ人パイロットや専門技術者の想定上の雇用主となることになった。

レイトンのプランの三つ目の考え方は、「合衆国は、中国が必要とするだけの数の航空機とその活動に要する燃料を入手しやすくすべきである」(註23)という点だった。この第三のコンセプトは、アメリカ陸海軍合同航空機委員会に提出された。中国にとって航空機が入手しやすくなるということは、イギリス、陸軍航空隊、そしてアメリカ海軍にとって航空機の調達がより難しくなることを意味したのである。

言ってみれば、それだけのことだった。まず、融資を保証させる。次に、アメリカの企業がアメリカ製の航空機を購入し、それを戦闘地域でアメリカ人パイロットに操縦させる。そして、アメリカ製航空機の割当てをイギリス、陸軍航空隊、海軍から中国に振り向けて提供できるようにする。軍のブリーフィングというよりは商品の売り込みに近い口調で、ブーンはレイトンの発言を次のようにまとめている。「かくして、有能なゲリラ航空戦隊の基礎はすでに構築され、単にインターコンチネント・コーポレーションの現有スタッフを増員するだけで戦隊が現実のものとなる可能性が出てきたのである」(註24)

発議された中国におけるゲリラ航空戦隊は月五〇〇万ドルで維持することができ、おおよそ五〇名のアメリカ人パイロットしか必要としなかった。レイトンは「日本がこの手順に異議を唱える根拠はないだろう」と強調している。(註25)その売り込み口上は最後に、もし日本との戦争に勝利して強い中国が出現すれば、その中国はアメリカに対して友好的になるだろう、と締めくくっている。

合同委員会計画ＪＢ－３５５のファイルには、スターク提督に送ったアンダーソン少将のマル秘の覚書もあった。(註26)ちなみにスターク提督は、海軍作戦部長として――提督はその立場でルーズベルト大統領と直接接触することができた――日本軍の真珠湾攻撃の意図に直接関係のある情報を故意に提供しなかったとして、真珠湾奇襲攻撃の日に真珠湾の合衆国太平洋艦隊司令長官ハズバンド・Ｅ・キンメル提督に非難された。スタークは日本軍による攻撃の数カ月後、海軍作戦部長の任を解かれている。(註27)アンダーソン少将がスターク提督に宛てたメモには、以下のような記述がある。

ここに添付するのは、以前アメリカ海軍に属し、過去一〇年間にわたり中国において航空機の製造および販売に従事してきたインターコンチネント・コーポレーションの副社長を務めるブルース・G・レイトン氏が用意した覚書である。氏の計画は、中国の対日抵抗力をアメリカにとって比較的少ない出費で強化し、国際条約を公然と無視した日本のアジア大陸における武力侵攻政策を結果的に断念させる可能性を呈するものと思われる。(註28)

レイトンが用意した覚書には、ここでも、肝心な事実を割り出す材料はまったく含まれていない。つまり、宛名もなければ、誰から情報を得たとも記されていない。さらに、日付も、サインもなく、番号を振った六つのパラグラフと、番号のない一つのパラグラフで構成されているだけだ。(註29) 経費に関する側面とパイロットの数は、ブーンの報告書とレイトンの覚書の間でほぼ一致している。唯一異なるのは、海軍省に提出した文書でレイトンは、急降下爆撃機五〇機、双発爆撃機五〇機、戦闘機五〇機ではなく、爆撃機一〇〇機と戦闘機一〇〇機を要求している点だけである。(註30)

陸軍と海軍の予備役パイロットは「合衆国政府に反対されないのであれば、このようなベンチャーに携わる機会を歓迎するに違いない」(註31)と主張したあと、レイトンの売り込み口上はさらに続いた。「私が関係する企業は、基地の建設、備品の供給、人員の訓練、整備施設の組織等に関するすべての必須要素を、中国政府との商業的契約の下で、合衆国政府の直接的な参加なしに手配することができる、と私は考える」(註32)

ブーン少佐がレイトンの売り込みを受け入れる意思を毛頭持ち合わせていなかったと考えるのは、

誤解を招くことになろう。なにしろ、二人が会った一九四〇年の一月中旬から一〇カ月もたたないうちに、ブーンの上司でアメリカ海軍情報部極東課課長のアーサー・H・マッコラムは、日本が合衆国に対して公然と戦争行為を仕掛けることを余儀なくさせるための八つのイニシアティブ（戦争挑発行動）を提唱したアクション・プランを書いているのだから。ロバート・スティネットは、『真珠湾の真実——ルーズベルト欺瞞の日々』でこう書いている。「これら八つの行動は、ハワイに駐屯するアメリカの陸、空、海軍部隊のみならず、太平洋地域におけるイギリスとオランダの植民地の前哨基地に対する攻撃を、日本に事実上けしかけるよう求めたものである(註33)」

スティネットによれば、マッコラムは一九四〇年初頭から一九四一年一二月七日までの間、機密情報関連の通信の内容をルーズベルトに伝達する任務を負っていた(註34)。現に、（海軍情報）部長に宛てたマッコラムの一九四〇年一〇月七日付覚書の三番目の行動は、「可能な限りのあらゆる援助を蔣介石の中国政府に提供すること」を提唱しているわけだから、レイトンとブーンの会合はアメリカの軍事および外交政策になんら影響をもたらさなかったと論ずることはできないだろう(註35)。

一九四〇年一月にレイトンがブーンを訪ねたとき、海軍情報局（と、かなり高い可能性でルーズベルト大統領）に対して種は蒔かれた。そして時を経て、その種は花を咲かせ、外国の軍指導者のために役立つアメリアのゲリラ航空戦隊にまで成長したのである。

第3章　チャイナ・ロビー

私はワシントンで、鋭敏にして博学な宋子文の直属の部下となった。宋博士はウッドレー・ロードにある大邸宅を拠点にして、アメリカから具体的な支援を取り付ける中国側のキャンペーンを指揮していた。

――クレア・リー・シェノールト（註1）

中国は、ポーリーとレイトンがそれぞれの地位を活用したロビー活動を展開したことで利益を得た。ポーリーは日中戦争の当初の数カ月間中国に滞在しており、「中国には高い上昇率と優れた操縦性能を備えた迎撃機が必要である」との結論を下した。（註2）自社が負うことになる膨大な費用をものともせず、ポーリーはカーティス＝ライト社に軽量の単葉戦闘機、カーティス21型機（CW＝21とも呼ばれた）を製造するように依頼した。

一九四〇年秋には、シェノールトは相変わらず中国航空問題委員会事務局長の民間人顧問として雇用されていた。当初、一九三七年六月には中国で宋美齢の監督下にあったが、一九四〇年一二月には彼女の兄であるワシントンの宋子文直属の部下となった。中国に仕えるシェノールトがアメリカに戻ったのは、一つの簡単な理由によるものだった。つまり、中国は日本との宣戦布告なき戦争で、アメリカ製の航空機とそれを操縦するアメリカ人パイロットを必要としていたのである。

日本が満州を侵略し、一九三一年に初めて上海を空襲した後、宋子文は中央政府の空軍力の整備を開始した。ジャック・ジューイット大佐がロイ・ホルブルックを含む陸軍航空隊の二〇名の予備役将校と共に一九三二年に中国に渡ったのは、宋子文の依頼に応じてのことだった。ホルブルックは後に、蒋介石つきのパイロットになっている。宋子文はハーバード大学で学び、西洋の価値観の影響を受けた人物で、外国人顧問をあまりにも大勢採用したことで批判された。宋子文の主たる敵対者は蒋介石の義兄の孔祥熙だった。一九三四年、ジューイットが引き連れてきたアメリカ人パイロットが、福建省で起こった暴動を鎮圧するための戦闘任務に就くことを拒否したとき、たまたまイタリアで休暇中だった孔は、中国にとって決して少なくない代価を支払って、ムッソリーニのパイロットと航空機を確保した。だが、損壊し、航行不能の航空機を中国空軍の在庫目録に記載しておくという、イタリア空軍関係者の腐敗した手口が、日中戦争の勃発によって暴露されることになった。

一九四〇年の秋には、宋子文はワシントンで蒋介石の個人的な代表を務めており、ヘンリー・モーゲンソー財務長官やフランク・ノックス海軍長官と個人的に近しくなっていた。教養人で隙のない身繕いの宋は、中国に対するアメリカ軍機供与の強力な唱道者だった。その秋、大統領のスピーチライターを務めた同じくハーバード大学出身の弁護士トーマス・コーコランが、中国を支援する活動に加担した。コーコランが上下両院の議員に対して持つ影響力は絶大だったから、中国における〝特別航空戦隊〟結成の計画がルーズベルト政権によって無事遂行されることは可能だろうし、舞台裏で展開するこの活動から政治的な揉め事が生じるのも避けられるだろうと思われた。

大統領補佐官のロークリン・カリー(註3)は、チームのもう一人の中心的なメンバーで、終局的にはアメリカの対中支援を管理・監督する任務を負った。カリーは中国を支援し、日本から中国を救うことと、日本軍と戦い、日本の戦争遂行能力を損なわせるために中国を利用するという、二つの目的の唱道者となった。このような取り決めは、中国とアメリカの双方の利害に一致する。つまり中国は、侵略してくる日本軍と戦うことが必要となれば、アメリカから軍用機が入手できるし、アメリカは、日中戦争下では日本の正式な交戦国ではないが、(願わくは)日本を中国で足踏みさせ、それによって日本がアジア・太平洋地区のアメリカの権益を襲うだけの兵力と資源を持つ危険性を軽減させたかった。

ちなみに、これはルーズベルトにも、アメリカの軍部、あるいはアメリカの情報社会にも当時はわからなかったことだが、カリーは実はソ連のスパイだったのである。(註4)カリーはアメリカ共産党(CPUSA)の党員にこそならなかったが、ソ連大使館員に機密情報を定期的に提供しており、ときには極秘文書も手渡していた。KGBがカリーに与えたコードネームは、〝ペイジ〟だった。(註5)カリーが中国を支援するために注いだ情熱の一部は、日本の侵略からソ連を守りたいと切望する気持ちのなせる業だったことは明らかである。しかし、中国を守るために熱心に活動するなかで、カリーは明らかに中ソ両国に忠誠を誓っていた。仮に、一部の向きが主張するように、カリーがソ連に対してのみ忠誠心あるいは関心を抱いていたとしても、彼は日本の拡張主義的野心に対して中国が強力な防衛力を備える必要がある点を認識していただろう。もしヒトラーのドイツがソ連の西域にとって脅威となったら、ソ連は中国に国土の南域における日本の傀儡になってほしくないことは確かだった。ソ連の将来にとって、中国における日本の強力なプレゼンスは縁起のいい話ではなかったのである。

〝プラス4〟側近グループ

陸軍長官ヘンリー・スティムソンの夫人は、ルーズベルト内閣の側近を〝プラス4〟という特別の名で呼んでいた。メンバーは、夫のヘンリー、財務長官ヘンリー・モーゲンソー・ジュニア、海軍長官フランク・ノックス、そして国務長官コーデル・ハルである。特にこのうちの一人、モーゲンソーが、本著の中で主要な役割を果たすことになる。

〝特別航空戦隊〟を結成し、中国東部から爆撃機を発進させて東京や日本のその他の都市を空爆するという、中国とアメリカの間で進められた秘密計画についてわれわれが今日知り得ることの多くは、ヘンリー・モーゲンソー・ジュニアが念入りに口述した備忘録に基づくものである。彼の祖父、ラザラス・モーゲンソーは、一八六六年に破産寸前の状態でドイツからニューヨークに着き、その後財政難を見事克服して、一家が繁栄を続けるお膳立てをしたユダヤ人の移民である。モーゲンソーの父親ヘンリー・シニアはコロンビア大学法学部を卒業し、アメリカ政界で傑出した地位に上りつめ、最終的には一九一三年から一九一六年まで駐トルコ大使を務めている。

ヘンリー・モーゲンソー・ジュニアはコーネル大学に入学したが、卒業はしていない。代わりに彼は、農業に携わる目的で一〇〇〇エーカー（約四平方キロメートル）の土地をニューヨーク州ダッチス郡に購入した。モーゲンソー一家はルーズベルト家と近所づきあいをしており、フランクリン・ルーズベルトがニューヨーク州知事に就任したとき、モーゲンソーは農業関係の諮問委員会の委員長に任命された。後に、ルーズベルトが大統領になると、モーゲンソーは連邦農業会議議長と農業信用局長に就任した。そしてウィリアム・H・ウッディン財務長官が病に倒れると、その跡を継いだ。モーゲンソーはカリーのような経済学の学位は持っていなかったが、それでもルーズベルトの信頼は厚く、二人の関係は親密だった。第二次世界大戦勃発後にモーゲンソーが行なった演説から彼の強烈な個性が窺い知れるが、彼は日本政府に対する嫌悪感を顕にしている。自らの回想や会話を記録するというモーゲンソーの先見の明のお蔭で、われわれは今日、アメリカの対日秘密先制攻撃計画の起源について知ることができる。彼が残した詳細な記述によって、アメリカが、東南アジアにおける代理国としての中国に日本攻撃のための爆撃機を提供するという決定をどのように下したかを、検証できるのである。

さらに、モーゲンソーの公式の立場は財務長官だったが、彼はルーズベルト政権内で疑いなく多大な影響力を持っていた。モーゲンソーは頻繁に職域を超えて行動し、外交政策の絡む事柄にも関わった。ルーズベルト大統領記念図書館で入手したモーゲンソーの日記を吟味した結果、アメリカが日中戦争中に中国に対して行なった（財政援助に加えた）軍事援助にモーゲンソーが深く関わっていたことが判明したが、これは意外なことではない。モーゲンソーは、外国政府高官やルーズベルト政権の閣僚、そして特にルーズベルト大統領と会合や会談を行なった後、その内容をメモにして必ず秘書に口述している。電話による会話は逐一、文書に書き起こされた。モーゲンソーは非常に綿密な記録の管理者であり、自らの活動を詳述した目録をつくりあげたのである。

〝プラス4〟グループのもう一人のメンバー、フランク・ノックスは苦学力行の象徴的人物だった。ノックスは一八七四年にマサチューセッツ州で生まれ、父親は食料雑貨店を営んでいた。その後一家は、ノックスが七歳のときにミシガン州に引っ越した。一一歳になる頃には、ノックスは新聞売りをして家計を助けていた。彼は高等学校を卒業する前にセールスマンとして独立した。だが、一八九三年に失業すると、ミシガン州に戻ってアルマ・カレッジに入学し、そこで優秀な成績を収め、抜群のフットボール選手になった。米西戦争の勃発と同時に、セオドア・ルーズベルトが率いる〝荒馬騎兵隊〟に入隊。戦後、再びミシガン州に戻って、大学時代の恋人アニー・リードを娶り、グランド・ラピッズ・ヘラルド紙の編集長の職を得る。その後、販売部の部長に昇格し、共和党政治に活発に参加した。

第一次世界大戦の勃発と同時に、当時四三歳だったノックスは再び陸軍に入隊した。終戦後新聞業に戻り、一九二七年までにウィリアム・ランドルフ・ハーストが経営する二七のすべての新聞の管理職になった。ノックスは、セオドア・ルーズベルト大統領の信条として知られた〝厳しい生活の勧め〟を具現化した人物で、身体を鍛えることと清廉な生活を信条とし、腐敗した政治家や犯罪者を明るみに出すことを生涯の仕事とした。

フランクリン・デラノ・ルーズベルトが大統領に選出されると、ノックスは大統領の経済政策を異質かつ非アメリカ的で、完全な失敗と呼んだ。しかしながら、ノックスのこの批判は客観的に評価されなければならない。まず彼は、野党共和党の党員だった。次に、当時の規準から見ると、大半の共和党員はルーズベルトの経済政策は社会主義的であり、明らかに自由市場資本主義にはそぐわないと見ていたに違いない。一九三六年には、ノックスは大統領を目指すカンザス州知事アルフレッド・ランドンの副大統領候補として出馬している。ノックスがルーズベルトの国内政策にますます批判的になっていくなかで、ルーズベルトはノックスを自らの政権のポストに任命することによって批判を抑えようとした。ルーズベルトが二度要請して初めて、ノックスは海軍長官に就任することに同意したのだった。

ノックスはアメリカ中立法と超党派内閣の廃止のために動いた。一九四一年、大西洋からナチ潜水艦を一掃するためにアメリカ海軍を使うべきだとノックスが提案すると、孤立主義者たちは激怒し、彼に辞任を迫った。今日の規準から見ると、ノックスはタカ派的感性の持ち主と目されるだろう。彼が、日本と戦うために中国にアメリカのゲリラ航空戦隊を設立するという構想を受け入れたのも、そこに理由がある。

〝プラス4〟グループの第三のメンバー、コーデル・ハルはテネシー州生まれである。一八七一年一〇月二日、テネシー州ピケット郡の丸太小屋で生まれた。母親はチェロキー・インディアンの血を引いており、両親は山岳地帯の住人だった。生まれつきの才能があると思われたため、子供の頃のハルは学校に通わずに個人教師の教えを受けた。オハイオ州のナショナル・ノーマル大学を卒業すると、テネシー州のカンバーランド大学に通った。その間、ナッシュビルで弁護士事務所の研修生を務め、一八九一年、一年足らずで学業に励んだだけで法学博士の学位を取得した。

ハルは一九歳でクレイ郡民主党委員長に選出され、二〇歳でテネシー州下院に当選した。米西戦争の間は議員を辞任し、キューバ駐留の義勇兵部隊の大尉を務めている。この戦争が終わるとテネシー州ゲインズボローに戻り、第五巡回裁判所の判事を務め、馬の背あるいは二輪馬車に乗って一〇の郡の裁判所を巡回している。

一九〇六年に、ハルは合衆国下院議員に選出され、そこで一九三一年まで（二期を除いて）議員を務めた。議会を離れている間、一九二一年から二四年まで民主党委員会の委員長だった。ウッドロー・ウィルソンがアメリカ大統領だった間は、連邦所得税制度の基盤となる法案の立案に重要な役割を果たした。ハルはまた、国際連盟の価値をウィルソン同様に信奉していた。一九三一年、アメリカ上院議員に選出された。ルーズベルト大統領は、ハルを不適任と考える多くの上院議員の反対を押し切って、一九三三年に彼を国務長官に任命した。

ハルは経済ナショナリズムを戦争の主要な原因と考えていたが、アドルフ・ヒトラーがドイツ軍にチェコスロバキア侵攻を命じたときにはドイツ製品に輸入関税を課した。同じように、一九三九年、合衆国と日本は一九一一年から修正通商航海条約を施行していたにもかかわらず、日本の宣戦布告なき対中戦争に対する経済的報復措置として、この条約を破棄している。

一九三九年から四一年までの間、ハルは日中間に平和条約をもたらすことを目論み、交渉に没頭した。また、日本政府内の穏健派の立場の強化と、軍国主義者たちの立場の弱体化を試みた。ハルは駐米大使野村吉三郎を尊敬するようになったが、一九四一年一一月、遣米特命全権大使として来栖三郎が野村を補佐するためにワシントンに派遣されると、野村は事実上、大使としての役割から外された。

第二次大戦勃発後も、ハルは終局的な平和を心に描くことができ、〝国際連盟憲章〟と題する文書の起草に重要な役割を果たした。実際、彼は一九四五年に、国際連合結成のために払った努力が評価され、ノーベル平和賞を受賞している。ハルは心底から仕事好きで、医師に禁じられるまで、政府の主要な顔ぶれと毎日曜日の朝、頻繁に自宅で会合を持った。

コーデル・ハル同様、ヘンリー・スティムソンは長期にわたり、卓越した公務生活を送った人物である。一八六七年九月二一日にニューヨーク市に生まれたスティムソンは、フィリップス・アンドーバー・アカデミーに学び、一八八八年にエール大学を卒業した。ハーバード・ロースクールで学んだあと、弁護士になり、ニューヨーク市で弁護士として活動する間に、著名な弁護士で政治家のエリヒュー・ルートの知遇を得ている。

一九〇六年から一九〇九年まで、スティムソンはニューヨーク南地区の連邦検事を務めた。一九一〇年、ニューヨーク知事選に立候補して敗れたが、一九一一年から一三年まで、タフト大統領の下で陸軍長官を務めた。そして第一次世界大戦が始まると、アメリカ陸軍第三一野戦砲兵隊の大佐を務めた。

一九二七年、スティムソンはクーリッジ大統領にフィリピン総督として派遣された。忠実な共和党員だったスティムソンは、フーバー大統領の下で国務長官をつとめ、一九三〇～三一年に催されたロンドン軍縮会議ではアメリカ代表団の団長を務めている。一九三三年の民主党フランクリン・D・ルーズベルトの大統領当選と同時に公職を離れた。弁護士業を再開したものの、国際関係に相変わらず強い関心を抱いていたスティムソンは、アメリカが枢軸国に対して強い姿勢で臨むことを唱道した。

ルーズベルトがフランク・ノックスに対して行なったと同じようなかたちで、スティムソンは一九四〇年に陸軍長官に再任命された。任命されたとき、彼は七三歳だった。

ロンドン軍縮会議での日米英の三国間における軍艦の保有数を巡る交渉で、スティムソンが勢力の均衡に精通していたことは明らかだった。一九三二年に日本が満州を侵略すると、当時国務長官だったスティムソンは後に〝スティムソン・ドクトリン〟として知られることになる宣言を発表した。その中でスティムソンは、アメリカは自らの条約権を損なうような状況や条約、あるいは一九二八年のパリ不戦条約に違反する手段（つまり日本の満州侵略のような侵略行為）によってもたらされた状況や条約をもはや承認する必要はない、と主張している。

モーゲンソーを除く〝プラス４〟のメンバーは全員、合衆国陸軍に奉職している。そして、〝プラス４〟がその後歩む道は、一九四〇年の秋にシェノールト、宋子文、そして毛邦初が歩む道と交差することになり、アメリカ政府がそれまでに着手したなかで最も秘密で奇想天外な軍事構想の一つをもたらすことになるのである。合衆国は、日中戦争では名目上中立の立場を取っていたが、この異端の軍事行動の下で中国を代理国として使い、日本に対して先制奇襲空爆を仕掛ける計画を真剣に考慮することになるのだった。

第4章　ホワイトハウスの昼食会

「中国が日本を爆撃するなら、それは結構なことだ」

――フランクリン・D・ルーズベルト大統領、一九四〇年一二月

右の台詞は、一九四〇年一二月、つまり日本が真珠湾を奇襲するちょうど一年前にルーズベルト大統領がモーゲンソーに対して発した言葉である。(註1) モーゲンソー夫妻は、一九四〇年一二月八日日曜日、宋子文博士夫妻と共にルーズベルト大統領との昼食会に出席した。そのほぼ一月前の四〇年一一月、一通の秘密覚書が蔣介石総統からルーズベルトに届けられていた。その中で蔣介石は、日本を爆撃することを主眼とした特別航空戦隊を中国に編成してほしいと要望していた。(註2) この点を考えれば、蔣介石の懇請が昼食会の席上で討議されなかったとは考え難い。事実、長距離爆撃機の対中供与が話し合われたことは、この昼食後に宋子文と交わした会話についてモーゲンソーが残している記録から窺えるのである。したがって、昼食会の話題が特別航空戦隊結成に対する中国の要請に集中したことは、

ほぼ疑問の余地はないと見てよかろう。(註3)

ちなみに、一九四〇年一二月のホワイトハウスのこの昼食会は、こうした討議がなされた唯一の機会ではなかった。同年一〇月二〇日、シェノールトと毛邦初は、中国からワシントンに飛んで中国防衛物資会社と呼ばれる組織を取り仕切る宋子文の下に出頭するよう、蒋介石総統と宋美齢に命じられた。任務は宋子文を支援し、中国に仕えるアメリカ製の航空機とアメリカ人パイロットを確保することだった。

シェノールトと毛は、一九四〇年一一月一日にワシントンに到着した。不幸にして、シェノールトと宋子文がそれぞれアメリカ側と行なった初期の話し合いは、とても幸先が良いとは言えないものだった。(註4)話し合いの後、宋子文はさらにシェノールトを夕食に招き、ニューヨーク・トリビューン紙のジョセフ・オールソップ・ジュニアとシカゴ・デイリー紙のエドガー・マウアーの二人の著名なジャーナリストに引き合わせた。シェノールトは、中国のために戦うアメリカのゲリラ航空戦隊に関して二人の意見を打診した。だが二人の大物ジャーナリストはいずれも、ワシントンの主たる関心事はドイツであって日本ではない、と指摘した。彼らの言葉は、とうていシェノールトの期待に応えるものではなかった。だが二人は、シェノールトから、日本の零式艦上戦闘機（零戦）がいかに優れた性能を発揮しているかを聞かされて愕然とした。それまで一般に、中国で戦うにはアメリカの旧式戦闘機でこと足りると思われていたからだ。同様に、宋子文がモーゲンソーと行なった初期の討議の内容は、アメリカ製の航空機を大量に中国に供与するという考えが非現実的であることを暗示していた。これら初期の会談が特別航空戦隊の結成にとって決して良い前兆ではないことは、明らかだった。

戦争へと向かう日米関係

一九四〇年の秋には、アメリカと日本はすでに戦争状態にあった――経済戦争ではあったが。日本は東洋における新興勢力であり、フランス、イギリス、オランダの植民地に下心を持っていた。日本はアジアにおいて急速に、最も発展した国家になっていた。一九三六年には、合衆国の対アジア総輸出量の半分近くは日本が占めるまでに至っていた。成長を続ける経済を支えるため、日本はアメリカから入手する原材料と石油に依存していた。だが、日本が一九三七年に中国を侵略すると、その野心ゆえに、この強力な国家がいずれはアメリカと直接対決する運命にあることは明らかになった。

日本は一九三一年に満州を侵略することによって征服に着手したが、すぐに関心を南に向けた。一九三七年夏、日本は港湾都市上海とエキゾチックで垢抜けした首都南京を含む中国南東部に攻撃を加えた。そのとき、日本軍がアメリカの砲艦パナイ号を空から襲撃したことで、日本はあわやアメリカとの戦争に突入しそうになった。パナイ号は、日本軍が侵攻を続ける最中に南京からアメリカ人を避難させる作業に当たっていた。アメリカの国旗が目立つように掲げてあったにもかかわらず、パナイ号は一九三七年一二月一二日の日曜日に攻撃を受け、沈没した。この攻撃で三人のアメリカ人が命を落とし、四三名の水兵と五名の民間人が負傷した。日本はクリスマス・イブに正式に謝罪したが、攻撃は故意ではなかったと主張した。だが、アメリカ海軍の軍人予審裁判所は、攻撃中にアメリカのいくつかの星条旗ははっきり肉眼で確認されたと断定した。日本側の謝意がワシントンに伝達される四日前、日本は日本海軍機がパナイ号を襲撃し、撃沈したあと、日本陸軍機が生存者たちに機銃掃射を加えたことを認めた。一九三八年四月二二日、日本は合衆国に二二一万四〇〇七ドル三六セントの賠償金を支払った。駐日アメリカ大使ジョセフ・グルーは日米間で戦争が起こることを恐れたが、非常に多くの日本人がこの事件に関してきわめて深く悔やんでいることを知って驚いた。グルーには、〝二つの日本〟があり、一方は誠実で低姿勢だがもう一方は征服に余念がない、と見えた。興味深いことに、自責の念を表明するため、日本人は個人ベースでアメリカに見舞金を送ったが、ハル長官は、この襲撃事件で命を落としたり負傷したりした人々の家族はいずれも見舞金の受領を拒否した、と述べている。パナイ号事件が〝真珠湾〟の四年前に日本とアメリカを戦争に叩き込まなかったのは、たぶん驚くべきことだったと言ってよかろう。

パナイ号の撃沈はシェノールトとも関わりのある事件となった。シェノールトは、中国上空で撃墜された日本機から回収した日本軍の装備を集めて、合衆国大使館付のアメリカ人情報将校に提供していたからだ。海兵たちはこれらの装備を忠実に木枠に詰めて、最も安全と考えた保管場所、つまりパナイ号に運んだのだった。日本の航空技術の進歩についてアメリカ当局に警鐘を鳴らそうとするシェノールトの努力は、パナイ号の沈没と共に文字通り水泡に帰した。

日本が〝日華事変〟と呼んだ戦争の勃発以前の数十年間にわたって、アメリカは中国と友好的な関係を維持していたから、中国の村々に対する日本軍の無差別爆撃や日本兵の手による中国人の処刑の実態を伝えるニュース映画を見てアメリカ人はショックを受けた。このような残虐行為は、数十万人の無力な中国人が、レイプされ、殺害され、銃剣で突かれ、銃撃された挙句、共同墓地に投げ捨てられたと中国が主張する、一九三七年の〝レイプ・オブ・南京〟(南京虐殺事件)で世界の関心を集めた(註5)。

西側の新聞はこの大量殺戮について報道し、アメリカ人は中国の都市が破壊されるさまと、ほどなく〝ジェノサイド〟と呼ばれることになる、中国の無辜の市民が死んでいく様子を見ながら、映画館の椅子に座って恐れおののいた。一九三八年一月までに、日本によるパナイ号爆撃を報ずるニュース映画はアメリカの映画館に到着していたが、日本が死傷者や損害に対して賠償を行なう前だったため、アメリカ各地で相当な騒動が持ち上がった。ニュース映画の報道で注目を集めた〝中国のジャンヌ・ダルク〟として国民的な人気が高い宋美齢からの支援への要請に対して、アメリカ人は好意的だった。

一九四〇年三月、日本は南京に傀儡政権を樹立した。同年七月一六日、日本はそれまで中国軍に食料と軍需物資を輸送していた雲南鉄道を閉鎖するよう、インドシナを支配していたフランスに圧力をかけた。鉄道が閉鎖された直後、アメリカは航空機用ガソリンの対日輸出を禁止することで対抗した。もちろんアメリカはそれ以上に厳しい制裁措置でも対応できたが、ルーズベルト大統領は当時のアメリカで圧倒的だった孤立主義の空気をよく理解しており、日米二強の間に武力抗争を触発させる可能性のあることすべてに対して慎重だった。

一九四〇年七月、イギリスは中国に残された外界との唯一の生命線であるビルマ・ルートを、短期間閉鎖した。イギリス側のこの決断は、閉鎖しなければ日本軍が軍事攻勢に出ることを懸念しての措置だった。八月二日、日本は仏領インドシナにおける日本軍の通過権と軍用飛行場の使用権を要求した。八月三〇日、フランスが経済・軍事面で譲歩することと引き換えに、日本はインドシナにおけるフランスの主権を承認した。

一九四〇年九月二七日、日本は次の重要なステップを踏み、三国軍事同盟に調印してドイツとイタリアからなる枢軸国に参加した。アメリカは、ただちに屑鉄の対日輸出を禁ずることで対応した。対して日本政府は、重要物資獲得のためにオランダ領東インドに対する外交政策の強化に着手する決断を下し、主として大量の石油資源確保を目指す交渉団をバタビア（現在のジャカルタ）に派遣した（交渉は結局決裂し、交渉団は翌年六月に帰国している）。一一月、アメリカは錫と鉄鋼の対日輸出を禁止した。日本政府の攻勢は西側諸国に対してますます敵対的になっているように見えたが、ルーズベルト大統領は明らかに、アメリカの報復は軍事的ではなく経済的な措置に限定すべきだという世論に制約されていると感じていた。

日本の野心は目新しいものではなかった。世界は日本の軍事構想が過去一〇年間でエスカレートし、一九四〇年に沸騰点に達するのを見てきた。日本は一九三三年、唯一の願いは極東地域で平和を維持することだと主張し、国際連盟を脱退した。だが日本は以後、繁栄を享受する民族は実は日本人だけの〝大東亜共栄圏〟建設のために軍事力を駆使してきた。さらに、イギリスが自らの生存をかけてナチス・ドイツと戦い、オランダがドイツ国防軍に侵略されている間に、東南アジアにおけるそれぞれの植民地を守る両国の能力は著しく低下していった。東南アジアに、日本が食い物にするのにおあつらえ向きの軍事・政治的な空白が発生していたのである。ドイツ、イタリアとの三国軍事同盟に調印したとき、日本は自らの意図を明白にした。これによって、日本は征服の野望を諦めるかもしれないという西側諸国の希望はすべて失せた。次の世界大戦のための戦線は引かれつつあった。ルーズベルト大統領と彼の閣僚が、中国を支援するために、アメリカ製の航空機とそれらを操縦するアメリカ人パイロット、さらに航空機の点検修理にあたる専門技術者を提供することを真剣に考慮していたのは、まったく不思議ではなかったのである。

モーゲンソーと宋子文の会話

モーゲンソーは日記の中で、一九四〇年一二月のその日、ルーズベルト大統領と共に昼食をとった後で宋子文と交わした会話について記している。面白いのは、この会話はモーゲンソー夫人と宋夫人が同席の場で行なわれていることだ。

そこで私は、一九四二年までに航空機を提供できるかもしれないが、東京や日本のその他の都市を爆撃するために使うという了解の下で、長距離爆撃機を数機供与するというアイデアについてどう思うか、と宋に尋ねた。彼の対応は、控えめに言っても熱狂的だった。「われわれに反撃の機会が与えられることになる」と彼。そこで私は、「日本が爆撃で報復してくるのが怖くないか」と尋ねた。すると宋は、「奴らはすでにそうしているから」と答えた。私は宋に、この件に関して大統領とは相談していないと言ったが、それが大統領のアイデアであることはほのめかした。実際、部分的にはそのとおりで、なぜなら、大統領は私に、中国が日本を爆撃するなら、それは結構なことだと語ったからだ。私はそのとき大統領に、アメリカの航空機がカナダに飛ぶことを許可している以上、これらの爆撃機をハワイとフィリピン経由で中国まで飛ばせられない理由はないと考えます、と申し上げた。

蒋介石の覚書に、中国には東京から一〇〇〇キロ以内の距離に複数の軍用飛行場があり、蒋がこの件に関する情報を私に提供する用意がある、と書かれていたのを心に留めている、と宋に伝えた。

これは一月までに実現できるだろうし、この種の爆撃機の操縦の経験があるパイロットを雇う手配をすることは可能だろうと私は言った。

宋は蒋介石から本件で連絡が入り次第、私に知らせてくれることになっている。

中国側がこれを実行するなら、極東情勢の全貌が一夜にして変わると私は確信している。宋は、これが日本の大半の国民にとって決定的な影響をもたらすと信じている。日本国内の政治情勢は今非常に危機的な状況にあるからだ、と宋は語った……。（註６）

蒋介石の秘密覚書

一九四〇年一二月八日の昼食会の後で宋とモーゲンソー（そして、ほぼ確実にルーズベルト大統領）が行なった話し合いのテーマとなった蒋介石の覚書は、四枚の便箋にタイプライターで書かれたものだった。（註７）この覚書は、もちろん〝極秘〟と記されており、文書の上段に次のような手書きの注意書きが見られる。「本文書は宋子文が一九四〇年一一月三〇日正午から長官と会談した後で送付してきたものである」。この注意書きは、モーゲンソーと宋が一九四〇年一一月三〇日に会ったことを明らかにしているから、モーゲンソーと宋が初めて会ったのは一九四〇年一二月八日にホワイトハウスで催された昼食会以前であることは自明である。これらの事実は、決定的な証拠ではなくても、状況からして、蒋介石からの秘密覚書（これは総統の指示の下で宋子文がワシントンで書いた可能性もある）は、おそらく一九四〇年一一月のある時点で書かれたものであることを示している。

総統の覚書は、日本はすでに一一〇万人の兵士を戦死あるいは〝戦闘不能〟（つまり、病気、戦傷などのため軍務に不適）の状態によって失ったが、満州占領軍以外に中国に一二五万人の兵士を維持しておく必要に迫られていると伝えていた。

この覚書は、陣地と中国人の命の面で犠牲を払いつつゲリラ戦を展開するという蒋介石の戦略を明示していた。総統はさらに、日本は南進とインドシナ、オランダ領東インド諸島、マレー征服のために大量の軍隊を中国から移動させることを強く望んでいる、と指摘していた。蒋介石は、日本は交渉によって中国と〝安易な〟平和協定を締結することを強く望んでおり、いったん東南アジアのイギリス植民地を征服したら、その協定を破棄すればいいと考えている、という仮説を立てていた。

覚書はまた、ドイツが日中間の対立を調停しようと努めていることを明らかにしている。この点に関連して、三国同盟はドイツ、日本、イタリア間で有効だったが、ドイツが依然として中国政府と緊密な関係を維持していたことは注目に値する。たとえば、ドイツ軍将校は中国の軍隊を訓練・組織していたし、蒋介石の息子は訓練のためドイツ国防軍に入隊している。中国兵はドイツ軍とそっくりのヘルメットを着用していた。また、蔣介石は側近の兵士たちに身辺を警護させていたが、これはヒトラー自慢のナチス親衛隊に非常によく似たやり方だったのである。

蔣介石の秘密覚書から、戦場に二五〇万人の兵士と二〇〇万人のゲリラ兵士を擁する中国側の人的資源の消耗が深刻だったことがわかる。蔣はさらに、中国人は七倍から八倍のインフレに苛まれていると伝えている。だが、このような経済的犠牲にもかかわらず、日本の侵略に対する中国人の抵抗は、民主国家は枢軸国との戦争で最終的に勝利するとの信念の下に続行されていた。しかし、フランスと西ヨーロッパ全土におけるドイツ軍の快進撃に伴い、中国人の信念は揺らぎつつあった。その結果、総統は中国にとっての新しい航空戦隊編成の必要性に関心を向け、次のように記している。

ロシア〔ママ〕は航空機の供与を止め、本年九月〔ママ〕以来、日本の航空機は質、絶対数の両面で、はるかに優勢である。したがって、今日、現有の中国機は気軽に空を飛べない〔ママ〕。中国軍と、そして特に主要都市における一般市民に対する間断なき爆撃の効果は、防衛の可能性がまったく見えない今、中国人全般の士気を阻喪しつつある。（註８）

航空歴史家のリチャード・ダンは論文、「中国軍に仕えるヴァルティＰ－66」の中でこう記している。「……一九四〇年一一月の時点では、ロシアが中国に対する航空機の供与を止めたという記述は、本当は正しくない」（註９）。とはいえ、その頃最後の積荷が中国に向かっており、ロシアの航空機の供給量が底を突いていたことは確かだった。（註10）

秘密覚書の第五パラグラフで蔣介石は、「イギリスとアメリカの訓練センターから」派遣されるパイロットと整備工によって機能する、二〇〇機の爆撃機と三〇〇機の戦闘機からなる特別航空戦隊の結成を提案している。(註11) 蔣介石は、イギリスとアメリカのパイロットが中国で軍用機を操縦するとなると複雑な状況が起こり得るから、極東の政治情勢の展開に従って、この航空戦隊の地位を特別に考慮することが必要となろう、との見解を述べている。(註12) 蔣介石は続けて、次のように記している。「この航空戦隊は、中国で結成され、日本が来春に予定しているシンガポール攻撃が始まる前に活動を開始する目的で、直ちに創設されるべきである」(註13)

それから約一年後の日本による真珠湾奇襲攻撃の翌日、ルーズベルト大統領はアメリカ議会で演説を行ない、日本は「太平洋地域全域に及ぶ奇襲攻撃に着手した」と述べた。しかしながら、われわれは蔣介石の覚書から、合衆国政府は日本がシンガポールに対して野心を抱いていたことを少なくとも一年前に察知していたことを知ることができるのである。

覚書の第六パラグラフには、蔣介石が中国における活動のための長距離爆撃機をアメリカ政府に供与させるように努めている様が記されている。

中国には使用可能な軍用飛行場が一三六あり、その半数以上は優れた状態にあって、爆撃機と追撃機の双方の使用に耐える。これらの飛行場のうちのいくつかは、日本から一〇〇〇キロの範囲にある。また、これらの飛行場は日本軍に簡単に攻撃されにくい地点に位置している。近くには日本軍の駐屯地は一切なく、地上から襲撃する際には、ほとんどの場合、通信手段のない険しい地形に数個師団を集中させねばならない。したがって、襲撃の脅威にさらされた飛行場の防衛または移動のために十分な時間稼ぎが可能である。

　この特別航空戦隊は中国陸軍と共同で作戦を展開することになるが、空からの支援を受ければ、陸軍は広東に対して攻勢に出て香港を救援し、漢江に対抗して揚子江流域から日本軍を一掃でき、さらにこの戦隊は、日本本土、台湾、海南を攻撃するに当たって、独自に行動することもできるのである。

　アジアとヨーロッパにおける戦争の政治・戦略上の必要性から判断すれば、航空戦を日本本土まで拡大することの妥当性に関して決断を持つ〔ママ〕ことは可能になろう。日本爆撃が日本人民の心理にもたらす反応に関して独断的になってはならないが、日本で高じつつある人心の不和と、中国における日本の冒険が始まった当初、交戦は数カ月足らずで終わると告げられた日本の人民が終わりなき戦争の可能性によって重圧と困苦を受けていることを示す証拠は、日々集まっている。(註14)

　蔣介石は自らの覚書に脚注を加え、日本空爆のための基地となる中国国内の軍用飛行場の位置を示す極秘の地図をアメリカ政府に提供できる、と記している。最後に蔣介石は、再び、一九四一年の春から活動を開始するために、件の特別航空戦隊を今後二週間以内に編成してほしいと要請している。

宋子文からモーゲンソーへの手紙

一九四〇年一二月八日のホワイトハウスの昼食会で行なわれた討議のさらなる証拠が、宋子文がモーゲンソーに宛てた手書きの書簡に認められる。日付は、昼食会の翌日である。(註15)宋はこう記している。「中国の空軍力増強の必要性に関する大統領宛の蔣介石将軍の秘密覚書に関して、現在中国空軍が所有する飛行場の所在地を示す中国の地図を同封いたします。ご興味をお持ちいただければ幸甚です(註16)」

追伸として、宋はさらに次のように述べている。「本地図は、もちろん、非常に機密な資料であり、あくまでも貴台のご参考までにお送りするものです(註17)」。モーゲンソーの日記の中には、宋からのこの書簡と共に、中国国内の軍用飛行場の位置を矩形の印で示した二ページの中国の地図が含まれている。これらの飛行場の多くは中国東部に位置していたが、これは日本を空襲する爆撃機の飛行時間を最短に抑えるためだった。

中国が日本の手に落ちるのを防ぐため、蔣介石は中国本土からの日本本土空爆という大胆な計画を思いついたのだった。もし、絶体絶命の時代が一か八かの措置を求めるとするなら、蔣介石が東南アジアにおける日本のさらなる侵略を抑え、できることなら完全に阻止する機能を持ったアメリカのゲリラ航空戦隊の結成を渇望し、軍事顧問としてアメリカから招いたシェノールトをワシントンに派遣するという、これほど並み外れた行動をとった理由は確かに理解できるのである。

第5章　日本人に思い知らせてやれる

「東京に爆弾を落とさせる方法を考えろ」

——国務長官コーデル・ハル、一九四〇年一二月一〇日

一九四〇年一二月には、アメリカ政府首脳は特別航空戦隊に関する中国側の要求について真剣に考えるようになっていた。同年一二月一〇日火曜日の午前八時四〇分、財務長官ヘンリー・モーゲンソーは国務長官コーデル・ハルを訪問した。(註1) その朝、以下の会話が交わされている（モーゲンソーの記録による）。

ハル　ヘンリー、われわれがしなければならないのは、アメリカの航空機五〇〇機をアリューシャン列島から発進させ、一度だけ日本の上空を飛ばすことだ。そうすれば奴らに思い知らせてやれる。彼らに東京に爆弾を落とさせるなんらかの方法が見つかるといいのだが。

モーゲンソー　彼ら、とは誰のことかね。

ハル　中国人さ。

モーゲンソー　なんだって、コーデル、驚いて言葉もないよ。君がそう考えているとは知らなかった。実は、日曜日に、宋に極秘の提案をしたところなんだ。蒋介石に電報を打って、東京に爆弾を落とすのに使うという条件でなら、われわれは一定数の長距離爆撃機を提供することもできると伝えるようにね。

ハル　結構だ。その条件は契約の一部である必要はないのだね。

モーゲンソー　もちろんだ。

ハル　どうやって彼らをそこまで行かせるのかね。

モーゲンソー　政府はサンディエゴからカナダのハリファックスまでイギリス人のパイロットが飛ぶことを認めている。中国人のパイロットにハワイ経由でフィリピンまで航空機を操縦させ、その後、目的地の中国まで行かせることはできるだろうか。

ハル　もちろんだ。私はその手に賛成する。中国には、東京から一〇〇〇キロ以内に軍用飛行場がある。しかし、東京に見せつけるために、フィリピンまでわれわれが操縦し、その後、フィリピンで機を中国側に引き渡すことはできないものだろうか。

モーゲンソー　できるかもしれないが、そのほうが難しいと思う。(註2)

モーゲンソーとハルのこの会話で示されているのは、東京に爆弾を投下するために用いられるとの了解の下に、中国に爆撃機を提供する意図だ。しかし、二人はこの了解事項に関する証拠は残しておきたくはなかった。

モーゲンソーはハルとの話し合いの後、より多くの航空機を中国に譲渡するようスティムソン陸軍長官を説得するにはハルの助けが必要だと告げた、と記している。ハルは、スティムソンにはすでに、「……防衛委員会が航空機の生産をアメリカの航空産業に指示しない限り、春にはヒトラーの連勝を阻止するのが手遅れになるだろうと伝えるために」防衛委員会の会合を開くよう、要請してあると答えた。(註3) モーゲンソーはさらにこう続けている。

彼〔ハル〕は、アメリカ製造者協会の会長と話をしている。彼はこの件に、非常に精力的に取り組んでいる。……ハルにいったい何が起こったのか知らないが、この国がそれ〔航空機〕を本格的に生産するように仕向けなければ、われわれはイギリスを助けることはできない、の一点張りだ。

ハルとはもっと頻繁に会うつもりだ。この国が自衛できるようになるためにどのような手段が必要かという点に関し、われわれがまったく同じ考え方であることは明らかだ。(註4)

ハル国務長官が、太平洋地域と東南アジアにおける日本の野心を打ち砕く手段として東京を空爆させる構想を考えついたことは理解できる。航空戦力に関する当時のアメリカの理論は、戦略爆撃機は敵対国の戦意を挫き、生産能力を損なうえり抜きの兵器であると主張したビリー・ミッチェル将軍とイタリアの戦争理論家ジュリオ・ドゥーエが考案したものだ。事実、アメリカが第一次世界大戦に参戦すると同時に、アメリカ議会はアメリカ製軍用機の大編隊はドイツおよびその同盟国との抗争に速やかに終止符を打つと信じ、巨額の航空歳出予算案を可決している。(註5)

だが一九四〇年当時、アメリカは科学技術と戦う意志に関して、日本を甚だしく誤解していた。さらに、陸軍航空隊の指導陣は爆撃機を迎撃し破壊する戦闘機の能力を無視していたようだ。

アメリカ製爆撃機をめぐる中国とイギリスの争奪戦

日本を攻撃するという考えは興味をそそるものだったが、この計画が成功するためにはおびただしい障壁が克服されなければならなかった。中国に長距離爆撃機を供与することは、アメリカに重大な問題を突きつけた。アメリカの航空機生産能力は無限ではなかったし、イギリスの必要度が第一に考慮されなければならなかったからだ。ルーズベルト、モーゲンソー、宋子文の三人が出席したホワイトハウスの昼食会の六日前、モーゲンソーと駐米イギリス大使のフィリップ・カーは「三発か四発の爆撃機を……これらの爆撃機がトウキオ〔ママ〕とその他の大都市を爆撃するために用いられるとの理解の下に」中国に供与するオプションについて討議している。(註6)

カーはきわめて卓越したイギリスの政治家兼外交官だった。彼は一九一六年にイギリス首相デビッド・ロイド・ジョージの個人秘書に任命され、第一次世界大戦終結時のパリ平和会議で活発な活動を展開している。モーゲンソーの提案に対し、大使は「非常に熱狂的で、これはすべてを変えるかもしれない、と語った」(註7)。カーは本件に関して宋子文と討議することに同意したが、それは果たせなかった(註8)。大使が本国政府関係者と話し合った後、イギリス当局は「この計画は実行不可能であり、日本が以前以上に激しく報復することを意味するため、中国人はこの計画を望んでいないと感じた」のだった(註9)。

モーゲンソーの提案——つまり、アメリカは日本を爆撃するために中国を代理国として雇うというもの——に対するイギリスの反応は、正しい文脈でとらえる必要がある。イギリスは当時、自らが生き延びるために戦っていた。ドイツ空軍は一九四〇年八月一三日（〝イーグル・デー〟として知られる）に、イギリスに対する空爆作戦を開始した(註10)。ドイツ軍潜水艦は〝オオカミの群れ〟と呼ばれる隊を組んで大西洋で暴れまわり、イギリスに食料や戦争物資を輸送する商船を次々に撃沈していった。当時イギリスは年間四三〇〇万トンの輸入物資を必要としていたが、ドイツ潜水艦の包囲網をかいくぐれたのは、わずか三六〇〇万トンにすぎなかった(註11)。イギリスは、大西洋を監視してドイツ潜水艦の脅威と戦うために、アメリカ製の長距離爆撃機を必要としていた。イギリスには、中国が犠牲になっても考えなければならない自らの利害があったことは明らかだった。そして、ハルもスティムソンもモーゲンソーも、アメリカの戦争物資生産への努力に限度がある以上、中国に長距離爆撃機を提供することは、イギリスとその生存の見通しにとってマイナスである点は認識していた。

リンドバーグ、不介入を訴える

軍用機と、それを操縦するアメリカ人パイロットに対する中国側の要求が呈した政治的ジレンマを十分に理解するためには、一九三九年という年を吟味しなければならない。

その年の四月二〇日、ルーズベルト大統領は、一九二七年にニューヨークからパリまでの大西洋横断単独飛行に初めて成功した英雄的飛行士、チャールズ・リンドバーグに会った。(註12) リンドバーグの目覚ましい功績は、彼をたちまち世界のひのき舞台に押し上げた。彼は航空関連事項の権威であり、パンアメリカン航空の路線開拓の先駆者であり、アン夫人同伴で世界中を飛び回り、探検飛行に携わっていた。航空畑における業績に加えて、リンドバーグは人工心臓の先駆的テクノロジーの開発にも関わっていた。

彼は不幸にして息子が誘拐され、殺害されたことで、自己の名声に対して高い代償を払うことになった。その後行なわれた裁判とマスコミの過熱した関心がきっかけになって、リンドバーグは一定期間、異郷で生活を送ることを自ら選び、家族を連れてイギリスに移住した。イギリス在住中に、彼は在ベルリン・アメリカ大使館付武官のトルーマン・スミス少佐に出会った。スミス少佐はリンドバーグに、ドイツ政府のためにドイツ空軍の在庫目録の中の最新型航空機を査閲し、操縦してほしいと申し出た。(註13) この経験の後、リンドバーグはアドルフ・ヒトラーが世界に与える軍事的脅威について合衆国に情報を提供する、無比の資格を持つことになった。

当時、陸軍航空隊司令官を務めていたハップ・アーノルド将軍は、一九三九年四月にリンドバーグがアメリカに戻ることを知ると、リンドバーグが乗船した客船に無線で通信した。アーノルドはリンドバーグに、合衆国に戻り次第連絡をしてほしいと伝えた。(註14)祖国に戻った翌日、リンドバーグはアーノルドに会うためにウェスト・ポイントまで車を飛ばしたが、アーノルドはリンドバーグの報告は「ドイツ空軍とその装備、立案中と思しき諸軍事計画、訓練法、現時点における欠陥などを最も正確に」伝えるものであると高く評価している。(註15)アーノルド将軍は、リンドバーグに大佐として陸軍航空隊の現役勤務に戻り、「アメリカの〔航空関連〕調査機関の効率を高めるための調査をして」ほしいと要請した。(註16)

リンドバーグは、陸軍長官ハリー・ハインズ・ウッドリングと面談して、ヨーロッパとアメリカにおける航空機産業の実態について意見を交わしたあと、ルーズベルト大統領に謁見した。その日二人が交わした言葉のすべてが伝えられているわけではないが、会談のあと、リンドバーグがルーズベルトについて次のように書いたことは知られている。「私は大統領が好きになり、彼とうまくやっていけるだろうと思った。大統領の知己を得ることは、楽しく、面白い経験になるだろう」(註17)。大統領との会見の後、リンドバーグはホワイトハウスの入口の階段で新聞社のカメラマンの大群に包囲された。一方ルーズベルト大統領は、リンドバーグとの会談の後でマスコミのインタビューを受けたとき、リンドバーグがもたらした情報は、アメリカ政府がすでに知っていることを確認するものである、と語っている。(註18)

陸軍航空隊に復帰したリンドバーグは、首都ワシントンのボーリング・フィールド軍用飛行場に常駐するカーティスP-36A戦闘機を与えられた。新しい任務に慣れるために同機を数時間操縦した後、リンドバーグは三週間で合計二三の拠点を回る視察の旅に出た。一九三九年の夏の間、リンドバーグはアメリカ大陸を横断し、研究所、軍用飛行場、工場、教育施設などを訪れた。訪問先の一つは、ニューメキシコ州のロズウェルだったが、そこで彼は、古くからの友人でアメリカのロケット開発の先駆者であるロバート・ゴダード博士との旧交を温めた。リンドバーグはドイツ人がロケット技術について語る際にいかに慎重だったか説明し、その後二人は、ドイツはロケット開発の遠大な計画を温めているに違いないとの結論を下した。一方ゴダードは、公的支援はなく、わずかに篤志家たちが捻出する研究資金でロケット開発の作業に従事することを余儀なくされていた。リンドバーグは、自らが達成した空のオデッセーに加えて、航空学のリサーチに携わる二〇以上の組織を統括するアメリカ航空諮問委員会の長を務めており、今後の五年間で生産される軍用機の目標とする仕様を見直す作業に当たっていた陸軍航空隊の評議員会の一員でもあった。リンドバーグは、航空隊のために何カ月も働いたが、その間、わずか二週間分の報酬しか受け取らなかった。(註19)

だが、一九三九年夏のリンドバーグの仕事は、航空学に限られていたわけではなかった。彼は共和党全国委員会と関わりを持ち、以前駐日大使と国務次官補を務めた保守派のウィリアム・R・キャッスルと旧交を温めた。(註20)キャッスルはリンドバーグを保守派のニュース解説者、フルトン・ルイス・ジュニアに紹介した。ヨーロッパで戦争が勃発したらアメリカは巻き込まれるのを避けるべきであるというリンドバーグの信念は、同じ意見のこれらの人物によってさらに深まった。一九三九年九月一日、ドイツがポーランドを侵略した日に、彼の信念を公にする機会が訪れた。

リンドバーグは速やかに行動し、九月一五日に〝孤立へのアピール〟と題するラジオ演説を行なってアメリカ国民に語りかけた。[註21] その中で彼はこう断言した。「アメリカは、ヨーロッパにおける戦争にまったく介入しないか、あるいはヨーロッパの問題に恒久的にのめりこむか、いずれかしかないのであります[註22]」。しかしながら、「これは、白色人種を外国の侵略から守るために団結するといった問題ではないのです」と語ったとき、リンドバーグの考えに人種的要素の一端が顔を覗かせた。[註23] リンドバーグは才能豊かな航空学の先駆者で、航空学と科学の目覚ましい発達に寄与したが、人種と文化に関する彼の観点は今日では一般的に受け入れられないだろう。

この最初のラジオ演説の前に、リンドバーグはアーノルド将軍と会い、政界で活発な活動を展開するという自らの決断に鑑み、非現役の身分に戻りたいと告げている。今ではドイツからワシントンに帰任して、軍事情報部（G－2）の大佐に昇進していたトルーマン・スミスも一九三九年九月一五日、最初のラジオ演説の前にリンドバーグに会っている。スミスは、〝孤高の鷲《ローン・イーグル》〟ことリンドバーグが、アメリカはヨーロッパの戦争に不介入を貫くべきだという信念を全国的な放送をとおして表明することに、ルーズベルト政権は懸念を抱いている、と語った。実際に、政権の懸念はきわめて深刻で、もしリンドバーグが政治的発言を控えると約束するなら、航空問題担当国務長官の閣僚ポストに任命する用意をしていた。スミスは笑いながら、ルーズベルト政権が心底心配していることを認めた。しかし、政権からのこの申し出に対するリンドバーグの対応は言わずもがなだった。スミスには、リンドバーグが信念と信条の人であることはわかっていた。リンドバーグが政権の申し出を少しでも真剣に考えた形跡はない。

最初のラジオ演説のあと、リンドバーグは無数の電報や手紙を受け取ったが、ほとんどが好意的だった。だが、少なくとも一人のニュース解説者は、以前には、リンドバーグはベルリン航空クラブで「勇敢に」演説したと書いたのだが、今や彼を「ドイツのメダルを受け取った親ナチ派」として描いた。[註24]しかしアーノルド将軍は、当時のハリー・ウッドリング陸軍長官はリンドバーグの演説を「非常に表現がうまく、伝え方も大変よかった」と考えた、と書いている。[註25]

一九三九年一〇月一三日、リンドバーグは〝中立と戦争〟と題する二度目のラジオ演説を行なった。[註26]その中で彼は、アメリカは「好戦的国家、またはその代理業者に対する信用供与」を拒否すべきだと主張した。[註27]リンドバーグの二度目の演説は、ルーズベルト大統領がアメリカの中立法の規制を緩め、〝キャッシュ・アンド・キャリー〟（現金持返り）方式で交戦中の国家に対して戦争物資を売却することを可能にする法案を提唱しつつあるなかで行なわれた。一九三九年九月二一日、ルーズベルトは臨時会期中に議会を再度招集した。目的は、アメリカが相手国に「すべての購入をキャッシュで行ない、すべての貨物を購入国のリスクで、購入国の自前の貨物船で輸送することを求める」ことを提唱して、中立法の禁輸条項を破棄することだった。[註28]リンドバーグの言葉は、大統領の言葉と相容れないものだった。しかしリンドバーグは、たとえそれが交戦国に対する物資の輸出にすぎないとしても、海外におけるアメリカの介入に対する反対の姿勢を少しも和らげなかった。[註29]

リンドバーグは、審議中の法案に、アメリカが外国の戦争に巻き込まれる可能性を最小限に留めることを可能にする文言を加えようと努めている数名の民主党議員と会った。[註30]彼はまた、前大統領ハーバート・フーバー、ウィリアム・キャッスル、そしてコロンビア大学ジャーナリズム学部長カール・

アッカーマンらを含む共和党の重鎮とも会った。ウィリアム・E・ボーラー上院議員は、リンドバーグは格好な大統領候補になるのではないか、と語った。しかし、リンドバーグの努力もむなしく、中立法は一九三九年一一月四日に制定された法案によって規制が緩和され、キャッシュが支払われ、物資の輸送にアメリカの船舶が用いられないという条件下で、交戦中の国家に対する物資の輸出は許されることになった。

リンドバーグがルーズベルト政権との対立を続けるなかで、「航空学、地理、そして人種について」と題する彼のエッセーがリーダーズ・ダイジェストの一九三九年一一月号に掲載された(註31)。ルーズベルトは、チャールズ・リンドバーグとの論争の第一ラウンドでは勝利したが、後にわかるように、アメリカの外交政策という主題をめぐる、大統領と〝ローン・イーグル〟との論争は終わったわけではなかった。

中立法が緩和されると、イギリスは〝最も暗い時間に〟自らを支えるため、アメリカで膨大な出費をして航空機、銃、弾薬、食料などを買い込んだ。そして中国は、日本との戦争の資金を調達するため、アメリカから〝借金する〟ことが許された。イギリスはアメリカから購入した武器のために、中国をはるかに凌ぐ出費をしたものと思われる(註32)。アメリカは最終的に、ルーズベルトとリンドバーグのさらなる論争のテーマとなった〝武器貸与〟という概念を導入し、第二次世界大戦中すべての同盟国に食料と戦争物資を供給することになる。だが、一九四〇年の秋にはまだ、外国の交戦国は戦争に必要な物資はアメリカに金を払って手に入れなければならなかったのである。

これが、モーゲンソーが一億ドルの対中〝借款〟を取り仕切った理由である。何と言っても、アメリカは日中戦争において名目上中立の立場にあった。もしアメリカが中国の戦争努力を支援していることを認めれば、アメリカ政府は中立法に違反していることになる。さらに重要なことだが、日本と平和な状態にあると主張していたアメリカは、中国の非交戦的同盟国であることを世界に対して認めることになっていただろう。中国に対する借款の提供という手を使うことによってわずかに、アメリカは日本と戦うために必要な武器を中国に合法的に提供することができたのである。

だが、航空機に乗り込み、それを操縦するアメリカ人パイロットを提供するとなると、話はまったく別だった。アメリカは、有効なゲリラ航空戦隊、あるいは蒋介石の言う「中国で活動する特別航空戦隊」のためのもっともらしい作り話を必要とすることになる。ポーリー、レイトン、そして彼らが関わっているCAMCOやインターコンチネントなどの企業はどうだろう。アメリカ政府は、商業的ベンチャーとしてゲリラ航空戦隊を立ち上げたいという彼らの申し出を受けて、アメリカ中立法を口先だけで遵守しようとするだろうか。

ルーズベルト政権が日本を対象とした空爆作戦を思案している間に、中国における当初の生活に飽き足りなかったシェノールトは再度、航空隊の軍務に戻る決心をした。彼はエルウッド・R・(ピート)・ケサダと会った。ケサダは、後に中将に昇進し、ヨーロッパでアメリカ第九空軍の司令官を務めている。その頃年俸は一万五〇〇〇ドルだったシェノールトは、一年前に辞退したときと同じ、沿岸防備砲兵隊における、飛行と無関係の年俸四三〇〇ドルの任務を提示された。自伝の中でシェノールトは、この体験についてこう記している。「ピートは私の恩知らずさに少しばかりむっとしたようだった。私は、単に正規の給料が欲しいだけではなく、ひどく無視されていることがわかっている特定の仕事を心底やりたいと願っているのだということを、航空隊に納得させることができなかった」枢軸国相手の戦争が差し迫っていたが、航空隊は、シェノールトの中国における経験と、戦闘機による迎撃や戦術に関する彼の理論を利用するだけの先見の明を、相変わらず持ち合わせていなかったのである。

蒋介石からのメッセージ

一九四〇年一二月一二日木曜日、蒋介石総統はルーズベルト大統領に電報を送り、「中国に対する実質的な援助供与について寛大で時宜を得た発表をしていただいたこと」に謝意を表し、それは「中国の抵抗力を無限に増し、社会・経済構造を強化し、最終的には侵略者に勝利するという軍と人民の自信を深めた」と述べた。(註33) 蒋介石は、懸案の中国のための航空戦隊編成への提案に言及して、大統領が「可及的速やかに」宋子文に「この重要な事項」に関する観点を伝えるよう要請している。(註34) また、中国に強力な航空軍を導入しようとする目的は「この戦争が東南アジアに拡大するのを阻止し、その終焉を加速する」ことだと説明した。(註35)

その後、蒋介石は一九四〇年一二月一六日、モーゲンソーに電報を打ち、(註36) その中で強力な航空戦隊を確保する目的をきわめて明確に記している。

……私は、我が方の航空基地から発進して日本のすべての重要な都市や施設に効果的な爆撃を加え、日本の艦隊や輸送船団を攻撃する最新型の〝空の要塞〟を、貴国が割愛できる範囲で可能な限り多く入手したいと切望している。こうした攻撃が、すでに意見が分かれ、落胆している日本の人民に与える効果は確実に甚大である。

〝空の要塞〟はそれに釣り合う数の戦闘機と中距離爆撃機によって補完されるべきであり、そうなればこのように編成された航空戦隊は、広東と漢江を奪回し、イギリスにとってその安全が死活問題であるシンガポールに対して日本軍が計画中の攻撃から、兵隊と輸送隊と航空機を撤収せしめることを目指して当方が準備している反攻を支援することもまた、可能となるであろう。(註37)

〝空の要塞〟に対する蒋介石の要求は、大それたものだった。ボーイングB－17型爆撃機は、アメリカの科学技術の一つの驚異だった。ボーイング社は、民間用航空機ボーイング247型機から得た経験に基づき、四基のエンジンを搭載した爆撃機を設計した。四基のプラット・アンド・ホイットニー社のR－1690－Eホーネット・ラジアル・エンジンを動力源とする爆撃機で、試作機はボーイング299型と呼ばれ、最初に飛んだのは一九三五年七月二八日だった。この爆撃機は機関銃用のブリスター（球形銃座）が四箇所にあった。つまり、主翼の上の胴体上部と、主翼後縁の胴体下部の尾部銃座、残りは胴体の両側の二つの銃座である。

重量二〇トン超のこの巨獣を見た新聞記者が、「何と、こいつは空の要塞だ！」と言ったと伝えられている。B－17爆撃機の名前の由来に関するもう一つの解説は、その本来の使命はアメリカの沿岸沖海域で敵戦艦を攻撃することであり、そのためB－17は事実上、〝空の要塞〟になったというものである。いずれの説が正しいかはさておき、この名称が定着したのだった。

Ｂ－17爆撃機の試作機は、約二二〇〇キロの爆弾が搭載でき、一九三五年の処女飛行の際には、航続距離約三三〇〇キロを、平均時速三七〇キロ、平均高度三六〇〇メートルで飛んだ。つまり同機は、当時世界のどの空軍が使っていたどの大型爆撃機よりもはるかに高い高度で、より速く、より遠くまで、より多くの爆弾を搭載して飛んだのだった。一九四〇年当時の同機の唯一のライバルは、コンソリデイティッド社が新たに開発したＢ－24リベレーター（解放者）だった。リベレーターの試作機は、一九三九年一二月二九日に初めて空を飛んだが、軍に配備されていた期間はＢ－17ほど長くない。リベレーターはＢ－17と同じレベルの実戦経験はなかったが、一九四一年にアメリカ議会がルーズベルトの求めた対交戦国武器貸与に関する大統領権限を是認した際、イギリス空軍に供与されている。

Ｂ－17爆撃機は以上記したすべての理由で選りすぐりの兵器だったばかりか、アメリカの科学技術の勝利の象徴だったノルデン爆撃照準器が呼び物だった。これは、本質的には小型望遠鏡に加えて、モーター、ジャイロスコープ、ミラー、レバー、ギアなどからなるアナログのコンピュータだった。陸軍航空隊は、この爆撃照準器は約一万メートルの上空から投下した爆弾を地上の漬物樽に命中させることができると豪語した。ノルデン爆撃照準器の性能は、その機能に関して知識のあるすべてのパイロットに対して以下の「爆撃手の誓約」が執行されるほど、厳密に防護された軍事機密だった。

アメリカ軍最高司令官である合衆国大統領閣下の訓令により爆撃手としての訓練に選抜された私は、今託されんとするひそかな信頼を心に留め……また、自分が祖国にとって最も貴重な軍事資産であるアメリカ製爆撃照準器の守護者となるという事実を心に留め……ここに全知全能の神の前で、爆撃手の名誉のおきてに誓いを立て、自分に対して明かされるあらゆる内密の情報の機密性を神聖に保ち、さらに、必要とあれば自分の命を賭して陸軍航空隊の名誉と伝統を守ることを誓います。

一二月一九日、モーゲンソーは蒋介石が送った二通の電報のうちの、一九四〇年一二月一二日の日付が入った最初の一通をルーズベルト大統領に渡し、一二月一六日付の二通目の電報をハルに渡した(註38)。モーゲンソーはその間、中国のための特別航空戦隊関連の作業に忙殺されていた。

その前日、モーゲンソーは大統領と電話で話し、翌日の面談を求めていた(註39)。大統領が面談の目的について尋ねると、モーゲンソーはこう答えた。「蒋介石から届いた非常に機密のメッセージに関してお話ししたいのです(註40)」。そこで大統領が「彼はまだ戦う意思はあるのかね(註41)」と尋ねると、モーゲンソーはこう答えている。「それがメッセージの内容です(註42)」。次にモーゲンソーは、大統領はさらにこう語ったと記している。「素晴らしい。それこそ私が四年近く話してきたことだ(註43)」。モーゲンソーは一九四〇年一二月一八日付の、行間を空けずにタイプされたメモの中で、大統領のこの言葉の意味するところを前後の文脈から説明している。「それこそ私が四年近く話してきたことだ、という大統領の言葉は、蒋介石のメッセージは日本を攻撃したいというものです、と私が伝えたことを受けたものだった(註44)」

モーゲンソーはこのときの大統領との会話の概要を、以下の文言で締めくくっている。「大統領がすこぶるご機嫌なことは紛れもなかった。そして、『もう一つ話しておきたいことがあるが、それは明朝、君に話そう』と言った」(註45)

モーゲンソーは一二月一八日に特別航空戦隊について大統領と話しているばかりでなく、この非常に緊急な話題に関して、同日、宋子文と二度電話で話し合っている。(註46)そして、宋との最初の電話の中身の概要を次のように備忘録に記している。

宋子文が電話をかけてきて、蔣介石将軍は、日本軍が南下して四月にシンガポールを攻撃するのを阻止する唯一の道は中国人が日本を攻撃することだと考えており、それを達成するのに必要なボーイング爆撃機と護衛機をアメリカが提供するなら、蔣はそれを実行する用意があると言った。宋は、中国は地上施設を確立するために資材の提供を受けることが必要だと述べた。彼は極秘資料だと言って、中国にあるさまざまな軍用飛行場の所在を示す一通の地図を私に託した。そのうちの一つは浙江省にあって、日本からわずか一〇〇〇キロしかない、と宋は言った。

今晩宋は、蔣介石が一体何を話したかをより詳述した覚書を我が家に届けてくれることになっている。私は彼に、明日適当な時間に大統領にすべてを明らかにすることを約束した。宋はまた、蔣介石将軍からの個人的なメッセージを国務省は経由せずに私が大統領に手渡すことは可能かと尋ねたので、私はできると答えた。(註47)

宋はなぜモーゲンソーに、蔣介石からのメッセージをルーズベルト大統領に渡してほしいと頼んだのか。この問いに対して考え得る答は、いくつかありそうだ。

まず、宋は自分の影響力の使い方を知っていたというものだ。宋はモーゲンソーの親友ではあったが、コーデル・ハルとはさほど緊密な関係は持てなかったのかもしれない。次に、モーゲンソーはハルよりもルーズベルトと近い関係にあったという理由が考えられる。第三に、モーゲンソーは閣僚としての本来の任務を超えて活動しており、特に中国に関する外交問題に深く関わっていたという理由が挙げられる。最後に、ルーズベルトはハルの対日姿勢が十分に強固とは考えていなかった、とこれまでにも指摘されてきた点が挙げられる。いずれにせよ、宋に関する限り、大統領に接近する手段はモーゲンソーであって、ハルではなかったのである。

一二月一八日の二人の二度目の会話(註48)の中身について、モーゲンソーは行間を空けずにタイプしたメモの中でこう記している。

私は宋子文に、中国から日本を爆撃することの妥当性と実行可能性という問題を、コーデル・ハル自身が持ち出した、と伝えた。ハルがその問題を持ち出したとき、私は宋と交わした会話についてハルに話した。私はまた、宋に対して、ハルは日本空爆の目的で使われるこれらの爆撃機を中国が所有する計画を承認したばかりか、それらの爆撃機をアメリカ西海岸から発進させ、ハワイ、ウェーキ島、フィリピン経由で直接中国に飛ばす構想も認めた、と告げた。私は宋に、ハルはこのことについて知っている私以外の唯一の人間だが、明日大統領と連絡を取るつもりだ、と語った。

宋は私に、ドイツとイタリアはギリシャとアフリカにおける作戦を暫定的に中止しているが、作戦行動を予定どおり遂行するだろうという情報を持っている、と話した。(註49)

宋子文が、爆撃機をアメリカから中国へ飛ばすためのロビー活動をモーゲンソーと共に展開する一方で、シェノールトはワシントンの軍需ビルにアメリカ陸軍航空隊の参謀将校たちを訪問していた。ハップ・アーノルド将軍がシェノールトに日中戦争についての講義を頼んだときには、シェノールトは詳細が不十分な中国の地図を手渡され、それに中国空軍秘密基地の位置をつぶさに描き込まなければならなかった。ワシントンの戦争計画立案者たちがヨーロッパ情勢に焦点を合わせている一方で、中国における戦争には思考も資源もほとんど振り向けられていなかったのである。

陸軍航空隊の参謀将校たちの中国情勢に対する無関心さは、シェノールトが提供した中島飛行機の陸軍九七式戦闘機に関する書類一式がなくなったことにはっきりあらわれていた。シェノールトはこの件について、空飛ぶサーカス団の曲芸飛行でビリー・マクドナルドの前に一緒に飛んでいたヘイウッド・〝ポッサム〟・ハンセルと話し合った。航空隊の記録によると、この書類を見た者はただの一人もいなかった。ちなみに、当時使われていた航空隊の技術マニュアルでは、日本の零戦のページは空白だった。

ところで、アメリカ国務省の役人たちは特別航空戦隊を手に入れようとする中国政府の努力について、どう感じていたのだろうか。答は、極東問題局からハル長官に宛てた一九四〇年一二月三日付の文書に見られる。この文書の中で国務省の役人は、以下の六項目からなるステートメントを口頭で宋子文に伝えるようハルに要請している。

第一項目の内容はこうだ。「本政府は最近、中国政府に対して近代的な軍用機五〇機を比較的近い将来において提供する措置を講じ、実行可能になり次第、十分な数のさらなる航空機を提供するという課題を最大限に考慮する」(註50)。ハルの口頭のステートメントはまた、ルーズベルト大統領は一九四〇年一一月三〇日に「本政府は中国政府に対する一億ドルの信用供与を検討していると発表した」と指摘することになっていた(註51)。また、航空機の供与の「手はずを整えることは易しくない」とも伝えられるはずだった。さらに、「これら〔航空機〕は中国に対する非常に実質的な援助をなすものである。その重要性は万人に認められるだろう」と強調された。

口頭ステートメントの第二の項目は、「同盟関係に入ることや、身動きが取れなくなるような掛り合いを避けることは、合衆国の伝統的な政策である」と宋に告げるよう指示していた(註52)。だがこの点は奇妙に思える。中国に一億ドルの信用と五〇機の近代的軍用機を提供できるのに、中国と同盟関係が持てないとは、一体どういうことなのだろうか。これほど大規模な資源の提供に伴って、正式ではなくても事実上の同盟関係があるものと思われて当然ではなかろうか。

宋子文に伝達されるべき第三の項目は、特に面白い。外国の軍隊に入隊する人員を募集するために合衆国に入国した外国人には、刑罰が科せられることを示していたからである。事実、合衆国刑法一八条第二一、二二項が、提示された口頭ステートメントの中で参照されている。しかしながら、この項目では次のように言明されている。「しかし合衆国市民が海外を訪れ、海外在住中に外国の軍隊に入隊する場合、合衆国の一般法は刑罰を制定していない」

合衆国刑法の刑事条項に修正が施されたため、これは、もしアメリカ人パイロットと専門技術者が中国政府に仕えるために募集されるなら、その際の募集担当者は中国人ではなくて、アメリカ人でなければならないことを意味した。口頭ステートメントはまた選抜徴兵法に言及し、次のように記していた。「国務省は航空教官として仕える目的で中国に行きたいと願うアメリカ市民に対して、おそらく旅券を発給するだろう」

宋子文に伝達されるべき第四の項目は、一九四〇年一一月三〇日というルーズベルト大統領の発表の日取りは、日本が南京の王精衛（兆銘）政権と日華基本条約を締結したのと同じ日だったが、それは偶然ではないという点だった。日本は同年三月、南京に傀儡政権を樹立したが、アメリカは依然として重慶の国民党政府を承認していた。

宋子文に伝えられることになる五つ目の項目は、「われわれは航空機の数を最大限に考慮しているが、手はずを整えることは容易ではない」というものだった。そして、宋に伝えられるべき第六にして最後の項目は、この情報は宋子文と駐ワシントン中国大使の双方が中国政府に伝達してほしいというアメリカの要望だった。

国務省の役人たちが、この時点ですでに、アメリカ製航空機とそれを操縦するアメリカ人パイロットを提供する際に生ずる法的障壁について精察していた点は、興味深い。実質よりも形式を優先させれば、アメリカ市民はひとまず海外に渡航し、その後で外国政府に雇用されることで、合衆国刑法をいっさい犯さずに済むことが示されたからである。

第6章　提出された日本爆撃計画

カナダ空軍に入隊してヨーロッパで戦うために、大勢のアメリカ人が国境を越えてカナダに潜入しているというのに、アメリカ人義勇兵が中国に行くというアイデアは幻想にすぎないようだ。私がこの話を切り出した事実上すべての人間が、丁重さの程度こそさまざまだったが、私のことを正気ではないと言った。

——クレア・リー・シェノールト（註1）

大統領、計画作成を指示

モーゲンソーが作成した「対中爆撃機ファイル」には、彼の手記、覚書、そして直接対面したか、電話で話した相手との会話の記録が含まれている。このファイルはニューヨーク州ハイドパークにある、ルーズベルト大統領記念図書館の資料館で閲覧できる。ファイルに収められた覚書に記されていることだが、モーゲンソーは一九四〇年一二月二〇日午後四時に、自身の補佐官フィリップ・ヤングと秘書官クロッツ夫人が同伴した席で宋と会っており、そこで宋の覚書を二通とも一二月一九日に大統領に手渡したと語った。(註2) モーゲンソーと宋は、その後次のような対話を行なっている。

モーゲンソー　彼〔大統領〕は、特に爆撃機についての覚書に関して、非常にご満悦だった。昨日私は、閣議のあとで協議の機会を求めたが、大統領はハル、スティムソン、そしてノックスにも残ってほしいと告げ、その後われわれはあなたから受け取った地図を取り出し、大統領はそれを承認した。「われわれ四人でこの計画に基づいて行動すべきかどうかを吟味し、後で報告いたしましょうか」と私が尋ねると、大統領は「いや、その必要はない。四人で早速計画を作成してほしい」と答えた。どのようにして計画を立案することになるのか、今はわからない。しかし、大統領がご満悦だったことは知っておいていただきたい。月曜日に、私は再び彼らに会うことになっている。蔣介石総統に、大統領が計画を承認されたこと、そして自分は長年これを夢見ていたと語られたことを伝えていただきたい……。

宋　日本海軍は中国が保有するいかなる飛行艇よりはるかに優れた性能を持つ、空母から発進する新しい種類の飛行艇を持っていると承知している。私は、新型飛行艇は船のデッキからではなくて、海面から飛び立つと理解している。

モーゲンソー　シェノールトという名のこの大佐は、一体どこにいるのだ。

宋　いま、ここワシントンにいる。

〔会話中のこの時点で、モーゲンソーは会合に出席していたフランク・ノックスに電話を入れ、

そのあと再び、宋との会話を続けている〕

モーゲンソー　私は本件に関し、ヤング氏とクロッツ夫人以外にはまだ誰にも話していない。彼らに話したのは、二人の支援が必要だからだ。この点についてはあなたに支持してほしいのだが、彼らには、これらの四発爆撃機の操縦ができる人間を探してくれれば、中国は喜んで一月に米貨で最高一〇〇〇ドル支払うだろう、と告げた。高すぎる数字だっただろうか。

宋　いや。まったく高くない。

モーゲンソー　今後二日間のあなたの予定は？　週末に何かあるかもしれないのだが。

宋　私なら、時間はいつでも取れる。

モーゲンソー　四発の飛行艇が中国にとって有用かどうか研究してほしい。(註3)

宋　ワシントンに赴任して以来、最高のニュースだ。

モーゲンソー　これはすぐに実行されなければならないから、これから私はこの作業に全力を注ぐつもりだ。(註4)

シェノールトは一九三七年に大尉の階級で陸軍航空隊を除隊したが、一九四〇年にはシェノールト〝大佐〟と呼ばれていることに、関心を持たれる読者もおられよう。シェノールトは〝中国空軍の大佐で最も有名な空のエース〟(註5)になったと伝えられているが、宋美齢がシェノールトは「将軍たちに対して同等に振る舞えるようにする」(註6)ためにより威信のある肩書きを必要とすると考えていたようである。シェノールトは親友のルイジアナ州知事ジミー・ノウのつてで、大佐の名誉称号を授与された。(註7)

モーゲンソーがノックスにした電話

宋子文との会談が終わった直後、モーゲンソーはワシントンの美しい金曜日の夕方五時一三分に、ノックス海軍長官と電話で連絡を取った。ワシントンは小春日和で、モーゲンソーから電話を受けたとき、ノックスは上機嫌だった。二人は、翌週月曜日の午前九時三〇分からノックスのオフィスで催される予定の〝プラス４〟の会議について相談した。二人の電話による会話の筆記録から、モーゲンソーが依然として中国にアメリカ製の長距離爆撃機を供与する計画を全速力で推し進めていたことは明白である。ちなみにこの計画は、二人の電話での会話の筆記録の中では〝口止め事項〟と呼ばれている。

モーゲンソー　なるほど。これは嬉しいことだ。さあ、フランク、この前から話してきた例の〝口止め事項〟について、準備ができたらいつでも話してくれないか。

ノックス　ああ。私もそれが気になっていた。今日、君にそのことを話したかったのだが、大統領が私を別件で必要としていたので……

モーゲンソー　なるほど。いつなら話せるのだね。

ノックス　いつでも大丈夫だ。だが、話すとしたら、迅速にしなければならない。

モーゲンソー　では、月曜日の午前中、ハルのオフィスでしようか。

ノックス　了解。
モーゲンソー　三〇〇機のカーティスP－40を分配する作業が終われば、誰がいたとしても全員黙らせることができる。
ノックス　どこで、つまり、どのオフィスだ、ヘンリー？
モーゲンソー　君にリストを送ったはずだ、受け取ったかどうか知らないが。注文できるカーティスP－40は三〇〇機だ……
ノックス　カーティスP－40が三〇〇機だね。
モーゲンソー　そうだ。
ノックス　イギリス人に渡すのかね。
モーゲンソー　いや、誰でもいい。エンジンは潤沢にある。
ノックス　それなら、そのうちの何機かを何とかして中国人用に調達しなければならない。
モーゲンソー　そう、それが肝心な点だ。だから私は、世界中の国が要求しているさまざまな物資のリストを君に送ったんだよ。
ノックス　いつ送ってくれた？
モーゲンソー　え？　二日前だよ。
ノックス　それならもう来ているはずだ。ここにはなかなか目を通せないものがたくさんあってね。
モーゲンソー　二日前だったが、その時点で、私は皆がぐずぐずしていることにうんざりしていてね、わかるだろう。そこで私はすべてをいったん棚上げにして、君がこの新しい注文をどう処理するか確かめようと思ったんだ。わかるかい？
ノックス　ああ。
モーゲンソー　私が知っている限りでは、大統領はこれまでやっていたとおりに、これを私に続けてほしいと考えておられると思うのだが。
ノックス　もちろんさ。そうでない理由は考えられない。この新しい状況で、これを阻むものは何もないからね。私はいつも君の努力を評価してきたが、君はイギリスがほしいものを手に入れる手助けをするつもりだね。
モーゲンソー　あるいは、われわれの進歩を妨げない限り、他のいかなる外国とも協力するさ。
ノックス　そのとおり。
モーゲンソー　さて、この男がまだ作れるカーティスP－40が三〇〇機ある。イギリスにはエンジンがある。ロッキードをキャンセルしたからね。(註8)いま、ギリシャと中国と南アメリカが物資を求めている。すべてのリストは送ってあるから、われわれ四人が九時半にハルと会ってはどうかと思ったわけだ。メモは受け取ったかい。
ノックス　メモはもらった。ハルがその件で電話をよこしたよ。その会議のことさ。ハルのオフィスで九時半から。確かに受け取っているよ。
モーゲンソー　さて、われわれはこうすべきだと思う。つまり、会議が終わったら、私は他の連中には退席してもらうようにハルに頼み、われわれだけで例の〝口止め事項〟の使命について話し合おうという考えだ。

ノックス　わかった。それで結構だ。
モーゲンソー　いいかな。
ノックス　それでいいさ。
モーゲンソー　ありがとう。
ノックス　承知したよ、ヘンリー。
モーゲンソー　ではまた。（註9）

右の会話の中でモーゲンソーが言及したロッキードとは、イギリスが発注したロッキードP－38ライトニング戦闘爆撃機のことである。この優秀な航空機は、他の爆撃機を凌ぐ高度での飛行能力を可能にしたターボ・スーパーチャージャーを取り外した後で、性能が低下した。イギリス向けのロッキード・ライトニングは、アメリカの航空機の特色である逆回転プロペラを装着せずに、同方向に回転するプロペラで飛んだ。ターボ・スーパーチャージャーを装備していたので、ロッキードP－38ライトニング戦闘爆撃機（当初は〝アトランタス〟と呼ばれた）は高高度で枢軸国の爆撃機と互角に戦えた。しかしながら、同機は降下作戦中に音速に近づくと、機のコントロールが不可能になるという設計面の問題を抱えていた。イギリスが、この戦闘爆撃機に高高度で際立った性能を与えたターボ・スーパーチャージャーを本格的に装着できなかったのは、真に不幸なことだった。第二次世界大戦が勃発すると、P－38戦闘爆撃機はアメリカの他のいかなる戦闘機より多くの日本機を撃墜している。

シェノールト、日本爆撃計画を提出

中国のための特別航空戦隊に関する実に多くの行動と同じように、この〝口止め事項〟をテーマとした会合は政府のオフィスがあるビルではなくて、モーゲンソーの自宅で、一九四〇年一二月二一日土曜日の夕刻五時から行なわれた。モーゲンソーと宋子文、それに今回はシェノールトを中国における士官として初めにリクルートした毛邦初将軍が、モーゲンソー宅の居間のテーブルに着いた。クレア・シェノールトと、モーゲンソーの補佐官、フィリップ・ヤングも同席していた。シェノールトは続けざまにタバコを吸うことで知られていたから、タバコの煙が充満していたと思しき部屋で両切りのキャメルをひっきりなしにふかす彼の姿は容易に想像できる。

討議が始まるとモーゲンソーは、ルーズベルト大統領は「日本に対する爆撃を可能にするため、四発爆撃機を数機、中国に供与できるようにすることを真剣に考慮している」と集まった同志たちに告げた。(註10) モーゲンソーは続けて、これまでの話し合いはボーイングB－17〝空の要塞〟爆撃機に絞られているが、話をさらに進める前に中国が何を必要としているのか正確に知るために、さらに情報がほしいと語った。

中国が必要としているものは何かというモーゲンソーの質問に対して、宋子文が毛邦初に返答するように求めると、将軍は質問をシェノールトに振った。「対中爆撃機ファイル」に含まれたモーゲンソーの〝長官宅における会議関連メモ〟には、次のように記されている。「シェノールトは……中国の地図をいくつか取り出して、中国国内の軍用飛行場の位置と、日本の占領下にある地域に関して手短に説明した」[註11]。するとモーゲンソーは、「日本まで飛ぶために必要な航空機のタイプ」についてシェノールトに尋ねた[註12]。シェノールトは、「長距離爆撃機が必要とされ、護衛のための戦闘機を手に入れることも必要だ」と答えた[註13]。宋子文が割って入り、「中国政府としては戦闘機よりも爆撃機を重要と考えたが、シェノールトと毛将軍は共に反対した」との意見を述べた[註14]。

この点を問い詰めたモーゲンソーは、チャイナ・ロビーの面々に彼らが必要とする爆撃機の種類を厳密に示すよう求めた。シェノールトは、ロッキード・ハドソン爆撃機（ロッキード社製のスーパー・エレクトラ民間用航空機を爆撃機に改造したもので、胴体内に爆弾倉を取り付け、胴体後部に突出機銃座がある）、あるいは、ボーイング社のB－17なら結構だと述べ、こう語った。「爆弾を十分に搭載したときのロッキード・ハドソンの行動半径は一六〇〇キロだが、東京までの距離は約一九〇〇キロだから、ロッキード・ハドソンは東京まで飛べまい。しかしながら、長崎、神戸、大阪の各都市は航続距離の範囲にある」[註15]。夜間爆撃は可能なのかとモーゲンソーが訊くと、シェノールトは「戦闘機はこのような長距離を飛んで爆撃機を日中に護衛するだけの航続距離を持っていないから」夜間攻撃にならざるを得ないだろうと答えた[註16]。

モーゲンソーが残したメモによると、彼はそこでこれらの巨大爆撃機をいくつかの基地に分散して配備してはどうかと提案し、日本側にその所在を知られないようにするために、基地間を移動させられるだろうと言った。

「シェノールトは、占領下にある中国の国境近くに〝空の要塞〟が十分使える軍用飛行場は二つあるし、ロッキード・ハドソンが使える飛行場は四つあるから、できない相談ではないと言った。大きい方の飛行場の一つには全長一六〇〇メートルの滑走路があるが、これは〝空の要塞〟にとって十分な長さだということだった」と、メモには記されている。(註17)また、シェノールトは「爆撃機の基地を防衛するために、中国はおよそ一三〇機の追撃機を保有するべきだ」と指摘している。(註18)毛邦初がその後、中国は「ビルマ・ルート沿いの物資補給線を維持し、インドシナから攻めてくる日本軍をおし留めておくためには、さらに一〇〇機の戦闘機」が必要だと指摘した。(註19)

シェノールトはモーゲンソーに、爆撃機をフィリピンから中国に飛ばすことは可能か否か尋ねた。モーゲンソーは、それは問題にはならないだろうと答えた。シェノールトは、アメリカ製爆撃機にはそれぞれアメリカ人パイロット一名とアメリカ人砲撃手一名、そして約五名の整備士がつくべきだと述べた。モーゲンソーは、その件はすでに討議されており、「軍は爆撃機の件で中国を支援するため、一〇〇〇ドルの月給なら十分な頭数を現役から解除するだろう」と答えている。(註20)宋と毛は共に、「一月一〇〇〇ドルを支払うことは構わない」と答えて、この数字を応諾している。(註21)

毛邦初は中国が戦闘機を必要としている点をさらに強調した。それに対してモーゲンソーは、中国は「わずか一〇機や二〇機では役に立たないだろうから、少なくとも一〇〇機」は必要だと考えていると述べた。(註22)その後モーゲンソーは将軍に、爆弾はどうするつもりかと尋ねた。シェノールトが代わって答え、中国には爆弾が多量にあって、〝空の要塞〟の機体に合うように調整できると述べた。

モーゲンソーが、これらの爆撃機をさまざまな軍用飛行場に振り分けて日本軍から隠そうとするのは非現実的だろうかと訊くと、シェノールトは、これは戦術的には健全な手法とは言えないが、やればできると考えており、「日本軍が見つける前に、とてつもない損害を及ぼすことができるだろう」と答えた。[註23] 宋は、「これこそ、われわれにできる唯一の実践的な行動だ」と進んで意見を述べた。[註24]

討議は次に、日本本土に対する爆撃にどのような種類の爆弾が用いられるべきかという点に移った。モーゲンソーは、日本の都市は〝木材と紙だけでできている〟という理由で、焼夷弾の投下を勧めた。シェノールトは、多大な被害を与えることができるという点で同意し、中国側が爆撃機を何機か失うことになっても、その損失は十分に正当化できると語った。

焼夷弾を使ってはどうかというモーゲンソーの発言は、理解できる。東京のアメリカ大使館付海軍武官から送られた九月三〇日付報告書第一六一－四〇号は、次のように記している。

〔日本の〕消防施設は痛ましいほど不十分である。ホースは古くて、擦り切れており、水漏れがする。消火栓の数はきわめて少ない。流れのゆるやかな運河や排水用溝は、手動ポンプ式や手押し式の消火機械が水を吸い上げるために使われている。……

日本の家屋の一〇分の九は、屋根が瓦でふかれている。一〇〇中九九は、驚くほど早く引火する薄手の木材で建てたものだ。日本の都市一帯に焼夷弾をばら撒けば、これらの都市の主要な部分は灰燼に帰するだろう。……

防空壕の数は限られており、作りもすこぶる貧弱で、人口のごく一部さえ満足に収容できない。

輸送施設はすでに過密であり、民間人の避難は著しい困難を伴うだろう。日本のすべての家庭はすでに満員の状態だから、難民の収容施設は限られている。

飛行機工場、鉄鋼・ガス会社、主要交通機関、政府建物などを含む重要な爆撃目標の完成したリストは、近く作成し、送付するものとする。

日本に対する空爆で焼夷弾が用いられるべきか否かが討議されたという事実は、モーゲンソーがこうした兵器に対する日本の脆弱性を偶然知っていたわけではないことを示している。彼がこの問題を熟慮していた証拠に、モーゲンソーは次に、中国側の天気予報の能力について尋ねた。毛邦初と宋子文は共に、中国人は十分な天気予報を受け取っていると答えた。

シェノールトはモーゲンソーに、焼夷弾は通常爆弾より軽いと告げた。もし焼夷弾が使われるなら、燃料が増やせるから航続距離が伸びることになる。モーゲンソーとチャイナ・ロビーの面々がその夜討議を続けるなかで、「もし日本を狙うならば、巨大爆撃機以外に中国を益するものは何もない」と感じられた(註25)。

シェノールト、宋、そして毛とのこの会談から、モーゲンソーが本気で特別航空戦隊編成計画を進めようと思っていたことは明らかである。言い伝えによると、ルーズベルト内閣のお歴々が特別航空戦隊の対中供与のためのシェノールト・中国チームの発案を討議していたある段階で、シェノールトはルーズベルト大統領に本著冒頭に記したイギリスの詩人、A・E・ハウスマンの詩「傭兵隊の墓碑銘」の写しを送っている。

マーシャル参謀総長、賛同せず

翌日の午後五時、モーゲンソー、スティムソン、ノックスの三名はスティムソンの自宅でマーシャル将軍と会った。(註26)モーゲンソーはスティムソンに、中国に〝空の要塞〟を供与する構想を提示した。するとマーシャルは、自身が宋子文、シェノールト、毛邦初とすでに二度会談していることを明らかにした。モーゲンソーは、「対中爆撃機ファイル」に収められた覚書の中で、そのときのマーシャルの言を次のように約言している。

マーシャル将軍は、彼ら〔中国側〕に単に爆撃機を持たせることが果たして賢明なことかどうか、懐疑的だった。彼はまた、現段階でこれらの爆撃機をイギリスから取り上げることが望ましいのかどうかについても、疑問だった。これらの爆撃機は、イギリスの長くて暗い夜に特に有用ではないか、と将軍は語った。彼はこれから中国を援助するための計画に取り組むところだと言うが、イギリスはこれらの爆撃機ではなくて、現在使用している戦闘機を数機譲ってくれるのではないか、と考えている。(註27)

ダニエル・フォードは自著『フライング・タイガーズ』の中で、次のように書いている。

スティムソンも考え直していた。彼は日本爆撃計画は不十分だと判断し、マーシャル、ノックス、モーゲンソーの三名にその日曜日――この冬、事実上二度目の小春日和になった美しい午後だった――に自宅に来るよう提案した。目的は、「もっと分別のあるブレーンに中に入ってもらう」ことだった。そのようなブレーンがマーシャル将軍だったわけだが、モーゲンソーは将軍の冷静な論法の前に瞬く間に尻尾を巻いてしまい、月曜日の午前中には、わずかに戦闘機だけがまだ議題として残っていた。(註28)

モーゲンソーがその夜六時半に帰宅すると、イギリス航空使節団のサー・フレデリック・フィリップスが待っていた。フレデリック・フィリップスは、イギリスは「カーティスP－40戦闘機を三〇〇機購入するために一四〇〇万ドルの頭金を支払う用意がある」と語った。(註29)フィリップスとモーゲンソーは、イギリスがいかに危険なまでに財政的破綻の瀬戸際にあるかについて話し合った。イギリスの金保有量は四億ドルにまで下がっており、一週間の歳出は五〇〇〇万ドルに上るとフィリップスは語った。彼はモーゲンソーにこう述べている。「もし援助の面でアメリカから何かが速やかに届かなかったら、本国政府は何か他のことをしなければならないだろう(註30)」

フレデリック・フィリップスは、イギリスはカナダにカナダ通貨で三億六〇〇〇万ドルを留保してあると語り、仮にカナダ政府との間の問題が起こるとしても、イギリス政府としてはそれをすべて持ち出す意図だと述べた。

一二月二二日日曜日、モーゲンソーの献身的な補佐官フィリップ・ヤングが中国のための特別航空戦隊に配備できる航空機の概略を記した三ページの覚書を作成した。航空機の性能を示す数字、航行高度、装備された機関銃のタイプと数、イギリス空軍とアメリカ陸軍航空隊に割り当てられた時点におけるそれら戦闘機の生産スケジュールなどが含まれていた。(註31) ヤング覚書が取り上げた唯一の重爆撃機は、ボーイング社製のB－17〝空の要塞〟とコンソリデイティッド社製のB－24リベレーター戦闘爆撃機（イギリス空軍に売却されたLB－30と呼ばれる輸出型も含む）だった。ヤングは自分の覚書に、ロッキード・ハドソンに関する情報はいっさい記載していない。

フィリップ・ヤングは前夜、モーゲンソー、宋、シェノールト、毛との会議に出席していたが、彼がB－17とB－24が中国にとって理想的な航空機であると思っていたことは、彼のメモから明らかである。これらの爆撃機は、東京までの爆撃任務に用いられるに足る航続距離を持つと、彼は考えていた。ヤングの覚書は、これら爆撃機の基地を防衛し、中国の死活に関わる物資補給線、ビルマ・ルートを存続させるために必要な戦闘機に関する情報を、モーゲンソーに提供した。名前が挙がったわずか二種類の追撃機は、カーティスP－40トマホークとリパブリックP－43ランサーだった。

単なる夢想だったのか、あるいは戦術的才能の発露だったのかはともかくとして、日本本土に焼夷弾を投下するシェノールトの計画はマーシャル将軍に撃ち落とされてしまったのだった——少なくとも、当座は。

日本の防空態勢

一九四一年二月五日付の東京駐在アメリカ海軍武官からの報告書第一八－四一号は、日本政府、軍部、そして一般市民はアメリカが空爆作戦に出る可能性を懸念していることを強く窺わせた。この報告書によると、日本の内閣は一九四一年一月一〇日に閣議を催し、「急迫する空襲の可能性、そして適正な防空態勢の総合的欠如……」について討議している。報告書は、日本の当局は日本の都市の空襲を凌ぐ能力の調査を行なったと記している。この報告書の表紙は、刺激的な文言を含んでいる。たとえば、「当局は、総理大臣から一般市民まで、空襲を極端に恐れており、防空面の準備はまったく整っていない」とある。事実、陸軍大臣東条英機は、閣議で次のように述べている。「われわれは、敵機から日本の空を守るため、緊急な措置を講じなければならない」。陸軍大臣はさらに次のように宣言している。「わが国の空を守る航空部隊がいかに優勢でも、敵機が警戒線をかいくぐってわが空域を侵犯する可能性は阻止できない。わが国の防空施設は中国における非常事態に伴って急速な発展を見たが、非常時における間断なき空襲の危険に備えておかなければならない。故に、防空態勢を強化することは、今日わが国として緊急至大の問題であり、高度国防国家建設における重要事項である」

ちなみに、日本の内務省による防空態勢の調査は、以下のように推断している。

日本の家屋の大半は、可燃性の資材でできている……もし、五キロ爆弾が投下されれば、五人以上の人間が最初の五分以内に間断なく水をかけなければ、火事を消すことはまったく不可能である。その間に鎮火できなければ、火事は次の五分間で建物全体に燃え広がるが、これは最近の実験で疑いの余地がないまでに証明されている事実である。日本の大都市では、家々の間にほとんど隙間がない。したがって、火は家から家にすばやく広がり、最終的に大火災を起こす。

東京駐在のアメリカ海軍武官は、以下のような効果的な文言で報告書を結んでいる。

日本当局の防空のための壮大な計画にもかかわらず、燃えやすい都市、防火設備の不備、そしてこの状態を変えるために必要な資金と資材の欠如は、日本人の生命と安全保障にとって最も深刻な危険であり続けることだろう。日本の人民は心の奥底では、「敵」の航空機が日本の本州に近づくことは不可能であると信じているが、これはプロパガンダと軍の常勝の〝荒鷲〟が結構で重要な果実を収穫したことを意味するものである。

日本本土に対する空からの攻撃の可能性が、少なくとも一九四一年一月の段階で早くも日本にとって大いなる懸念の源になっていたことに、疑う余地はない。

武器貸与法をめぐる攻防

シェノールト、モーゲンソー、ハル、宋が日本に対する空爆を計画している間、ルーズベルト政権は外国の交戦国同士が戦う戦争を資金面で公然と援助する術を探す苦心をしていた。世論の支持を得るためのルーズベルトとリンドバーグの戦いは、一九三九年に中立法が緩和されても終わらなかった。リンドバーグは「アメリカを最初に防衛する委員会（〝アメリカ第一委員会〟）」の闘士となった。アメリカ第一委員会の委員長は代表的量販店シアーズ・ローバック・アンド・カンパニー社の会長でもある、ロバート・E・ウッド将軍だった。少なくとも七名のアメリカ上院議員が、彼らの非介入主義的な立場に対するリンドバーグの支援を求めた。アメリカ第一主義運動の支持者のなかには、後に合衆国大統領になるジェラルド・R・フォードという名の法学生がいた。

アメリカ第一主義運動の主たる支持者のなかには、共和党員、民主党員、ルーズベルト政権に関わりのあるアメリカの各界指導者たち、セオドア・ルーズベルト元大統領の娘、そして第一次大戦で最大多数のドイツ機を撃墜したアメリカ人戦闘機パイロットで、当時イースタン航空会社の会長を務めていたエドワード（〝エディー〟）・バーノン・リッケンバッカーらがいた。

アメリカ第一主義運動が始まると、リンドバーグは学者、大学総長、さらには世論に影響力をもつ多くの男女の支援を得た。リンドバーグがラジオで演説すると、当時のアメリカのいかなる人物よりも多くの手紙が国民から届いた。リンドバーグはドイツ空軍の戦力について権威をもって語ることができたが、一九四〇年一〇月、エール大学における演説で彼は誤って次のように宣言している。「現時点において、アジアのいかなる国家も、アメリカにとって深刻な脅威となるに足る航空機を開発していない……」(註32)。彼はまた、修辞的効果を狙った三つの問題を提起した。「アメリカはヨーロッパ大陸を侵略しようと意図すべきだろうか。アメリカは極東で戦争を戦うことを意図すべきだろうか。あるいは、この二つを同時に試みることを意図すべきだろうか（註33）」

アメリカは経済的絶望感の最中にあったから、ルーズベルトは多くの国民がなぜアメリカ第一主義と孤立主義へのメッセージに魅力を感じるのか、理解していたはずである。一九四〇年夏に行なわれた世論調査では、アメリカ人はドイツがイギリスを破り、ソ連がヨーロッパを席巻すると考えていた。当時のアメリカは、保有する軍用航空機の総数でこそ日本を圧倒していたが、アジア・太平洋方面の海軍兵力は、軍艦保艦軍数でも総トン数でも日本の連合艦隊に及ばなかった。アメリカが日本を破ることは、きわめて困難だと考えられていた。

ルーズベルト政権が特別航空戦隊の結成を渇望する蔣介石の要求を満たすため努力している間に、ルーズベルトは一九四一年一月六日の所信表明演説で、アメリカの利害にとって死活的に重要と考えられる国家に対して戦争物資を提供する法的権限を大統領に与える立法を可決してほしい、とアメリカ議会に要請した。この動きは議会による宣戦布告なしに戦争を遂行する権限を大統領に与えるものだ、と受け取られた。一九四一年一月二三日、リンドバーグはニュース映画のカメラが包囲するなか、下院外交委員会で証言し、ルーズベルトの提議する武器貸与法は陸軍航空隊がすでに「嘆かわしい状態」にある今、アメリカの軍隊をさらに弱体化させるものであると主張した（註34）。

だがリンドバーグの証言は、ルーズベルトの武器貸与法の通過を阻止することはできず、法案は一九四一年三月に成立した。同法案の立法化によって、対中援助を監督する権限はモーゲンソーの取り仕切る財務省からホワイトハウスに移った。今やルーズベルトは、中国への「借款」というフィクションを棄て、彼の補佐官たちにアメリカの外交政策上の構想を実行させることが可能になった。四月に行なわれたインタビューで、なぜリンドバーグは陸軍航空隊に再度入隊するよう求められなかったかと訊かれたルーズベルトは、自分はリンドバーグを「平和主義者」と目しているからだ、と答えた。[註35]この発言を聞いたリンドバーグは、航空隊の将校を直ちに辞任した。リンドバーグはアメリカ憲法修正第一条が認める言論の自由の権利を行使したことによって、高い代償を払うことになったが、そのときこう述べている。「私は平和主義者たちと共に全国を遊説しつつあると見られているようだから、陸軍航空隊の大佐を即刻辞任しようと考えている。平和主義者の哲学ほど私の体質に合わないものはないし、航空隊で飛行任務に就くぐらいなら、何もしないでいるほうがましである」[註36]

個人的失望の最中、リンドバーグは一九四一年五月三日にセントルイスで一万五〇〇〇人が参加した大会で演説し、さらに五月二三日にはニューヨークのマジソン・スクエア・ガーデンで演説を行なった。館内には二万五〇〇〇人の聴衆が陣取り、同数の聴衆が外に立った。会場の外に立った人々の間には、ファシスト派のアメリカ運命党の党員たちもいた。リンドバーグはアメリカ第一主義運動のこの大会の会場に警官に護衛されて到着した。リンドバーグとその他の演説者が壇上に姿を現すと、カメラマンの一団が彼に向かって殺到した。人々は「リンディ！（リンドバーグの愛称）」、「次期大統領！」[註37]と口々に叫び、現場は病的興奮の坩堝と化した。リンドバーグが紹介されると、嵐のような歓声が響き渡った。彼は宣言した。「適切なリーダーシップさえあれば、アメリカは世界で最強で最も影響力のある国家になれるのです」[註38]。ルーズベルト政権にとって威嚇としか考えられないような演説の中で、リンドバーグは聴衆に「平和を約束しておきながらわれわれを戦争に導いた政府に、納得のいく説明を求めなければなりません」と訴えたのだった。[註39]

武器貸与政策が展開され、大統領は孤立主義者たちに勝った。政府が「借款」の口実の下で友好国に武器を提供する必要は、もはやなくなった。それでもルーズベルト政権はリンドバーグとアメリカ第一主義運動の厳しい監視の下に置かれていた。だから、中国に対する援助のための計画と日本本土先制空爆の構想は、依然として最高機密事項でなければならなかった。

ルーズベルト内閣の閣僚の面々がアメリカの友好国を取り巻く国際情勢を熟考するなかで、一九四一年にはイギリスと中国の政府の存在そのものが問題となった。生存のために死に物狂いでもがくイギリスへ食料、医療品、戦争物資などを輸送中の商船をドイツのUボートが次々に撃沈していた。一方、日本軍はフランス領インドシナに加えて、中国東部の港湾とほとんどの地域を占領していた。これらの国家の将来は深刻に危ぶまれていた。これ以上、どこまで耐えられるのだろうか。

アメリカは依然として大恐慌のもろもろの影響を感じており、今日われわれが知っている超大国からは程遠い存在だった。ドイツと日本が征服や統治のための計画、あるいは実際の軍事構想の実施のために軍隊を増強してきた一方で、アメリカは国内問題に焦点を絞ってきたため、軍隊は予算を削られ、厳しい状況に喘いでいた。だがヨーロッパの戦争が、日中戦争以上にアメリカを孤立主義の眠りから目覚めさせ、軍需品生産に不可欠な機械類を製造する工場は各地で拡張を続け、アメリカ軍の需要のみならず、アメリカの事実上の同盟国であるイギリス、ソ連、中国の需要をも満たしていった。一方、海外の需要を満たしながらより十分に自らを武装するためにアメリカが余儀なくされた妥協とは対照的に、日本は、皮肉にも、国民に押し付けられた国内のさまざまな苦難にもかかわらず、軍事的拡張に極端に集中していたのである。

第7章　日本、真珠湾攻撃計画に着手

目下ニ於ケル帝国国力及戦力ノ隘路ヵ油ナルハ多言ヲ要セス……時日ノ経過ト共ニ帝国ハ武力的ニ無力トナリ戦争遂行能力ハ低下スヘシ。（石油が現時点におけるわが帝国の国力と戦力にとっての難関であることは、多くを語るに及ばない……時間がたつにつれて、わが帝国は軍事的に無力になり、われわれの戦争遂行能力は低下すること必至である）

——一九四一年九月六日に催された御前会議録における参謀本部の質疑応答資料より（註1）

アメリカの戦争計画立案者たちが、アメリカ製の爆撃機とアメリカ人のパイロットで日本を空爆するシェノールトの計画を検討——だが当面は棚上げ——している間、日本の戦争指導者たちはさほどためらっていなかった。日本の指導者たちは、日本が自国より強力な経済・軍事資源を持つ敵国を破ってきた歴史的記憶にすがっていた。日本の軍指導陣は、奇襲攻撃の仕掛け方を十分に心得ていた。日清戦争（一八九四—九五）と、日露戦争（一九〇四—〇五）で日本は、正式な宣戦布告なしに攻撃している。

先制攻撃を加えるに当たって、日本は海上を速やかに制圧するために海軍を使った。自らに有利な立場を確保することによって、日本本土まで拡大できない戦争を戦うことの無益さを、力ずくで清国とロシアに認めさせた。両敵対国は、日本が提示した平和条約を妥協して受諾することに不承不承合意した。

日清戦争における日本にとっての報酬は、朝鮮の支配権を中国から奪取したことだった。日本がイニシアティブを取る以前は、朝鮮は中国の属国だった。下関条約（一八九五年四月一七日）で中国は朝鮮の独立を認め、台湾と遼東半島を日本に引き渡した。

だが講和条約が調印されるのとほとんど同時に、ロシア、ドイツ、フランスは遼東半島を引き渡すよう、日本に圧力をかけた（三国干渉）。ロシアと日本は朝鮮を支配したかった。日本は一九〇四年二月六日にロシアに国交断絶を通告し、二日後、遼東半島の旅順港に停泊中のロシア艦隊を襲撃した。日露両国が相互に宣戦を布告したのは二月一〇日である。セオドア・ルーズベルト大統領の斡旋による調停が実現し、合衆国メイン州にあるポーツマス海軍造船所で講和のためのポーツマス条約が調印された。ロシアは旅順の軍港とそれを取り巻く遼東半島の二五年間の租借権を放棄した。また満州から撤退し、朝鮮を日本の勢力範囲として認めることに同意した。

中国とロシアに対する過去の勝利を思い起こせば、なぜ日本の一部の指導者が、アメリカ太平洋艦隊に奇襲攻撃を仕掛け、その後でフィリピン、マレー群島、オランダ領東インド諸島、ウェーキ島、ビルマ、シンガポール、そしてさらには東南アジアと太平洋地域のその他の領土の攻撃に成功すれば、アメリカは日本との戦争の問題を交渉による和平という手段で解決せざるを得ないだろうと考えたか、理解できる。今日でこそ、日本がアメリカのような産業大国と対決するのは荒唐無稽なことのように思えるかもしれないが、読者は一九四一年当時の太平洋における日米の軍事力のバランスを理解しなければならない。アメリカが太平洋で保有する最新型の航空母艦はわずか三隻だったが、日本は九隻だった。日本はアメリカ並みの工業力と生産力は持っていなかったが、太平洋で戦争が勃発すれば、日本が初期において軍事的に優位に立つことは明らかだった。

タラントの空襲

一九二五年、ロンドン・デイリー・テレグラフ紙の極東特派員、ヘクター・Ｃ・バイウォーターは『太平洋大戦争』（邦訳『日本果たして敗るゝか』先進社）と題する小説を出版した。これは、真珠湾、グアム、フィリピンに対する日本の同時奇襲攻撃を仮説として書かれたものだった。この文学作品を日本海軍の士官候補生たちは熱心に読んだ。実は一九三六年一一月に、海軍大学校研究部は『対米作戦用兵に関する研究』と題する資料を発表している。軍令部総長の指示の下で長年行なってきた海軍の作戦用兵に関する研究結果の一部をまとめたこの資料は、「航空戦」と題する第三節第一項で、日本の勇敢な士官候補生たちに、次のように助言している。「開戦前敵主要艦艇特ニ航空母艦ＡＬ（ＡＬは真珠湾の略符）ニ在伯スル場合ハ敵ノ不意ニ乗ジ航空機（空母航空機竝ニ大艇、中艇）ニ依ル急襲ヲ以テ開戦スルノ着意アルヲ要ス」（戦史叢書「海軍軍戦備」）（敵の主艦隊が真珠湾に停泊する場合は、空からの奇襲攻撃によって戦闘を開始すべきである）

アメリカには、日本の主要な海軍理論家たちは、主として一冊の小説からヒントを得たこの戦略を教え込まれてきていたと見る向きもあり、彼らは一九三九年八月三〇日に連合艦隊司令長官に就任した山本五十六提督もそのような理論家の一人だったと考える。バイウォーターの小説はともかくとして、山本の考え方は一九四〇年一一月一一日にイタリアで起こったある出来事にかなり影響されたのではないかと思われる。この日、イギリス空母イラストリアスから発進した二一機のソードフィッシュ雷撃機が、イタリアのタラント軍港の防御の固い海軍基地を攻撃し、戦艦三隻を含む合計七隻のイタリア艦船を大破したのだった。(註2)浅瀬で知られるこの港に対する攻撃でイギリスが失ったのはわずか二機のみだった。そして、地中海における軍事バランスはその後六カ月にわたってイギリス海軍に傾いたのである。

イギリス海軍によるタラント奇襲から約三カ月後の一九四一年二月、日本の陸海軍軍事使節団がドイツを訪問していた。同使節団の海軍航空班は、奇襲攻撃の一部始終を調査するためにタラントに向かい、詳細な調査結果を報告した。真珠湾攻撃の可能性の検討を命じられたばかりの第一航空艦隊参謀の源田実がこの報告書に飛びついたことは、想像に難くない。源田は、イギリスは今回の奇襲攻撃で戦術的勝利を収めることに成功し、用途に応じて適正に設計された魚雷は浅瀬でも満足に機能することを証明したとの結論に達した。四一年一月七日に海軍大臣及川古志郎提督に書状を送り、ハワイにあるアメリカの軍事施設に対する奇襲攻撃は、日本の南方への攻撃の一部たるべきであると主張している山本は、この結論に大いに気をよくしたに違いない。山本は前年一二月、ルーズベルト大統領が蒋介石の対日奇襲爆撃への要請について思案しているのとほぼ同じ頃、福留繁少将にこう説明している。「暫定的な手順として、真珠湾攻撃の計画を大西〔少将〕に研究してほしい。研究の結果を検討した後、その問題は艦隊の訓練計画に組み込まれるかもしれないが、それまでは秘密にしておきたい」(註3)

アメリカと同じように、日本にも才能豊かなパイロット兼軍事戦略家がいたが、源田実もその一人だった。源田は、日本で最も伝統のある戦闘機部隊に仕えており、超一流の評判を博した戦闘機パイロットだった。彼のグループは〝源田サーカス〟と呼ばれるようになり、彼はほどなく日本海軍でよく知られた存在になった。一九四一年二月初旬、当時は第一航空艦隊の航空参謀だった源田は大西少将に鹿児島県の鹿屋海軍航空基地の艦隊本部へ召喚され、そこで山本提督から大西に宛てた次のような内容の書簡を見せられた。

日米が干戈を取って相戦う場合、わが方としては、何か余程思い切った戦法を取らなければ勝ちを制することは出来ない。それには、開戦劈頭、ハワイ方面にある米国艦隊の主力に対し、わが第一、第二航空戦隊飛行機隊の全力をもって、痛撃を与え、当分の間、米国艦隊の西太平洋進攻を不可能ならしむるを要す……本作戦は容易ならざることとなるも、本職自らこの空襲部隊の指揮官を拝命し、作戦遂行に全力を挙げる決意である。ついては、この作戦をいかなる方法によって実施すればよいか研究してもらいたい。(註4)（源田実『真珠湾作戦回顧録』文春文庫）

大西参謀長は源田にこう告げた。「この研究は、作戦の可能性、実戦の方法、そして使われる部隊に特に注意を払い、極秘に扱ってほしい」(註5)。日本海軍が極秘裏に作業を進めている最中に、ジョセフ・C・グルー駐日アメリカ大使が、ペルー領事館の代表を務めるリカルド・リベラ－シュライバー公使から、「日本軍はアメリカと問題が起こった場合には、あらゆる軍事手段を使って真珠湾に奇襲攻撃を企てる計画を進めている」という噂を聞いているのは、驚くべきことだ。グルーはこの件でアメリカ国務省に電報を打ったが、国務省は海軍少佐アーサー・マッコラムが率いる海軍情報局極東課と協議した。マッコラムは、特に蔣介石に対する援助供与を強く主張した一九四〇年一〇月七日付の八項目からなる「対日挑発行動覚書」を書いた人物だが、キンメル提督にメッセージを送らせている。奇妙なことに、海軍情報局からのメッセージは戦艦ペンシルベニアの艦上でキンメルの指揮地変更の式典が行なわれた一九四一年二月一日に彼に届いた。海軍情報局はグルーが東京で聞いた真珠湾攻撃の可能性に関する噂を明らかにはしたものの、キンメルは以下のような指令を受けた。「海軍情報局は、これらの噂に信憑性はないものと考える」。海軍情報局が伝えるメッセージの意味をキンメルが思案している一方で、日付変更線の向こうの日本はすでに翌日の二月二日で、日本海軍の作戦立案者たちは海軍情報局がキンメルに根も葉もない噂だとして無視するように告げたまさにその攻撃について、策をめぐらせていたのである(註6)。

源田が真珠湾攻撃の可能性に関して研究するよう求められた日のわずか数日前、ノックス海軍長官はスティムソン陸軍長官に覚書（その写しは、太平洋艦隊司令長官のキンメル提督に送られることになっていた）を送り、次のように伝えている。

もし、結果的に日本と戦争になれば、真珠湾の艦隊あるいは海軍基地に対する奇襲攻撃で戦闘が始まることは、十分にあり得ると考えられる。当方の意見では、真珠湾の海軍基地の艦隊が甚大な災難を蒙る本質的可能性が大であることに鑑み、陸軍と海軍が攻撃に耐えるための合同の戦闘態勢を強化するためのあらゆる手段が、可及的速やかに講じられるべきである……空からの爆弾投下……そして魚雷投下による攻撃……は、宣戦布告がなされる前に、警告なしに始まることも考えられる。(註7)

それからたぶん一週間から一〇日後、源田中佐は鹿屋海軍航空基地に大西少将を再び訪問した。(註8) 大西少将が発した質問に対して、ゴールドスタインとディロンが共同執筆した『パール・ハーバー文書』によると、源田は六点からなる返答をしている。

（1）この攻撃は完全な奇襲攻撃でなければならない。そしてこの攻撃の結果は、アメリカ艦隊の主要部隊はその後少なくとも六カ月間は西太平洋に進出できないというものでなければならない。
（2）奇襲攻撃の主たる標的は、アメリカの航空母艦と地上に駐機する航空機でなければならない。
（3）わが方が持つすべての空母戦力を使わなければならない。
（4）艦載機による攻撃を継続するために、空母に物資を供給する十分な手段を持たなければならない。
（5）魚雷による攻撃が最も有効だが、水深の深い海域や港湾の近くの対潜水艦網あるいは対魚雷障害物のためにそれが可能ではない場合は、艦載航空機の種類を変えなければならない。魚雷による攻撃時の水深の大小にかかわらず、このような攻撃は計画されなければならない。

（6）奇襲攻撃は、難しいが不可能ではないだろう。本攻撃の成功は、初期攻撃の成功にある。したがって、攻撃計画は極秘裏になされなければならない(註9)。

大西とこの提案について討議するなかで源田は、航空攻撃が成功したら、日本はハワイ上陸作戦を展開し、最大にして最も先進的な基地をアメリカから奪わなければならないと主張した。大西は異議を唱えた。「われわれの現在の力では、太平洋の東域と南域の両面で攻勢に出るために必要な船舶や資材がない。われわれはまず、アメリカ艦隊のより大きな部分を壊滅しなければならない(註10)」。源田はアメリカ空母部隊に対する攻撃計画を引き続き練るようにとの指示を受けたが、一方、連合艦隊の航空参謀佐々木彰中佐は、アメリカの戦艦に的を絞って同様な計画を作成することになった(註11)。

中国本土の爆撃機用秘密基地

アメリカ国務省が米中間に「同盟関係」は存在しないという姿勢を取るなかで、アメリカ海軍航空担当武官、ジェームズ・M・マクヒュー海兵隊少佐から一九四〇年二月八日付の〝極秘〟電報が届いたが、内容は以下の点を確認するものだった。「中国は、成都近郊に三〇〇〇万ドルを投じて新軍用飛行場を建設中であり、その他多数の飛行場を拡張中である(註12)」。マクヒューはさらに、中国はソ連か

ら三〇〇機の航空機を受け取りつつあり、その半数は「航続時間七時間」の双発爆撃機であることを確認している。(註13)

実際、四川省の省都、成都付近には五つの飛行場があった。太平墟機場は、中国の爆撃グループの基地だった。雙流機場は、二つの戦闘機グループの基地で、鳳凰山機場は商業空港。温江機場はもう一つの爆撃機用基地だった。そして最後の新泰機場について、航空担当海軍武官補Ｆ・Ｊ・マクィレン海兵隊少佐は一九四一年六月頃の報告書で、次のように記している。「敷地、二〇〇〇メートル×二二〇〇メートル。幅一五〇メートル、全長一八〇〇メートルの舗装された新設の滑走路あり。この飛行場は、一九四〇年一二月以来建設中で、中国が入手できる最も重い爆撃機用の基地として使われる予定である(註14)」

湖南省株洲は九州の最も近い爆撃目標までわずか約一六〇〇キロ地点にある中国南東部の前進基地であり、八幡製鉄所からほぼ約一七〇〇キロだった(註15)。東京までは、わずか二六六〇キロにすぎなかった。爆弾を満載した〝空の要塞〟は、長崎と佐世保の海軍関係の標的まで飛ぶことができたし、爆弾搭載量を軽減し、燃料を増量すれば、東京も航続距離内に入った。広西壮族自治区の桂林はフランス領インドシナ、広東、海南島を攻撃するための中間基地として、格好な位置にあった。面白いことに、桂林は岩でできた無数の尖塔で囲まれており、それが「物資をほぼ無限に貯蔵できる洞窟を提供してくれたし、機械工場は空爆から守られ、戦場のほとんどすべての設備が敵の急襲を受けずにすんだ(註16)」。歴史家のダニエル・フォードは、直近の爆撃機基地と前進基地を次のように描写している。「桂林には、岩を潰して表面に敷き詰めた全長一六〇〇メートルの滑走路と、Ｂ−17〝空の要塞〟がすっぽり隠れるほど巨大な防壁がいくつもあった（そうした目的があったからこそ、桂林と株洲の飛行場は一九四〇年秋に建設されたのである）。……作戦本部と無線局は、爆撃を受けないようにするため、紡錘形の山に似せて作られていた」(註17)

マクヒューからの電報は、中国側がガソリンの払底を懸念していることを確認するものだった。(註18) 文末に彼は、こう記している。「マオ〔ママ、毛大佐のこと〕は差し迫った大改革のあと、中国空軍の指揮を執る予定」(註19)

ハワイの日本人スパイ

一九四一年三月、吉川猛夫海軍予備少尉（別名森村正）は、表向きはホノルル総領事館の館員として赴任するため、横浜から海路ホノルルに向かった。彼の真の目的は、日本領事館付の運転手が運転する車でオアフ島を巡りながら、アメリカの軍事施設の実態を密かに探ることだった。(註20) 吉川はアメリカ陸軍と海軍の基地をスパイし、週末になるとそれぞれの基地の活動レベルが下がることを知った。(註21) 吉川は基地の活動に関する情報を提供するよう、日系の基地従業員を説得した。日本総領事館の館員たちは、アメリカ艦船の位置に関する情報を無線で東京に送った。(註22) 日本側はこのようにして、アメリカ太平洋艦隊の動きと個々の戦艦の位置を知ることになった。

吉川がハワイのアメリカ軍施設をスパイしている間に、一九四一年三月一二日の日本の新聞は、日本に対する空襲とアメリカとの戦争の可能性はあり得ると報じた。考えられるアメリカの空襲の脅威に関連して、日本海軍のパイロットたちは、ミッドウェイ島、ウェーキ島、フィリピンのカヴィテにあるアメリカ軍基地の爆撃を提言した。また、高橋三吉提督は民間の文化団体で演説し、こう宣言した。「日本海軍は、いかなる成り行きにも十分に準備ができている。わが海軍は、いかなる国家の海軍にも破られるはずはないことを確信している」

シンガポールをめぐる日本の計画

辻政信大佐は日本軍の評判の戦術の天才で、第二次大戦を生き延びたものの、一九六一年に失踪し、一九六八年に死亡宣告を受けた謎の多い人物だが、太平洋戦争勃発以前に、日本の南進作戦を見越してマレー半島の情勢を調査している。向こう見ずな戦闘能力を買われて大佐に起用された秘蔵っ子の朝枝繁春中佐は、タイの調査を任せられた。この時点では、(太平洋におけるイギリスの要塞である)シンガポールは海に面して堅固な堡塁を備えていたが、背後から近づけばほぼ無防備だと認識されていた。

一九四一年四月、日本の航海士たちは過去一〇年間太平洋を航行した船舶が取った針路を研究した。この研究は、一一月から一二月にかけて、緯度四〇度以北を航行する船舶はほとんどないことを示した。大方の船舶は冬季の荒波を避けるため、それより南よりの針路を取っていたようだった。

アメリカ、日本国内の爆撃目標の検討を開始

一九四一年の春、日本の戦争計画立案者たちが仕事に精を出しているころ、アメリカの担当者たちは日本との対決における戦争以外のオプションを検討していた。たとえば、合衆国商務省の輸出規制物資課運営委員会は、次の三点で日本を妨害する方法を研究していた。つまり、①日本が必要とする物資の取得、②必要な物資の代価を日本が支払う方法、③日本にとって必要な物資を輸送する方法、である。(註23) そして今、同委員会は「爆撃目標の検討と、陸海軍にそのデータを提供すること」に関心を向けたのだった。孤立主義的世界観を信奉していたアメリカ人は、チャールズ・リンドバーグも含めて、官僚たちが経済の範囲を超え、日本を爆撃する計画を含むもろもろの取り組みに着手していることを知ったら、おそらくショックを受けていたに違いない。アメリカの経済・軍事的構想は相補的なもので、次章の内容が示すとおり、アメリカの戦争計画立案者たちが気にかけていたことだったのである。(註24)

第8章　対日経済封鎖

合衆国は西半球各国とイギリス以外の国に対する鉄と屑鉄の輸出禁止令を発表した。アメリカの鉄鋼の最大輸入国だった日本は、今後、いっさい入手できなくなる。

――エドウィン・P・ホイト著『日本の戦争』(註1)

一九四一年五月一三日、W・R・パーネル大佐は東南アジアと太平洋に対する日本の野望を正確に描いた極秘覚書をルーズベルト大統領に書き送った。(註2)この覚書が書かれたとき、パーネル大佐はフィリピンの合衆国海軍アジア艦隊司令長官、トーマス・ハートの下で仕えていた。パーネル大佐は覚書にこう記している。「日本との間で戦争が起こるという考えは妥当と思われる」(註3)。パーネルは、アメリカの対日戦略は「経済封鎖」が前提とされるが、(註4)「熟慮に付すことが望ましい、いくつかの心理的、戦術的要素がある」とも指摘している。(註5)戦略的戦争物資の点で日本にとって最も緊要なのが、石油だった。(註6)

合衆国の善意のお蔭で、日本の石油備蓄量が「航空機用を含む潤滑油を併せて」一八カ月分もあったのは、皮肉なことだった。[註7]アメリカの戦艦ヒューストン艦上の持ち場で覚書を作成したパーネル大佐は、さらに「合衆国は尋常ではない量の八五～八六・九オクタンを含む大量の石油製品をタイに輸送しているが、これは日本が使用するためのものであることは疑いない」と記している。[註8]日本は石油を十分に備蓄していたが、ゴムの供給量は戦争用の蓄え以外は一カ月分にすぎなかった。[註9]ゴムが大量に供給されなければ、日本が戦争で使う軍用機をはじめとする各種機械類の生産はやむなく、次第に停止してしまう。

パーネル大佐が（おそらくハート提督の助言と後ろ盾を得て）この秘密覚書を作成した時点で、日本、フランス領インドシナ、タイ、オランダ領東インド諸島の間で経済会議が催されていたが、その中で日本は自国経済にとってきわめて重要な資源の大量供給を要求している。[註10]もし戦争を遂行するなら、日本は「東南アジアおよび遠隔の島々の物資に依存することなく、長期化した軍事行動を継続すること」は望めなかった。[註11]したがって日本は（実際にそのように行動したわけだが）、兵站の供給源を確保し、レジスタンスあるいは反撃が展開する可能性のあるオランダとイギリスの軍事基地を破壊する可能性がある、とパーネルは読んでいた。オランダ領東インド諸島やイギリスが支配するマレーとビルマのような、自国経済にとって肝要な資源が豊かな地域を征服したあと、「日本はその地域の防衛に主要な努力を傾けるだろう」とパーネルは推測している。[註12]

人類文明を一瞬にして何回も破壊する威力を持つ核兵器（航空機と潜水艦から発射されるものを含む）を潤沢に保有する国に住み、六十数年前に書かれた秘密覚書に目を通すとき、日本の威嚇がもたらす脅威に備える当時のアメリカの態勢がこれほどお粗末だったとは、想像しがたい。パーネル大佐は「限られた手持ちの兵力」を考慮し、「ある種の攻撃作戦の展開が可能」である点を大統領に指摘している[註13]。

第一に、アメリカとオランダの潜水艦が（フィリピンの）ルソン島周辺と東シナ海で攻撃作戦を展開できる可能性があった。第二に、高高度からの爆撃、斥候、偵察作戦にある程度期待がもてた。第三に、戦闘機を使った攻撃作戦のほうが、爆撃機を使うよりも、より制限された範囲にある日本側の軍事・産業関連設備やその他の諸施設に損害を与える可能性を呈していた。第四に、英領マラヤとビルマの国境沿いの一帯と中国における、陸軍とゲリラ部隊による攻撃作戦が有望だった。第五に、アメリカの海軍力は（日本に比べれば）弱かったが、日本の海上輸送機関に対して時宜を得た攻撃を加えることが可能と思われた。

だが、東南アジアと西太平洋におけるアメリカの軍事行動には、少なからぬ障壁が存在した。インドシナのヴィッシー・フランス政府は、一九四一年六月二三日にインドシナはフランスと日本の保護領であると宣言した後、六月二六日には、日本軍が国土を占領することを認めたのである。占領区はカムラン湾を含んだが、日本軍はそこからフィリピンをたやすく攻撃することが可能となった。一九四一年七月二八日の日本軍の南部仏領インドシナ進駐と前後して、合衆国政府は米国内の日本資産を凍結して日本船舶のアメリカの港湾への入港を禁じ、対日石油全面禁輸令を発動した。この一連の行動は、パーネル大佐の秘密覚書の中で概略が記された、アメリカの取るべき戦略にすべて一致するものだった。アメリカの対日経済制裁の目的は、日本に対する戦略物資の供給量を減らし、備蓄分を消費せざるを得ない状態に追い込むことだった。[註14] 日本が備蓄分を早く使い切れば、「敵に危機的状況を押し付ける時期がその分早くなる」というのがアメリカの立場だった。[註15] 合衆国による対日経済封鎖は、日本に中国と仏領インドシナからの、石油の場合はボルネオとスマトラからの補給線の維持を余儀なくさせるだろう、とアメリカ側は読んでいた。[註16]

経済封鎖と連携して、ボルネオから南の海域で日本向けの物資を輸送するすべての船舶に対して、潜水艦攻撃が行なわれることになった。アメリカの潜水艦による日本の商船や補給船への攻撃は、いったん公海に出た後は比較的簡単だった。[註17] だが、フランス領インドシナへの輸送に関しては、これらの日本船を海岸線から引き離し、日本軍機がアメリカの潜水艦を空爆で破壊できる航続距離を超えた地点まで追い立てなければならなかった。

アメリカの航空戦力には望みがもてたが、パーネル大佐は大統領に「ご都合主義が生んだ期待感から、航空機の役割が過度に評価されている」と警告している。[註18] しかしながら、大佐は当該の戦域において、戦闘機によって十分に防御されるという条件の下で、爆撃機からなる空の兵器は最大限に開発されなければならない点を確かに認めている。航空機を利用した作戦の重要性を容認して、パーネル大佐は同じ覚書の中で大統領に次のように伝えている。

兵力の現状と配分〔ママ〕の下では、爆撃機は将来の同盟国に戦闘への決意を固めさせる唯一の兵器であり、最大限の支援がなされなければならない。関係各位の意見や新聞報道が信ずるに足り、事前の予防的措置が判断の基準となるのであれば、日本が抱いている最大の恐怖の一つは

本土に対する爆撃である。(註19)

連合国側の戦闘機と追撃機の編隊は日本軍の活動から離れた距離に位置していたため、マレー半島北部とビルマにおける攻守両面の作戦に期待をもたせた。たとえば、パーネル大佐が覚書を書いた時点で、日本軍は中国東部および南東部と、フランス領インドシナを占領していた。したがって、日本軍の航空部隊の行動範囲は、マレーまたはビルマを拠点として展開される連合国軍の空の作戦に物理的にさほど近くはなかった。だからアメリカ、イギリス、中国、オランダの四カ国（〝ＡＢＣＤ〟諸国または〝連合国〟）の戦闘機の編隊は、「敵を出向かせて叩く」作戦に出ることになった。(註20)

中国の前進基地が持つ可能性

英領マラヤとビルマの国境沿いに展開される軍とゲリラの作戦は、イギリスによって組織されつつあり、中国における作戦も含まれることになっていた。(註21)パーネルが覚書を書いていたまさにその時点、あるいはそのころ、連合国間には日本と戦争になったら共同で戦おうとの申し合わせがあった。連合国間の同盟関係は、イギリスが作成した一九四一年九月一九日付の「日本を破る際の課題――情勢の概観」と題する覚書（第一四章参照）に永く遺されることになった。

一九四一年八月九日から大西洋上のイギリスの軍艦プリンス・オブ・ウェールズの艦上で、ルーズベルトとチャーチル――そして、アメリカ軍とイギリス軍の将校たち――の間で催された会談の最中に、チャーチルは日本に以下のような最後通告を突きつけるように求めた。「もし日本が南進してマレー半島あるいはオランダ領東インド諸島に侵攻するなら、日本に撤退を強いるために必要なあらゆる手段が、イギリス、アメリカ、そしてソ連によって講じられるであろう」(註22)

中国におけるゲリラ部隊の作戦は、「爆撃機の編隊が主要な基地から発進して一連の爆撃を行なう間に、燃料と武器弾薬の補給のため夜間に立ち寄ることのできる」前進航空基地、つまり、中国南東部とビルマの間に点在する小規模な飛行場をいかにして確保し、維持していくかにかかることになった。(註23)ゲリラ軍の勢力によるこれらの飛行場の維持と、爆撃機による攻撃作戦のための中間準備基地としての使用は、「連合国側に特に戦争の早い段階において許される、日本との戦いで攻勢に出る最も実行可能な手段」を提供するだろうと考えられた。(註24)

これらの前進航空基地に関して、パーネル大佐はさらにこう報告している。

広東近郊以外の中国の僻地は、日本軍にさほど深い地域までは侵略されていない。多くの用地が利用でき、飛行場に適しているし、重慶政府はこれらの用地を飛行場にするに当たって文句なしに喜んで援助を提供する意向である。このような過程は、さらに多数の飛行機が入手可能になるにつれて、台湾より日本に近い地点に飛行場を徐々に設けていくことを可能にするだろう。(註25)

中国南東部における飛行場の供給と維持は、作業員のための宿泊施設を間に合わせの資材で作らなければならず、これらの資材は初期には空輸されなければならなかったから、簡単にはいかないだろう。[註26]だが中国南東部で展開する連合軍の爆撃機は日本軍輸送船団を沖合に追い立て、「潜水艦に攻撃されやすく」することができるはずだった。[註27]日本は「日華事変を清算する」ために懸命に努力していたから、大佐は「中国軍を戦場に引き止めておくために、重慶政府に対して可能な限りのあらゆる援助が提供されるべき」であると確信していた。[註28]日本は日中戦争が首尾よく終結することを願っており、オランダ領東インド諸島、マレー、ビルマのような石油と鉱物資源の豊富な南洋地帯に関心を向けていた。中国政府はアメリカから軍事援助の支援を受けていたから、パーネル大佐は「元気を取り戻した中国は、これまで以上の日本の軍隊を中国の地に縛り付け、南西からの脅威を存続させるであろうと強く信じた」のだった。[註29]

もし連合国側の中国南東部における前進航空基地構築への努力が実を結べば、これは、中国におけるこの脅威と対峙するために日本に空と陸の兵力を結集させるという歓迎すべき効果を発揮し、公海上で日本の輸送船団を攻撃するアメリカの海軍部隊を撃破する能力を減少させるだろうと思われた。[註30]

パーネル大佐がルーズベルト大統領に送った、自分とハート提督が考える日本の意図の概要を記す秘密覚書は、当時日本が立案中の作戦を正しく見通していた。たとえば、パーネル大佐は、もし合衆国太平洋艦隊が西に移動すれば、日本の目的は、潜水艦と空からの邀撃による消耗戦で、「日本の主力艦隊の優位が確立されるまで」アメリカ艦隊に壊滅的な打撃を与えることになろうと推測した。[註31]だが、パーネルはバイウォーター著の『太平洋大戦争』を読んでいなかったのかもしれない。真相はどうであったにせよ、アメリカ海軍が数回にわたって真珠湾に対する空襲の演習を行なっていたことは事実である。だが、パーネルの秘密覚書が書かれた時点で、ハワイのアメリカ太平洋艦隊の脆弱性はルーズベルトが懸念すべき問題だとは考えられていなかったのである。

「芸術は人生を模倣する」と言ったのはオスカー・ワイルドだったが、差し迫る日本の真珠湾奇襲攻撃は、いわば「人生が芸術を模倣する」状況だった。

日本の南方への野望

覚書を書いた一九四一年五月の時点で、パーネル大佐は日本の真珠湾攻撃に関してはルーズベルト大統領に警告を発していないが、フィリピンに対する日本の意図に関しては正確に予告していた。大佐は日本が海と空からの攻撃と、地上基地所属の爆撃機と艦載爆撃機、さらには艦載戦闘機を従えた遠征上陸部隊によって、アメリカ軍勢を粉砕することを予知していた。(註32) 彼はまた、マレーとオランダ領東インド諸島で起こるべきことも正確に予告した。これらの国は、現実に陸と空からの攻撃を伴った日本軍に侵略されている。彼はまた、マレー半島のクラ地峡で作戦が展開することも予期している。クラ地峡とは、マレー半島がシンガポールに向かって南に伸びる、タイとビルマの南の広大な地域のことである。

「南進は日本の戦争計画立案者たちの長年の趣味だった」というのが、パーネル大佐の印象だった。(註33) だが大佐の評価では、彼らは、もし東南アジアと西太平洋における征服を首尾よくひとまとめにして敢行しようとすれば必ず必要になるはずの防衛面の施策を考えていなかった。

日本の航空機生産の実態

パーネル大佐は、日本の航空機生産能力について承知していた。秘密覚書に記された日本の一一の航空機生産工場が一日二四時間操業しているものと仮定したパーネル大佐は、日本は年間三〇〇〇機の航空機が生産できると見ていた。パーネルの覚書が書かれた当時、日本にはいつでも使用できる戦闘用の航空機は三〇〇〇機あり、陸軍と海軍の保有機数は半々だった(註34)。しかし、パーネルの航空機生産に関する知識は、多少限られていた。日本の航空機生産における戦闘機と爆撃機の配分（後者のほうが製造に多く時間がかかり、より高価だった）に関する詳細が入手できなかったからだ。

パーネルは大統領に、アメリカは日本の航空母艦、潜水艦、爆撃機を確実に破壊するためにあらゆる準備をするよう勧告している(註35)。パーネルはさらにこう警告した。「攻撃作戦を支援するためにこの海域で最も必要なことは、戦闘機による戦闘である。日本の戦闘機の数は、敵の爆撃機の攻撃から味方を防護し、敵の爆撃機を襲撃し、そして敵の戦闘機の攻撃を受けて立つという使命を果たすには、痛ましいほど不十分だ。爆撃機と戦闘機を可能な限り早期に将来の連合国軍に対して供給することを緊急に提言するものである(註36)」

日本の戦闘機の性能に関するアメリカの無知

パーネル大佐は、ルーズベルト大統領に宛てた同じ秘密覚書の中で次のように楽観的に記したことで、日本の航空産業の能力、零戦、そして陸軍一式戦闘機「隼」(米軍は〝オスカー〟と呼んだ)の飛行能力と性能に関する無知を露呈している。

日本の航空部隊は、本格的な競争相手にいまだ遭遇したことがない。アメリカが供給する戦闘機が性能の面で最新の日本の航空機を上回ることは、最重要事項である。この事実が日本人パイロットの心に刻み込まれれば、日本航空部隊の士気はたちまちのうちに低下するものと確信する。(註37)

パーネル大佐の主張は、アメリカ軍が日本軍部を傲慢と侮蔑の目で見ていたことを明示している。日本人は無知で単純であり、アメリカ製の戦闘機と同等あるいはそれ以上の性能を持つ戦闘機など作れるはずはない、と思われていた。その後、この見方が重大な間違いであることが判明した。

アメリカ軍の戦争計画立案者たちが日本製の戦闘機の性能について無知だったことは、特にシェノールトが一九三九年に捕獲した陸軍の九七式戦闘機の飛行テストをしていることを考えると、非常に不幸なことだった。(註38) シェノールトは「仕様をすべて書きとめ、無数の写真を撮り、その構造と性能に関する分厚いファイルを作成した(註39)」。シェノールトは、同機はロケットのように上昇し、リスのようにすばやく回転すると語った、と伝えられている。国防省にこのデータを提出した後、シェノールトは「航空学の専門家たち」は「〔シェノールトが〕仕様を提示して列挙したのと同じ性能を持つ航空機を製造することは不可能である」との結論を下した、と説明する文書を受け取った。（註40）それよりもさらに気掛かりなことは、シェノールトは「一九四〇年の秋に、最初の型の零戦に関するデータを中国から持ち帰っている」という事実である。（註41）最高時速約五三〇キロ、七分間で六〇〇〇メートルの高度に達する性能を持つ零戦は、連合国の航空機にとって手ごわい競争相手になるのだった。（註42）急上昇できる戦闘機の開発のための提案を合衆国陸軍航空隊が聞いていたとしたら、アメリカは空中戦で零戦と互角に対抗できる戦闘機をたぶん持っていたに違いない。すでに述べたように、「真珠湾攻撃当時に航空隊で使われていた日本製航空機関連技術マニュアルの零戦の部分は、ページが空白のままになっていた」のだった。（註43）

ルーズベルト大統領が斟酌すべき戦略的事項の概要は、まず、太平洋に結集する合衆国艦隊の脅威をできるだけ長期にわたって維持し、次に、可能な限りのあらゆる手段を講じて、中国国内からの脅威を強めることを提言していた。ウェーキ島を十分に守り、空母、潜水艦、爆撃機を破壊することを日本と対決する際の主目標にするために、連合国側に最新型の戦闘機を提供することが必要となるはずだった。

アメリカが最新型の戦闘機をどの程度中国に回すことができたかという点は、次章で明らかにされる。シェノールトが中国で操縦したホーク75型戦闘機は、カーティス－ライト社によって改良されて、ホーク81シリーズに加えられた。不格好な（空冷）星型エンジンは取り外され、より流線形でコンパクトなアリソンV１７１０エンジンが使われた。陸軍航空隊は、これをＰ－40トマホークと名づけた。当時、膨大な数のＰ－40トマホークが大英帝国に供与されていた。Ｐ－40は緩やかな巡航速度での激しい旋回を要する空中戦では零戦の相手にならなかったが、正しく操縦すれば日本製の戦闘機と互角以上に戦うことができた。

第9章　P－40戦闘機、中国へ

優先順位をめぐる対立を解消するための最初の一歩は、イギリスに割り当てられていたP－40B戦闘機一〇〇機を中国側に回すことに、イギリスの航空機購入使節団が同意したことだった……。

——チャールズ・F・ロメイナス／ライリー・サンダーランド共著『中国－ビルマ－インド戦域(註1)』

P－40のデモンストレーション飛行

カーティスP－40Bトマホークのデモンストレーション飛行を視察するために、チャイナ・ロビーの面々が首都ワシントンのボーリング・フィールドを訪れたのは、一九四一年四月のことだった。宋子文、毛邦初、シェノールトの三人は、デモンストレーションのためにこの日この機を操縦することに同意したジョン・アリソン中尉の出迎えを受けた。

トマホークはサメを思わせる長い機首を持つ堂々たる戦闘機で、一二気筒のアリソンV－1710－33エンジンを搭載していた。アリソン中尉は同機の特徴の説明から始めた。エンジンの出力は一〇九〇馬力以上。平均巡航速度は時速四四〇キロで、最高速度は時速五六六キロ。初期上昇率は一分間に八七〇メートル以上だった。装備された機関銃は六挺で、カウリングに一二・七ミリ口径の機関銃二挺、両翼に七・六二ミリ口径の機関銃が四挺あった。弾丸が燃料タンクを貫通した場合に対処するため、個々の燃料タンクはゴム製の膜で覆われていた。この膜はタンクの漏れを封じ、戦闘中の戦闘機が生還する可能性を高めることになった。機体の自重は二五四〇キロで、最大離陸重量は三四五〇キロだった。機内燃料タンクの容量は約六〇〇リットル（註2）。

シェノールトは中国でP－36（ホーク75型機の輸出モデル）を操縦していたため、デモンストレーション中の戦闘機に馴染みがないわけではなかった。だが、先端部分が弾丸のようにとがったスピナーを取り付け、あごの部分にラジエーターを装備したため機首の部分がサメの横顔を思わせるこの流線形の新型戦闘機を操縦したことはなかった。

両翼に上り、操縦席の両脇に立って話を聞くチャイナ・ロビーの面々に対して、アリソンは着陸装置レバー、フラップ（下げ翼）レバー、着陸装置とフラップを作動させる液圧システム、操縦桿の引き金などを含む操縦席のレイアウトについて説明した。次にアリソンは、エンジンを始動させるから機から降りていただきたい、と全員に告げた。飛行前のチェックリストを手早く点検すると、アリソンは以下の点を確認した。

・着陸装置セレクターとフラップ（下げ翼）セレクターの位置は、ニュートラル。
・スロットル・バルブを二・五センチ前方へ。
・ミクスチュアは、アイドル・カットオフ位置へ。
・燃料セレクターで胴体タンクを選択。
・マグネトー・スウィッチはオフ。
・プロップ・コントロールはいっぱい前方へ。
・右の三つのサーキット・ブレーカーはオン。
・機銃スウィッチはオフ。
・バッテリーと発電機のスウィッチはオフ。
・燃料昇圧ポンプはオンで、（圧力が）一五ポンド以上あることを確認。

次にアリソンは、プライマー（追加燃料噴出ポンプ）を三度押し、ブースター・ポンプを切るとマグネトー・スウィッチを入れて二つの発電機を始動させ、スターターを作動させた。（註３）アリソン・エンジンは轟音を響かせて動きはじめ、排気管から青褐色の煙を噴き出した。エンジンの轟音は耳を劈《さ》かんばかりだった。宋子文は両手で耳を覆い、毛邦初は満面に笑みを湛え、わが意を得たりとばかりに手を叩いた。シェノールトはいつものとおり、ほとんど何も言わなかった。だが、毛と宋をちらりと見るシェノールトの目は輝いていた。

アリソンは戦闘機のスロットルを前に倒して、滑走路へ機を移動させた。宋子文とシェノールトは、中国向けのカーティスＰ－40一〇〇機は、どれほど早期に入手可能となり得るか話し合った。滑走路の端で待機するたった一機のＰ－40にじっと見入るなか、チャイナ・ロビーの面々はエンジンが全開した時に発する轟音を聞いた。機は加速しはじめ、あたかもこれから空を飛ぶ意思を表明するかのように、四〇〇メートルほど離れた場所に立つ賓客たちにも聞こえる雷のような轟音を響かせた。離陸すると、アリソンは滑走路から約五メートルの高度を維持し、着陸装置を引っ込めた。機は表示スピードで時速四〇〇キロ近くまでたちまちスピードを上げた。滑走路のはずれを越すと同時に、アリソンは操縦桿を手前に引いて機首を上げ、インメルマン・ターンを行なって半円を描いたあと、上空で機体を一八〇度回転させた。滑走路の上空九〇〇メートルの高度で加速する機の轟音は、地上でも聞こえた。次に、機を左に傾けて鋭角に急降下すると、アリソンは時速五六〇キロで滑走路に向かってＰ－40の高度を下げ、客の頭上を瞬時にして通り抜け、プロペラの後流で彼らを激しく煽った。そのあと、アリソンは再び上空に向かい、ループ、ロール、キューバン・エイト・マニューバなどを演じて、Ｐ－40の敏捷性を披露したのだった。

　デモ飛行を完了すると、アリソンは機を飛行場のエプロン上を緩やかに移動させ、やがてエンジンを切った。操縦席から這い出して賓客たちと挨拶を交わしたアリソンは、宋子文と毛邦初がＰ－40を指差して、「われわれはこんな戦闘機が一〇〇機ほしい」と叫んでいる姿を見た。[註4] するとシェノールトはアリソンのほうを見て、右人差し指を彼の胸に当ててこう言ったものである。「いや、われわれがほしいのはこんなパイロット一〇〇人だ[註5]」。シェノールトは、優れたパイロットは一目でわかった。アリソンはＰ－40戦闘機の性能を余すところなく引き出して、とてつもない降下速度を含むそのさまざまな力を誇示することができたのである。

政府供給備品をめぐる策謀

チャイナ・ロビーはP‐40戦闘機一〇〇機を提供するという言質をカーティス‐ライト社から首尾よく取り付けたが、これらの飛行機はエンジン、機関砲、無線設備などの政府供給備品（GFE）抜きで届くことになった。GFE不在の状態は、中国が日本の侵略から自らを防衛し、生き延びるためにチャイナ・ロビーの面々が克服しなければならない、さらなる障壁をもたらした。

中国防衛物資株式会社は、特別航空戦隊の編成に要する資金を調達するために設立されていた。特別航空戦隊の資金源をわかりにくくするための策謀に関わる、法人組織のもう一つの層だった。この会社は、ルーズベルト大統領の元スピーチライターで親友のトミー・コーコランが設立した。ルーズベルト大統領の叔父で元大統領のセオドア・ルーズベルトは、〝名誉顧問〟を務めるよう要請されている。コーコランの弟デビッドが同社の社長に就任した。民間会社のベンチャーとしてのあらゆる外見的形態を備えてはいたものの、このプロジェクトの資金は実際には合衆国政府から出ており、〝会社〟事務所はワシントンの中国大使館内にあった。ここで、正しく理解しておかなければならないことがある。それはつまり、大統領の年配の叔父、コーコラン、さらにはコーコランの弟が絡んでいる以上、中国防衛物資株式会社にはそこら中にルーズベルト大統領の〝指紋が残されている〟ということだ。もし、ルーズベルトの共謀者たちが中国でゲリラ航空戦隊を設立する計画に絡んでいることをアメリカ国民が悟ったとしたら、一九四一年春のアメリカの大衆の反応はどのようなものだったであろう。しかしながら、航空機エンジン確保のための交渉では、ユニバーサル・トレーディング・コーポレーションが中国防衛物資会社の代理人を務めた。

アリソン・エンジンは払底していたが、イギリスあるいは合衆国陸軍航空隊の仕様を満たさなかった〝規格外の部品〟が、P－40機の動力源となるエンジンを作り出すために、寸法合わせ、機械加工、修理技術などのテクニックを駆使することによって使われた。高性能エンジンの開発者たちの言葉では、これらの手作りのエンジンは基本的には詳細な計画の下に作られることになったため、結果的には規格品のエンジンよりパワーがあり、許容誤差は少なく、最終的には戦場で長持ちした。(註6)このように、いわば回収資源でできたエンジンが航空隊の正規のエンジンより性能がよかったのは、皮肉なことだった。事実、エンジン制御装置が無許可のやり方で変更になったとき、出力一〇五〇馬力で設計されたアリソン・エンジンは高度を飛行中に一五〇〇馬力以上の力が出た。(註7)スロットル・リンケージとエンジン・セッティングの変更は、直接関係のある技術マニュアルとは相容れないものだったが、戦闘機のパイロットはそんなことより、追撃されるとき、自機が敵機より速く、遠くまで飛ぶパワーを持っていることにより強い関心を抱いていたのである。敵機から逃げおおせるのに必要なパワーを自機のエンジンが持っていないためにパイロットが命を落とすようなら、安全性や技術に関するマニュアルに記された美辞麗句は意味のないものに終わってしまうのである。

購入手数料をめぐるいさかい

ウィリアム・ポーリーは一九四一年二月、中国防衛物資会社が代理人のユニバーサル・トレーディング・コーポレーションを通して、四五〇万ドルの買値でP－40一〇〇機を特別航空戦隊用に購入する手はずを整えたことを知った。シェノールトと対決したポーリーは、カーティス－ライト社の対中販売代理人としての自分に一〇%のコミッションを支払うべきだと主張し、それが支払われなければ裁判所に販売差止め命令を出させると言ってシェノールトを威嚇した。ポーリーが支払えと言ってもシェノールト側は譲らず、両者間の交渉といさかいで二カ月が浪費された。ついに一九四一年四月一日、モーゲンソー財務長官は会議を招集することになったが、宋子文はその場でポーリーが要求する一〇%のコミッションは中国側の基金から支払いたいと申し出た。だが、モーゲンソーはいっさい取り合わなかった。長官は、アメリカ政府は問題の戦闘機を戦争物資として差し押さえると言ってポーリーに揺さぶりをかけた。つまり、もしポーリーが戦闘機の中国への輸送に口出しするなら、アメリカ政府は積荷を押収し、陸軍航空隊あるいはこれら戦闘機の元々の購入者であるイギリスに譲渡するだけのことだ、と言明したのである。午後いっぱい異論を唱えた末、ポーリーはついに折れ、CAMCOが中国とビルマでこれらのP－40戦闘機を組み立て、整備し、試験飛行するという条件の下に、二五万ドルの支払いで納得することに合意した。一九四一年四月下旬、戦闘機はラングーンに向かう貨物船で中国に輸送された。だが、ニューヨーク港における船積み作業中に吊り縄が切れてP－40の胴体一体が水没したため、特別航空戦隊が受け取るのは実際には一〇〇機ではなくて九九機のトマホークとなってしまった。

パイロットと技術兵の募集

シェノールトとチャイナ・ロビーの面々が特別航空戦隊のための航空機の確保に奔走している間に、ハリー・クレイボーン中佐、ラトレッジ・アービン中佐、リチャード・オールドワース大尉ら三名は、アメリカ中の軍事施設を訪れ、アメリカ義勇兵部隊（ＡＶＧ）の戦闘機を操縦・整備するパイロットと技術兵の募集に当たった。

一九四一年三月、パイロットのテックス・ヒルとエド・レクターは、バージニア州ノーフォークの海軍航空基地の駐機場を離れる途中、ＣＡＭＣＯのリクルート担当者に話しかけられた。ビルマ・ルートを守るために戦闘機のパイロットをやってみないか、ということだった。(註8) ヒルは、ビルマがどこにあるかさえ知らないと応えた。(註9) 話し合いは飛行場の管制室で行なわれた。(註10) 中国を守るために戦闘機を操縦することが意味する精神と冒険を納得したヒルとレクターは、海軍に入隊する前は新聞社のイラストレーターだったバート・クリストマンと共に、海軍将校を辞めてＣＡＭＣＯに入社する意思を記した文書に署名した。(註11) だが三人とも、実際には中国のために戦闘機を操縦し、戦うという理由で除隊が認められるとは思っていなかった。(註12)

だが一カ月後、再びＣＡＭＣＯの代表から話があり、三人は書類がパスしたと告げられたのだった。(註13)

ある基地の司令官は、海軍の航空隊の一つから熟練パイロットが奪われたことに抗議するためにワシントンに飛んだが、本件はすべて「大統領の承認を得ている」と海軍航空局局長のタワーズ提督にはねつけられた(註14)。

陸軍航空隊のパイロット、チャーリー・ボンドは、戦闘機の操縦訓練を受けてきた自分がカナダに爆撃機を自力空輸する任務しか与えられないのは時間の浪費だからという理由で、アメリカ義勇兵部隊に入隊した(註15)。報酬が魅力的だったことも確かだった。海兵隊の中尉で金に困っていたグレゴリー・ボイントンは、義勇兵部隊に入隊した唯一の正規の将校だった。ボイントンはリチャード・オールドワースから勧誘を受けたが、そのときのいきさつを次のように語っている。

分厚いメガネをかけ、われわれとは違って機械のことはまるで知らない奴らを敵に回して空を飛ぶのだ、と彼は言った……報酬は海軍の倍だし、おまけに日本の飛行機を一機撃墜するたびに五〇〇ドルもらえるという話だった……それに、相手は一〇機中の九機は非武装の輸送機だという。借金を清算するのに、こんなうまい話を蹴る理由はなかった(註16)。

シェノールトの仲間たちは、日本軍に包囲された中国人のために戦うことがいかに魅力にあふれ、冒険心を掻き立てることかという点をほのめかし、アメリカ義勇兵部隊が第一次世界大戦中に活躍したアメリカの外人部隊（〝ラファイエット・エスカドリル〟）に匹敵する部分を持ち出すことによって、特別航空戦隊の任務に就くパイロット、整備士、技術者の採用に成功した。リクルート担当者は義勇兵部隊に入隊するよう若者たちを説得するために、ロマンチシズムに訴えたほか、日本人に対する偏見を顕にし、日本人の人種的特徴を侮辱的に描写している。シェノールトの下に馳せ参じた義勇兵たちは、ふつうの男たちではなかった。冒険家、ロマンチスト、根っからの傭兵気質の持ち主、理想主義者などからなるこれらの男たちの集団は、中国の厳しい戦闘環境を生き延びるために厳格な現場監督を必要とすることになった。

第10章　義勇兵の募集

秘密介入の戦術におけるこの大きな展開は、真珠湾攻撃に先立つ決定的な数カ月間に始まったものであり、単に〝冷たい戦争〟下の一つの出来事にすぎないなどともっともらしく解釈される、あるいは簡単に片付けられるべきではない。シェノールトの義勇兵部隊が長期にわたって持つ意味は、もちろんおぼろげにしか想像できなかった……一九四一年一二月には。

――マイケル・シャラー著『中国におけるアメリカ十字軍　一九三八―一九四五』(註1)

アメリカ義勇兵部隊の秘密の結成

宋子文、シェノールト、毛邦初の三人はカーティスP‐40戦闘機一〇〇機を確保したものの、それを操縦するアメリカ人パイロットと、整備するアメリカ人技術兵の募集の問題が残っていた。中国人による募集は合衆国刑法（アメリカ憲法一八条）第二一～二二項に違反する行為だったため、中国はアメリカ人隊員を入隊させるために、アメリカ人の徴用担当者を雇わなければならなかった。さらに、アメリカ人義勇兵のなかで中国国民党政府に仕える目的で協約書に署名する者があれば、彼らはすべて合衆国を離れてから署名を行なうことになった。

フロリダ州のペンサコーラ海軍航空基地にある国立海軍航空博物館に収蔵されている資料のコレクション（以下、〝ペンサコーラ文書〟(註2)）は、アメリカ海軍の人員に関する徴用努力と、海軍が〝志願兵たち〟に採用した方針の概略を示す、文書記録を提供してくれる。

資料の中には、ルーズベルト大統領、ノックス海軍長官、チェスター・ニミッツ提督、ロークリン・カリー大統領補佐官ら著名の士の間で交わされた秘密あるいは極秘の書簡、覚書、手書きのメモなどがある。

ペンサコーラ文書が作成された時点では、ニミッツ提督は海軍調査局（実際には海軍人事局）の局長を務めていた。ドイツ系で、海軍の作戦には第一次世界大戦以来豊かな経験を持つニミッツは、効率と実用性を重んずる海軍将校だった。日本による真珠湾奇襲攻撃のあと、司令長官として合衆国太平洋艦隊の指揮を執ったのは、ほかならぬこのニミッツだった。ペンサコーラ文書には、合衆国海軍の将校たちとＣＡＭＣＯ代理人たちの間で交わされた秘密の通信、アメリカ製戦闘機を組み立て整備していたポーリーとレイトンの中国における事業、ＣＡＭＣＯから合衆国海軍人事部に送られた一通の報告書も含まれている。

ペンサコーラ文書は、アメリカ軍の将校と政府関係者が、アメリカ国民にまったく知らせることなく、中国のための特別航空戦隊の組織にとりかかった政治的陰謀を物語るものだ。

ブルース・レイトン退役少佐の一九四一年頃の報告から、中国政府が中国で航空戦隊を組織するために必要な借款とその他の援助を取り決めるため、一九四一年に特別使節団をワシントンに派遣したことは明らかである。(註3) レイトン少佐は、アメリカの一億ドルの対中借款の話がまとまり、合衆国は当時イギリスに割り当てられていたP－40戦闘機一〇〇機を中国に放出する予定である、と記している。(註4) P－40は高性能で複雑な戦闘機だから、戦闘で有効に活用し、訓練中の事故で失われないようにするために、アメリカ軍の退役パイロットが操縦すべきだという決定がなされた。レイトン少佐はさらに次のように述べている。「……明らかな理由で、中国で考慮されている種類の計画に加担する者は、合衆国政府と関係があってはならない……」(註5)。インターコンチネント・コーポレーションはアメリカ(本部は首都ワシントン)の企業であることは明白であり、一方、CAMCOは中国の会社だったようで、株主には蒋介石総統の義兄、孔祥熙やウィリアム・ポーリーらがいた。

蒋介石の義兄が、中国空軍の使用する航空機を組み立て、整備するCAMCOに利権を持っていたのは言うまでもないことである。蒋介石夫人、宋美齢もいくつかの理由で、既得権益があった。まず彼女は、中国の受難について世界に訴えかけるスポークス・ウーマン役を務めていた。また、彼女は中国航空問題委員会の名目上の会長だった。さらに、彼女の兄、宋子文は蒋介石の個人的在米代表だった。そして彼女は、もちろん、蒋介石の妻として舞台裏で多大な権力と影響力を持っていた。中国政府とその軍の運営は、明らかにファミリー・ビジネスの様相を呈していたように見える。

レイトン少佐は報告の中で、インターコンチネント・コーポレーションは中国で航空機の製造と整備に長い経験を持つ企業である、と断言している。インターコンチネントは、一九三七年に日中戦争が勃発して以来、中国で現地人の整備士を訓練し、修理・整備施設を設立してきた子会社のＣＡＭＣＯを通して事業を展開していた。[註7] ＣＡＭＣＯは、ビルマ・ルートの近くに工場と修理施設を運営していたが、それに加えてニューヨーク、重慶、ラングーン、香港の各都市に事務所があった。[註8] レイトン少佐は、自分は現役生活一二年の経歴を持つ退役海軍将校で、ＣＡＭＣＯの副社長を務めており、ウィリアム・Ｄ・ポーリーが社長であると説明している。[註9]

レイトンの記述にはインターコンチネントとＣＡＭＣＯに対する言及が多いが、これは、ＣＡＭＣＯを義勇兵たちの雇用主にすることで初めて、この計画は効果的に進展するものだったことを示唆している。たとえば、彼はこう記している。「戦隊の要員が中国における事業運営に長年の経験を有する責任あるアメリカ企業に雇われ、報酬を支払われた場合にのみ、好結果が得られている」。さらに、「インターコンチネント・コーポレーションはそのような企業である」。これは、中国国民党政府内に横溢する汚職と腐敗行為のせいで、特別航空戦隊編成のための資金がすべて意図した目的のために配分されはしないだろうことを示唆しているのだろうか。ゲリラ航空戦隊が効果的に機能するように、ＣＡＭＣＯは中国政府に航空戦隊を提供する活動を隠蔽する〝ブラインド〟として合衆国政府に使われることになるのだった。レイトンが説明しているように、ＣＡＭＣＯは「名目上は民間人として……」仕事をするパイロットと地上整備員を雇用する会社として、サービスを提供することになるのだった。[註10] レイトン少佐はまた、ＣＡＭＣＯは諸経費の弁済に関して中国政府との間で合意に達していたと記している。[註11]

レイトンは、このプロジェクトの計画はアメリカ政府との間では「口頭で処理されて」おり、文書によるデータはいっさい記録されていないと説明している。このような推移のわけは自明である。文書がなければ文書足跡は残らない。そうした証拠を残さずに目標を達成しようというレイトンの願望は、国務省の役人が極東情勢局からハル長官に宛てた一九四〇年一二月三日付の書簡の趣旨に従ってハルが宋子文に状況を口頭で説明したのと同じ理由からだった。当時アメリカは、日中戦争に関して名目上は中立の立場を取っていた。文書足跡が残れば、ルーズベルト大統領にとっても、日米両国民にとっても、困ったことになっていただろう。

一九四一年四月一四日、フランク・ノックス海軍長官補佐官のフランク・E・ビーティ大佐は、アメリカ義勇兵部隊関係者を紹介するためのメモを五つの海軍航空基地の部隊指揮官に対して送り、以下の二点を布告した。①この書簡は、貴基地訪問に関して海軍省の許可を得ているC・L・シェノールト氏を紹介するものである、②訪問の目的に関する説明は、氏が直接行なうものとする。(註12)

同じ日に、ビーティ大佐はCAMCOの徴用担当官ラトレッジ・アービンのために、五つの海軍航空基地と一つの海兵隊航空基地の司令官宛に、同じ文言の紹介状を作成した。(註13)同じような紹介のためのメモまたは書簡は、CAMCOの徴用担当官が陸軍航空隊基地を訪問することを可能にした。(註14)CAMCOの従業員は予備役将校や下士官兵と個々に接触し、名目上は中国のために働くCAMCO従業員の募集に応募するよう勧誘した。(註15)さらにレイトン少佐は、アメリカ軍部は軍人がCAMCOに職を得ることを可能にするため、彼らの辞職や除隊を認めたと述べている。(註16)アメリカ軍に勤務する者は、所属する軍の特定部門との関係を公式に断つことを求められるが、CAMCOにおける任務が完了すれば、陸軍あるいは海軍予備役で現役生活を送っていた場合に得ていたのと同じ年功権やその他の恩典（傷病手当を含む）を得て将校として再び就役するか、下士官として再び志願して以前と同じ階級で兵籍に戻ることが認められることになった。（註17）
レイトンは中国勤務で過ごした歳月は、義勇兵たちが退役した軍の部門における年功権に加算されることを構想した（そして、募集担当者たちは紛れもなくそう約束した）が、合衆国はこの協定を反故にした。ニミッツ提督は、この〝チャイナ・プロジェクト〟をビーティ大佐から引き継いだとき、海軍を退役した者の退職金あるいは年功権は中国国民党政府に仕える間に自然増加するものではない、との決定を下した。
レイトンは、アメリカ人〝志願者〟が中国政府の軍務に就くために必要な三つのステップを明記した。最初のステップは、志願者は軍の将校あるいは下士官職を辞任しなければならないことだった。次に、パスポートの申し込みを完了させなければならなかった。三つ目は、必要なビザをアメリカ国務省が本人に代わってイギリスおよび中国大使館から取得することだった。（註18）イギリスのビザが必要だったのは、アメリカ人義勇兵たちはイギリスの植民地であるシンガポールとビルマのラングーンを通過することになっていたからだ。CAMCOは義勇兵たちの中国への移動手段の手はずを整え、いつ、どこで出頭するか指示し、この特別なプロジェクトの進捗状況の概略を、海軍長官と国務省の特別中国問題担当デスクに毎週提出することに合意した。さらに、ワシントンでこのプロジェクトに関心を抱いている向き（筆頭はロークリン・カリー）は、プロジェクトの推移について常時知らされることになった。
マーシャル将軍は爆撃機に関するシェノールトの計画の勢いを鈍らせたが、実際にはそうではなかったことをレイトン少佐の報告は示している。レイトンが次のように記していることから、中国に爆撃機を供与するオプションは依然生きていたようである。

当初の計画では、カーティスP－40一〇〇機を中国に輸送することが必要だった。そのあと、武器貸与法の下で、相当数の追加分の航空機の供与と当初の計画の拡大の手はずが整ったが、現時点では、必要な人員と施設が確保され次第、爆撃機タイプの航空機を提供するさらなる計画が検討されつつある。(註19)

ノックス長官にW・L・キーズなる人物が送った一九四一年二月三日付の秘密覚書によると、(註20)その日ウィリアム・ポーリーとクレア・シェノールトはキーズに電話を入れ、カーティス－ライト社、インターコンチネント、中国側の三者が中国向けのP－40一〇〇機の整備に関して合意に達したと告げた。キーズはさらに、この特別航空戦隊が必要とするのは一〇〇名のパイロットと一五〇名の兵籍にある地上要員だと語った。そのあとキーズは、次のような不気味な言い回しをしている。「関係各位は、この件については口外しないことの必要性を認識しており、しかるべき予防措置を講ずるだろう」(註21)

キーズはさらに、海軍を除隊する者は軍における将来の地位を損なうことなくいったん兵役を退くことができると伝えた。筆者（キーズ）が次のように記していることから、この覚書が、義勇兵部隊の要員確保のイニシアティブを取ったのは海軍だったことを示唆するものである点は興味深い。

注：海軍調査局はこれを行なう準備ができているが、陸軍と相談しなければならないだろうし、アーノルド将軍はこの点に関してスティムソン長官からまだ知らされていないと当方は理解している。貴台がこの点をスティムソン長官と、この構想にあまり熱心でないタワーズ提督に個人的に相談されるよう提案したい。(註22)

覚書はさらに、義勇兵はアメリカの徴兵を免除され、「セントラル航空機株式会社」〔ママ〕の社員として国務省からパスポートを受け取り、そして「セントラル航空機」〔ママ〕の正規の社員になる、と説明している。(註23)さらにキーズは、ポーリー、レイトン、シェノールトの三人は「もろもろの航空基地を訪問する権限を認める」陸軍省および海軍省の通行許可証が必要だと記している。(註24)

これら一〇〇機のP－40とその要員が、この特別航空戦隊の第一波にすぎなかったことのさらなる証拠は、一九四一年二月三日付のキーズの覚書の最終パラグラフに見られる。「このきわめて重要な組織は、任務遂行のためさらに多くの飛行機が放出される見込みが大きくない限り、人と物資をわざわざ送り出して創設するには値しないという指摘がなされた。関係者はビルマでゼロから始め、ほぼ確実に起こることが予想される反対に備えて、徐々に作業を進めていかなければならないだろう」(註25)

アメリカ全土の海軍または海兵隊（あるいはその双方）の航空基地への訪問を許可する紹介状を、ビーティ大佐が一九四一年四月一四日にクレア・シェノールト(註26)とラトレッジ・アービン(註27)のために書いたことからして、大佐本人が中国のための特別航空戦隊をノックス海軍長官のオフィスから組織していたことをペンサコーラ文書は明らかにしている。

アメリカ義勇兵部隊結成のいきさつを知る権威の多くは、ルーズベルト大統領は同部隊結成を承認する秘密の大統領令に一九四一年四月一五日に署名していると語ってきた。これらの権威の一人であるクレア・シェノールトは、自伝の中で次のように記している。「一九四一年四月一五日、予備役将校と下士官が、中国におけるアメリカ義勇兵部隊に入隊する目的で陸軍航空隊並びに海軍と海兵隊の航空隊を除隊することを承認する、非公開の行政命令が大統領の署名の下で発令された」。(註28)また、『ならず者の戦い』の著者のドウェイン・シュルツ教授は、ルーズベルト大統領は「陸・海軍の現役将兵が中国で一年間軍務に服する契約をＣＡＭＣＯとの間で結び、その後、以前の階級を失うことなく再び所属部隊に帰任することを許可する秘密行政命令に署名した」と主張している。(註29)しかしながら、ルーズベルト大統領がアメリカ義勇兵部隊の結成を承認する大統領命令を文書で出した形跡はない。(註30)

ノックス海軍長官補佐官のビーティ大佐が、真珠湾の合衆国海軍航空基地司令官、ジェームズ・シューメーカー大佐宛に一九四一年八月四日に書いた紹介状は、Ｃ・Ｂ・アデア大尉を紹介するものだった。(註31)だが、ビーティ大佐が行なった紹介の中身はまったく不正確だった。

中国政府によるパイロットおよび整備工の米軍からの採用を容易にすることは、かなりの期間にわたり、合衆国政府の政策だった。上記の将校は、中国政府に代わって採用を行なっているインターコンチネント社の代表である。貴指揮官は同代表に協力し、貴航空基地のパイロットを面接して中国における軍務のためにインターコンチネント社に採用されることに関心があるか否か

を打診することを可能にされたい。(註32)

アメリカ人パイロットに中国軍の航空機を操縦させることが、「かなりの期間」アメリカの政策だったという事実はない。実のところ、シェノールトもその他の義勇兵たちも、宣戦布告なき日中戦争が勃発したあとの一九三七年八月には、中国を離れるようアメリカ領事から警告されているのだ。この警告がきっかけとなって、シェノールトはアラバマ州のモンゴメリー・アドバイザー紙に投稿した手紙のなかで次のように書いている。「中国航空公司のアメリカ人パイロットとその他の従業員の大半は、アメリカ領事の警告を受けて仕事を辞めた」(註33)。アメリカは中国にパイロットを提供していたという見方は、せいぜい一九三二年にジャック・ジューイット大佐が率いたアメリカ軍事使節団に該当するにすぎないのではなかろうか。とは言っても、その目的は中国人パイロットの育成であって、日本相手の戦闘で飛ぶことではなかった。

次に、一九四一年八月七日、J・B・リンチ中佐はニミッツ提督に秘密覚書を送っている。テーマは、「セントラル航空機製造会社（CAMCO）による中国における海軍軍人の雇用を認めるための除隊許可」だった。(註34) リンチ中佐はノックス長官に、自分は二カ月ほど前に多数の海軍将校とブルース・レイトンおよび陸軍航空隊を退役したオールドワース大尉なる人物との会合に呼び出されたと報告した。そのあとリンチ中佐はこう述べている。「示された目的のために海軍の将兵の除隊を認める計画は、海軍長官によって承認されていることが窺えた。長官もまた、大統領から指示を受けているというのが、私のはっきりした印象だった」(註35)

書面による行政命令こそ不在だが、大統領が中国のための特別航空戦隊の結成を口頭で命令したことはほぼ疑いなかろう。リンチ中佐はまた、こうも報告している。「このような雇用が認められた海軍のすべての軍人は、正規の将兵も予備役の将兵も、合衆国軍隊となんら関係を持たないために、まず海軍あるいは海軍予備役から除隊しなければならないという決定が下された(註36)」

リンチ中佐は、これら「義勇兵たち」の将来に関する混乱に拍車をかけるような事態に言及している。

除隊した予備役将校は、後に軍務に復帰する際、除隊時と同じ階級が申請できることで合意が見られた。海軍省の指示があれば、彼らは除隊時より高い階級で復帰するか、復帰後の服務期間が規定より短く、成績が規定以下でも、次の階級に昇進できるかもしれなかった(註37)。

もし義勇兵たちが中国での服務中に負傷したら、回復する間彼らあるいは彼らの家族を支援する規定はなかった。さらに、中国で服務中に肉体的障害を負った者は、帰国後、法的にはまだ再入隊する資格を有することが決まり(註38)、退役して義勇兵部隊に参加する際に必要な海軍軍人の請願書はCAMCOの代表が当局に届けるか、海軍の将校たちが「伝書配達人」を務めることになった(註39)。関係者の意図は義勇兵の三分の二は陸軍から、残りの三分の一は海軍から採るというものだった(註40)。アメリカ義勇兵部隊は当初、約三〇〇人の隊員によって構成されることになっていた。内訳は、一〇〇人のパイロットと二〇〇人の技術兵とサポート・スタッフだった。リンチ中佐がニミッツ提督に秘密覚書を送った

日の時点では、二三名の海軍将校と三名の海兵隊のパイロットが中国で服務する目的で除隊している。(註41)

リンチ中佐は、この計画のために除隊が許されるパイロットあるいは下士官の数は三倍あるいは四倍にまで膨れ上がる可能性があると記している。(註42) 中佐がこのように記したのは、最初の一〇〇人のパイロットは一〇〇機のP－40戦闘機を操縦することがすでに決まっていたからだ。中国が爆撃機とさらに多くの戦闘機を受け取れば、当然、さらに多くのパイロットが必要になる。彼は次のような説得力のある言葉で覚書を締めくくっている。「この計画に関して書面で記されたものは、私はいずれの時点においてもいっさい見ていない」(註43)

一九四一年八月七日、空母サラトガを擁する空母機動部隊の指揮官オーブリー・W・フィッチは海軍航空局局長に報告書を送り、自分の指揮下のパイロットで、中国でCAMCOに仕えるために海軍を除隊する者たちの名前を提出した。(註44) フィッチの報告書で名前が明らかにされたパイロットは、「一〇〇人のパイロットを採用する最初の計画を完了するために必要な」三八人の一部だった。(註45) フィッチはさらに、こう続けている。「さらに二六六人の海軍および陸軍航空隊のパイロットを採用する計画が近く始まるようだ」(註46)

H・N・ブリッグズ大佐は、海軍調査局局長チェスター・ニミッツ提督宛の一九四一年八月八日付のマル秘覚書で、中国で服務するために除隊した下士官の顔ぶれについて報告している。(註47) 大佐は、レイトンとその他二人（元陸軍パイロット）の民間人と共に、ジョン・F・シャーフロスとグッドの二大佐とリンチ中佐との会談に招集されたと記している。(註48) 一九四一年五月に催されたその会合の様子について、ブリッグズ大佐は次のように述べている。「われわれがその場で聞いたのは、海軍長官の指示により、それを望む一定数の予備役将校と不特定数の下士官は、航空機の操縦と整備で中国政府を助けるため中国に雇用されるよう除隊を認められるべきだ、ということだった」[註49]。「民間人が海軍のさまざまな航空関連の部隊で将校や下士官に面接する権限を与えられる」ことも合意されている[註50]。さらにブリッグズ大佐は、自分の「理解するところでは、（中国から）戻って、軍務復帰を望む者は、その時点における肉体的条件に関係なくそれが認められるよう、調査局長は海軍長官に勧告することが求められる。軍務復帰後、彼らは、除隊する資格が得られるまでの期間、服務が許される」[註51]。除隊願いは、これら将兵が「セントラル航空機製造会社による雇用」を望んでいることとし、「それは中国に渡ることを意味する」[註52]。ブリッグズ大佐は、その時点で四五人の将兵がこの計画の下で除隊していると記し、「本件は機密事項である」と簡単に述べた[註53]。

一九四一年八月一四日付のダンフィールド提督宛の手書きの覚書から、五六名のパイロットと四五名の下士官が中国における軍務のために海軍を除隊したことがわかる[註54]。

ノックス長官の補佐官、フランク・E・ビーティ大佐が、ワシントンの自分のオフィスから密かにこのゲリラ航空戦隊を組織していたことは明らかである。ロークリン・カリーに宛てた一九四一年八月一五日付の極秘覚書の中で、ビーティ大佐は、カリーは「このチャイナ・プロジェクトにおける大統領の代理人であり、本件に関して海軍長官の補佐官と直接連絡を取っている」ことを承知していると述べている[註55]。しかしながら、管理面の負担は大佐のオフィスの人的資源では賄いきれないほど大きくなっていった。そこで大佐は、ノックス長官に宛てた秘密覚書で次のように報告している。

海軍長官の承認の下に、同長官補佐はこれまで、セントラル航空機製造会社（CAMCO）の代理人たちが、義勇兵となることを決意した相当数の海軍軍人の退役許可を得る手助けをしてきた。この行為が目論んだのは、終局的にこれらの人員が中国上空で日本軍と戦うために多数のP－40を操縦・整備する目的で中国政府に雇用されるのを可能にすることであった……この計画は密かに進められてきた。(註56)

当初考えられていた形における〝チャイナ・プロジェクト〟の下では、義勇兵のうちの三分の二は陸軍出身者で、残りの三分の一は海軍出身者となる予定だったが、ビーティ大佐は「特にパイロットに関して、この比率は維持されていない」と認めている。(註57) パイロットの比率が大きく海軍に傾いたのは、陸軍航空隊出身の義勇兵をはるかに凌ぐ数の海軍パイロットが志願したからだった。このことは、〝チャイナ・プロジェクト〟を支えようという意識は、陸軍航空隊の将校より海軍将校の間で強かったことを示唆するものである。

義勇兵募集に奔走した人々のなかには、退役航空隊大尉オールドワース、ラトレッジ・アービン退役海軍中佐、ハリー・G・クレイボーン退役海軍中佐らがいた。(註58) これらの募集担当者は、ロークリン・カリー、ビーティ大佐、陸軍航空隊のグッドリッチ少佐とじかに連絡を取り合っていた。(註59) ビーティの報告書を読み進めると、一〇〇名のパイロットと一〇〇機の戦闘機はとうていロークリン・カリーの期待に応えるものではなかったことがわかる。実際、ビーティ大佐はノックス長官に次のように伝えている。

現在の段取りは、上記の一〇〇名のパイロットの募集を達成するには十分かと思われるが、カリー氏は中国にはるかに多くのパイロットを送り、同時に中国人パイロットをこの国〔合衆国〕で訓練することを構想した、将来に向けたより徹底した計画を立案中である。選抜徴兵制局副局長のルイス・B・ハーシー准将は、CAMCOに雇用されることに同意したすべての将兵の氏名を知らされている。(註60)

ビーティ大佐は一九四一年八月一五日、ワシントンのオフィスからこのゲリラ航空戦隊を密かに組織する作業に伴う管理面の重圧から解放されることを願い出て、次のように記している。「このプロジェクトの拡大と、以前の機密種別のステータスの変更に伴い、本プロジェクト全体が軍作戦本部に移管されるよう提言する」(註61)

一九四一年八月一八日、ノックス海軍長官のオフィスで会議が行なわれ、(註62)ニミッツ、スターク、ラムゼーの三提督、ビーティ大佐、リンチ中佐、ロークリン・カリーの面々が出席した。(註63)会議の主題はCAMCOの義勇兵募集担当者と志願者に対して、義勇兵になった場合の地位について、これら担当者が伝え得る範囲だった。(註64)ニミッツ提督は、海軍長官が「退役許可を申請した海軍と海兵隊のすべての将校は、CAMCOのための除隊を認められるべきであると指図した」ことをさらに確認している。(註65)カリー氏は六三名の海軍および海兵隊将校の除隊に「今のところ」満足するだろうと記したニミッツ提督のメモに、カリーがこの〝チャイナ・プロジェクト〟の先頭に立っていたことを示す証拠が見ら

れる。[註66]

ニミッツのメモは、カリー、スターク提督、そしてその他の関係者との会談は一九四一年八月一八日に催されたと記してあるが、J・B・リンチ中佐からニミッツ提督に宛てた覚書には、問題の会合は実際にはその一日後に催されたとある。[註67] リンチの覚書は、ニミッツ提督とカリーの話し合いが催されたことと併せて、「義勇兵としての雇用を条件に除隊する者の当初割当て数として、総勢六三名」がいることを確認している。[註68]

ニミッツ、〝チャイナ・プロジェクト〟の海軍側の指揮を執る

ビーティ大佐が〝チャイナ・プロジェクト〟推進の任務を手放すと、ニミッツ提督がこの秘密計画の指揮を執ることになった。ニミッツ提督は、ノックス海軍長官に宛てた一九四一年八月一五日付の秘密覚書で、この点を確認している。[註69]「本プロジェクトの性格に鑑み、関連事項はすべて機密と考えられており、除隊が実現した将兵に対してなされた約束は、これまですべて口頭で行なわれてきており、今後もそうされるであろう」[註70]

口頭の約束の一つの問題点は、後になって当事者同士が協定事項に異なる解釈を施すことだ。アメリカ義勇兵部隊の結成の際も、同じことが起こった。ブルース・レイトン少佐は、中国におけるこのプロジェクトに志願する者は、軍に復帰する際は「廃疾給付を含め、陸軍または海軍予備軍で現役勤務を続行していた場合に得たであろうものと同等の年功権とその他の手当」が与えられると言明して

いるが、(註71) ニミッツ提督は軍が約束できることを別の形で表現している。〝チャイナ・プロジェクト〟から正規の軍務に復帰する際、義勇兵は「除隊時の階級が規定するものと同等の年功権が与えられる」と提督は語っている。(註72)

服務期間は一年になる予定だった。軍に残った同期の将兵たちは、義勇兵たちが中国で服務している間に昇進する可能性があった。ブルース・レイトンは、義勇兵は軍に留まる同期の仲間たちと同じ年功権を有することになると考えていた。実際、リンチ中佐は一九四一年八月七日、義勇兵たちは「除隊時より高い階級で現役復帰するか、復帰後の服務期間が規定より短く、成績が規定以下でも、次の階級に昇進できるかもしれなかった」と記している。(註73) 一年間の任務が終了した時点におけるこれら義勇兵パイロットの軍復帰後の年功権をめぐる明確な政策の不在は、第二次世界大戦勃発後、陸軍航空隊が義勇兵部隊のメンバーを正規の兵役に就かせようと試みた段階で、強い反発と意見の相違を生んだのだった。

ニミッツ提督はノックス長官に宛てた書簡の中で、義勇兵たちは中国で服務中、海軍に継続的に勤務した場合に生ずるボーナスを受け取る資格がないことを確認している。(註74) ただし、義勇兵たちは一年間の中国服務を完了した暁には、いかなる肉体的条件下にあろうとも、海軍に再入隊することが認められることになった。(註75) だが海軍は、（中国における軍務中に）「道徳的堕落を含む告発で有罪判決を受けたことが明らかになった」者の再入隊を拒否する権限を持つことになった。(註76) 義勇兵が中国で死亡した場合、合衆国政府からいかなる手当も支給されない。(註77) 戦闘中に死亡したアメリカ人の遺族に対する手当の支給が皆無であることは過酷のように思えるが、問題のゲリラ航空戦隊はアメリカ政府と直接の関係はいっさいない商業的ベンチャーであるという〝フィクション〟は、維持されねばならなかった。政府が諸手当を支給すれば、ルーズベルト大統領の作り話に泥を塗ることになっていただろう。義勇兵の履歴書には軍務を離れたことを記した事項が記載されることになった。(註78)ニミッツ提督の覚書の左隅には、手書きで〝OK、ノックス〟と記されているが、これはこのメモに概略が示された条件にノックス海軍長官が同意したことを意味するものである。(註79)

陸海軍長官宛の大統領秘密覚書

一九四一年九月三〇日、ルーズベルト大統領はノックス海軍長官とスティムソン陸軍長官に秘密覚書を送った。(註80)このメモは、大統領の〝チャイナ・プロジェクト〟との関わりを明かす、発見された数少ない文書の一つである。また、この文書は対日先制攻撃計画が一〇カ月の歳月が流れたあとでよみがえったことを示しているという点でも有意義である。ことの本質の重要性に鑑み、以下にノックスとスティムソンに宛てたルーズベルトの秘密覚書の全文を紹介する。

中国政府はP－40戦闘機一〇〇機を操縦・整備するために、一〇〇名のパイロットと一八一名の地上要員を雇用したとの報告を受けている。合衆国政府は、今後の数カ月以内に二六九機の戦闘機と六六機の爆撃機を中国に引き渡すことにしている。当地における中国人パイロット養成計画が熟練パイロットを輩出するのは、来夏以降になるだろう。したがって私は、その間、中国政府が当地でさらに多くの義勇兵パイロットを雇用できるよう便宜を図るべきと考える。そのため、中国における雇用を願うパイロットと地上要員用の追加人員の除隊を、パイロット一〇〇名とそれに釣り合う数の地上要員を上限として、一月から認めることを提案したい。私はロークリン・カリー氏〔ママ〕に、中国政府の代理人たちが雇用計画を〔陸海両軍に〕できるだけ不都合を及ぼさずに進めると同時に、必要以上の人員を採用しないよう監督してほしい旨、指示するものである。(註81)

大統領のこの覚書は、日本の権益に対する先制空爆計画がよみがえったことを明確に示している。

海軍省との交渉

〝チャイナ・プロジェクト〟進展の責任を引き受けたあと、ニミッツ提督はCAMCOのハリー・クレイボーンから書簡を受け取った。内容は、提督が「例の外国のプロジェクト」(註82)を引き継いだとビーティ大佐から聞いたというものだった。クレイボーン氏はさらにこう述べている。「われわれは極秘の〝各週経過報告書〟を関係各位に送付しておりますが、ここにその最新版を同封いたします」(註83)

中国のために戦う目的で義勇兵になることを〝難しい仕事〟と呼ぶとしたら、それはきわめて控えめな表現である。軍の場合は、軍人を愛国的行動に積極的に駆り立てるために市民としての義務や名誉の観念に訴え、命令に逆らうことを妨げるために自責の念や恥の意識に訴えることができるが、外国の軍指導者に仕える義勇兵を民間人が動かすとなると、軍が規律遵守のために使う因習的なテクニックは必ずしも有効ではない。

義勇兵のすべてが、中国とビルマにおける戦闘作戦中に自らを支えるために必要な性格特性を備えていたわけではなかった。ハリー・クレイボーンが言及した〝各週経過報告書〟は、軍を除隊したもののアメリカ義勇兵部隊への入隊の約束を果たさないと決断した六名の将校と三名の下士官のケースにも触れている。(註84) 入隊を断念した将兵について、クレイボーンはカリーとニミッツ提督に対し、以下のように提案している。


これらの将兵に対して、懲罰的措置が講じられんことを強く勧告するものです。件のプロジェクトが将来において拡大されるならば、これは当然のことであり、仮にわれわれが交代要員を確保する責任を負うことになった場合でも然りです。もしもパイロットやその他の要員が現実あるいは想像上であれ、なんらかの不平の種が理由で好き勝手に軍と義勇兵部隊の間を行き来できるとしたら、われわれが任務を果たすことは不可能でしょう。小職としては、少なくとも一〇%の脱走者と仮病を使う手合いが出るものと見てきました。これまでのところ、こうした連中の比率はそれをはるかに下回ってはいますが、私の考えでは断固たる措置を講じておくことが必要です。

これらの将校と下士官は、第一に合衆国への帰国後直ちに徴兵されること、第二にアイスランドまたはニューファンドランドのようなどこか遠隔地の基地に下士官兵の身分で送られること、そして、これらの将兵がわれわれの計画に関心を持つかもしれない軍人たちの心を毒する前に、

このような措置が講じられんことを提言します。[註85]

V・D・チャップライン大佐は、ニミッツ提督に宛てた極秘覚書でパイロットに対する海軍の必要度について記している。[註86] 海軍全体として一九四二年一月の時点で七五〇〇名のパイロットを必要とすることになっていた。だが実際には、パイロットは六八〇〇名しかいなかった。そのうちで経験者（つまり実際に機能している飛行隊に一年あるいはそれ以上勤務した者）は、三一九四名しかいなかったのである。このような事情から、チャップラインの覚書の左下の隅に「除隊資格者は、空母における艦上発着訓練を始める前に飛行訓練センターを卒業した者に限るべきである」と誰かが注釈を書き加えている。[註87]

海軍はもっとも経験豊かなパイロットを必要としていたから、ノックス長官はカリーに書簡を送り、こう断言している。「……小職は、除隊有資格者は海軍飛行訓練センターの最近の卒業生で、飛行訓練を終了し、海軍飛行士として任命された直後から三カ月以内の者に限定されるべきと考える」[註88]。この書簡には、チェスター・W・ニミッツが読んだことを示す〝CWN〟の手書きの頭文字が認められる。[註89]

カリーは一九四一年一一月八日にノックス長官に返信を書き、長官の言葉を借りて以下のように述べている。「貴台が提案された、除隊有資格者は海軍飛行訓練センターの最近の卒業生で、飛行訓練を終了し、海軍飛行士として任命された直後から三カ月以内の者に限定されるべきであるという取り決めは、まったく申し分ありません」[註90]。カリーからのこの書簡には、本状はまずノックス長官に手渡され、そのあとニミッツ提督に回覧されたいと指示した注意書きが見られる。（註91）カリーのこの書簡は、ニミッツ提督とタワーズ提督の承認を得るために回覧された。（註92）

真珠湾奇襲攻撃の三日前、カリーはニミッツ提督に書簡を送っているが、その内容は以下のとおりである。「当方は中国防衛物資会社会長、宋子文氏〔ママ〕より、リチャード・オールドワース、H・C・クレイボーン、F・L・ブラウンの三名が、中国におけるアメリカ義勇兵部隊による雇用を確実なものにする可能性について説明する目的で、合衆国軍隊のパイロットや下士官と接触することを承認された人物である、との報告を受けている（註93）」

シェノールトとCAMCOの代表たちは、中国に仕えるパイロットの確保の面でどのような成果を挙げていたのだろうか。そして、ワシントンのチャイナ・ロビーは、戦闘機の入手の面でどのような成果を挙げていたのだろうか。これらの疑問に対する答は、次章を参照されたい。

第11章　機密文書、合同委員会計画JB－355

フライング・タイガーズの隊員は血気盛んで、傭兵になって外国で雄飛するロマンに憧れ、冒険好きで、そしてシェノールト自身がそうだったようにきわめて個性的な連中だった。しかし、これらの隊員を裏で支えていたのは、個性的とは程遠い存在だった。つまり、日本空爆の準備をするために合衆国政府が展開した、大規模で、組織化され、綿密に計画された活動だったのである。

――ロバート・スミス・トンプソン（歴史家）『戦争の時』(註1)

対日爆撃作戦をいつ実行するか

一九四一年の春、中国のための特別航空戦隊の擁護者は大統領補佐官ロークリン・カリー博士だった。カナダ生まれのカリーは、名門ロンドン大学のカレッジの一つ、ロンドン・スクール・オブ・エコノミックスで教育を受け、ハーバード大学で博士号を取っている。ちなみに、ルーズベルト大統領の後ろ盾でアメリカと中国の運命を定めることになるこの魅力ある人物は、戦後、政治面で不興を買い、南アメリカのコロンビアに亡命することになった（註2）。

カリーがソ連に機密情報を提供していた証拠はあるが、アメリカ国務省の役人としての彼の行動は、彼がアメリカと中国の権益を忠実に守ろうとしたことを示唆している。経済学者としての教育を受けたものの、カリーはルーズベルトに仕える中国問題専門家の一人になった。カリーは、シェノールトが対日空爆作戦の売込みを行なった後の一九四一年二月、三月に中国を訪問している。蔣介石総統と夫人である宋美齢との仕事上の関係は円滑だったようだ。日本の中国侵略によって、中国共産党と、国民党が牛耳る中国国民党政府は暫定的な停戦協定の締結を余儀なくされたが、カリーは再び内戦が勃発すれば中国はさらに弱体化し、日本が有利になると懸念していた。そのような理由から、カリーは蔣介石に、ルーズベルトにあやかって自由経済実現のための改革を推進し、左翼勢力と右翼勢力からの批判を同時に封じるよう提言している。だが、蔣介石は聞く耳を持たなかった。カリーが蔣介石政権の強化に努めたという事実は、彼が実際に共産主義共鳴者だったとしても、決して教条主義的共産主義者ではなかったことを示すものである。

中国から戻ると、カリーは一九四一年五月九日、中国に爆撃機を含む航空機を供与する件についてルーズベルト大統領宛に覚書を書いた。六日後の五月一五日、ルーズベルトはカリーに書簡を送り、航空機を含む対中支援計画を進めるよう指示している。ちなみに、この書簡は戦後催されたアメリカ上下両院合同真珠湾調査委員会の聴聞会で発表された（註3）。

その間にカリーは、一九四一年五月一二日、ジョージ・C・マーシャル将軍（シェノールトの対日空爆計画は、将軍の強い反対に遭って前年一二月にいったん棚上げされている）に文書を送っている。(註4)この文書には、神戸、京都、大阪の三角地帯と、横浜・東京地区の産業地域に対する空襲を提唱する戦略見積りが含まれていた。またそこには、一九四一年一〇月一日までに中国に三五〇機の戦闘機と一五〇機の爆撃機を提供する案も含まれていた。さらには、ビルマ・ルート沿いに新しい鉄道が完成すれば、中国に一〇〇〇機の戦闘用航空機を提供し、維持できるであろうという趣旨も記されていた。カリーはマーシャルに、陸海軍合同航空機調達委員会は、「対中航空機供与計画」を陸海軍合同委員会に付託したと説明した。

カリーがマーシャル宛の文書を作成したのと同日、陸軍省のE・E・マクモーランド中佐は参謀幕僚秘書官オーランドー・ウォード大佐に文書を送っている。それによると、戦闘機と爆撃機の対中供与に関わる問題は、「イギリスとアメリカに割り当てられた航空機の引渡し先の変更という戦略的な問題であり、合同委員会によって解決されるべきと思われる」という理由で、合同委員会の裁量を仰ぐことになったのだった。(註5)

陸軍省防衛援助局の法令課に勤務するマクモーランド中佐は、一九四一年五月中旬に予定された合同委員会の会合に関して、次のように記している。

マーシャル将軍閣下のご参考までに、カリー氏より入手した戦略見積書を添付いたします。ここには、シンガポールがいかなる攻撃を受けた場合にも側面に強力な中国空軍が控えることに、イギリスが当然抱くはずの関心が示唆されています。当方がこのように申し上げるのは、イギリスが合同委員会の会議に招かれるであろうと聞いており、航空機の割り振りが真剣に討議されるなら、強力な中国空軍の存在がイギリスにとって持つ重要性を強調することが非常に望ましいと思われるからです。（註6）

マーシャル将軍の考慮を仰ぐために用意されたカリーの戦略見積りは、以下の戦術目標を含むものだった。

（1）雲南省のすべての施設の防衛
（2）インドシナと海南島の日本軍航空基地の攻撃
（3）インドシナの日本軍物資集積場と海南島全体の攻撃
（4）インドシナと海南島の港湾に停泊中、あるいはこれら二点間を航行中の日本の補給船、輸送船、タンカー並びに海軍の小型軍艦に対する攻撃
（5）日本本土の産業施設に対する随時の攻撃
（6）揚子江を航行中の日本の補給船の攻撃
（7）中国軍の攻撃作戦の支援

また、カリーの戦略見積りには、以下の戦略目標が含まれていた。

（1）日本が現有航空戦力のかなりの部分を、中国南部の沿岸部および本土にある日本の諸施設の防衛と、中国内陸部における中国の反抗作戦に対処するために振り分けることを余儀なくさせる。
（2）中国が攻撃作戦に出ることを可能にし、中国における日本軍の兵力の大掛かりな補強を強いる。
（3）日本の軍用物資と補給船を破壊し、インドシナ南部への遠征軍による作戦の展開を妨害する。
（4）日本本土の工場群を破壊して、弾薬をはじめとする軍需品と経済機構の維持に要する必需品の生産機能を損なわせしめる。（註7）

以上に加えて、戦略見積りは以下の日程表を含んでいた。「当該航空戦隊の作戦機の三〇〇機から五〇〇機（追撃戦闘機三五〇機と爆撃機一五〇機）への増加は、一九四一年一〇月三一日までに完了されるものとする（註8）」

一九四一年一〇月三一日までに特別航空戦隊を作戦行動に入らせることは、戦術上、道理に適っていた。モンスーンはその頃までに終わり、航空戦隊の作戦に適した天候になるからである。

カリーの戦略見積りは、軍用飛行場のある中国の都市あるいは省と、長崎、神戸、大阪、そして東京など、格好な爆撃目標になり得る日本の都市の間の距離を法定マイルで示した表を完備したものだった。また、日本は海南島、台湾、ハノイ、サイゴンなどを占領していたため、これらの手ごろなターゲットまでの距離も記されていた。

たとえば、株洲から長崎までは約一七〇〇キロで、飛行時間はB－17かロッキード・ハドソンが時速三二〇キロで飛んで約五時間の距離だが、これは両爆撃機の航行能力から見て無理のない設定だった。株洲から東京までは二六六〇キロ、または約八時間。株洲から神戸までは約二二二〇キロ、または七時間。株洲から大阪まではやはり約二二二〇キロで、これも約七時間。(註9)一方、昆明からハノイ(フランス領インドシナの首都)まではわずか五四〇キロにすぎず、B－17あるいはハドソンが二時間弱で飛べる距離だった。南シナ海の海南島は桂林からわずか約六〇〇キロだったから、桂林の航空基地から簡単に攻撃できる地点にあった。

相当数の爆撃機と戦闘機の供与の決定が合同委員会に付託された三日後、ルーズベルト大統領はカリーに短い覚書を書いている。

航空戦隊編成計画あるいは中国側が要請するその他いかなる件についても、話を進め、交渉することは非常に結構であるが、現時点で私はいずれの提案にも賛意を示したくはない。これらの件が、最終的には合衆国の軍事問題全体と、当方およびイギリスの必要度との関連においてのみ解決できることは明らかである。本件は、バーンズ将軍およびアーノルド将軍と協議されたい。(註10)

カリーが爆撃機を含む多数の航空機の対中供与のための活動を進めていく一方で、ルーズベルトは〝チャイナ・プロジェクト〟の一部分としての爆撃機の対中供与について、いまだに十分に明言していなかった。しかし、爆撃機の対中供与に関するルーズベルトのこの曖昧さは、全体的状況から斟酌されなければならない。一九四一年の時点では、関係者すべてがB－17爆撃機を欲しがっていた。たとえば、ハワイで航空司令官を務めるF・L・マーチン将軍とP・N・L・ベリンジャー提督は一九四一年三月三一日に報告書を作成し、空からの奇襲攻撃からハワイを守るための偵察用として、B－17一八〇機を要求している。スティムソン陸軍長官はフィリピンの米軍基地から日本本土に空襲を加える手段、そして侵略軍の一部としてフィリピンに近づく日本軍の艦船を攻撃する手段として、B－17やB－24リベレーターのような重爆撃機にぞっこん惚れ込んでいた。

ハワイとフィリピンが重爆撃機をめぐって争うなか、ダグラス・マッカーサー将軍はフィリピンについて、この国は強力な空軍力による上空援護によって守りおおせると主張してワシントンを説き伏せた。一方、イギリスもまた、ドイツを攻撃し、北大西洋におけるUボート偵察用の哨戒機として用いるため、重爆撃機を必要とした。しかしながら、（B－17やB－24のような）アメリカ製の四発爆撃機ほど高価でもなければ威力も破壊力もない爆撃機でも、中国東部の軍用飛行場から発進して日本本土に十分被害をもたらすことができると目されていた。

ロッキード・ハドソン爆撃機で日本本土を首尾よく攻撃できるかどうかという点に関して、ハップ・アーノルド将軍は一九四一年六月一一日付の覚書の中で、次のような報告を行なっている。

中国側は、日本の輸送船団を効果的に叩くためには、爆撃機がきわめて重要であると信じている。中国は、同国のはるか僻地へ物資を輸送するために使われている日本の混雑した生命線――通常は河川――に注意を喚起している。場合によっては、補給の目的だけでも一月に一四〇〇隻の船舶が一つの川を遡っている。ダグラス社製のDB－7（別名をA－20攻撃機）はこの目的で使用できる。つまり、補給線上を往復する船や列車を破壊するのである。ロッキード・ハドソンは、日本本土のターゲットを攻撃する任務を全うするに足る航続距離を有する。中国側の望むところは、ロッキード・ハドソンで焼夷弾を投下することだ。中国東部には前進基地が用意されている。これら前進基地から日本産業の心臓部までは約二〇〇〇キロである。(註11)

カリーの戦略見積りは、五〇〇機の航空機は三段階に分けて中国に供与されるべきであると指摘している。第一段階は、カーティスP‐40一〇〇機で、これは要請があった時点ですでに中国に向かっていた。(註12)カリーは、パイロットと地上要員が中国に仕える義勇兵として志願しつつあると報告している。(註13)一〇〇機のP‐40の第一陣は、早ければ一九四一年七月にはビルマ・ハイウェイ、つまりビルマ・ルートの防衛のための上空援護が開始できる、と彼は考えていた。

第二段階は、二〇〇機の戦闘機と一〇〇機の爆撃機が一九四一年九月までに中国に提供されていることが目標であり、「決定が直ちに下され、追加分の一〇〇機の戦闘機と一〇〇機の爆撃機を供給し、五月中に輸送するための本格的な準備が行なわれれば可能である」と示唆していた。(註14)

第三段階は一九四一年一一月一日までに完了することになっており、そのために六月と七月にさらに一五〇機の戦闘機と五〇機の爆撃機を輸送し、推定損失率一五%に基づく補充を考慮した総計五〇〇機の大航空戦隊を編成することになっていた。(註15)

カリーは戦略見積りの中で、すでに中国に向かう途上にあるパイロットと地上要員は確保されており、「もしさらに一五〇名のパイロットと三〇〇名の技術兵を採用する許可が得られるなら、予定された航空戦隊の要員は七月下旬までに従軍できるはずである」と指摘している。(註16)

カリーが作成した戦略見積りの別のページには、人員および航空機の配備が、段階ではなく、局面で示されている。第一局面はロッキード・ハドソン爆撃機一〇〇機、カーティスP－40戦闘機一〇〇機、さらにリパブリックP－43ランサー戦闘機一〇〇機によって構成されていた。第一局面に付随する要員は、カーティスP－40用の一〇〇名のパイロットと一六〇名の技術者と事務要員が含まれることになる。そして、カーティスP－40は一九四一年七月までに、リパブリックP－43ランサー戦闘機とロッキード・ハドソン爆撃機は一九四一年九月上旬までに、作戦行動に入ることになっていた。[註17] 局面を用いたこの計画の代案の下では、第二局面はここでもさらに一〇〇機のリパブリックP－43機あるいはP－47機、五〇機のベルP－39戦闘機、そしてロッキード・ハドソン爆撃機、マーチンB－26マローダーあるいはダグラスB－23ドラゴンからなる爆撃機五〇機によって構成されていた。[註18] この局面はまた、さらに一五〇名のパイロットと二五〇名の技術者と事務要員を要した。[註19]

カリーは、シンガポールは西太平洋への鍵であり、日本はこのイギリス植民地を侵攻する意図をすでに明確に表明していると認識していた。[註20] カリーが戦略見積りを提出しつつあったのは、日本とソ連が中立条約を締結したばかりの時点だった。同条約の下で、日本は一〇個師団の兵士と五〇〇機の航空機を満州に常駐させておく必要がなくなることになる。[註21] 中国が効率のよい航空戦隊を持てば、日本が意図する南方への戦線拡大にとって脅威となるに違いない。日本軍は占領下の中国とインドシナ全域で、戦闘機と爆撃機に爆撃され、機銃掃射されることになろう。合同委員会計画JB－355の中から発見されたカリーの戦略見積りは、次のように言明している。「新しい航空戦隊の当初の兵力があれば、中国軍は日本軍の現有勢力を中国に引き付けておくことのみならず、強力な増援隊の継続的な派遣を強いることを目的とした反抗作戦が展開できるだろう」[註22]。優勢な航空戦隊が中国で軍事行動を展開すれば、中国と東南アジア各地で日本の地上軍と航空編隊の行く手に立ちはだかることによって、シンガポールとオランダ領東インド諸島を援助することができるだろう[註23]。

爆撃に使用される航空機

一九四一年五月二八日、カリーはノックス海軍長官に書簡を送り、「対中国短期航空機計画」と題する文書を添付した[註24]。この文書の中で、彼は三三機のロッキード・ハドソン爆撃機と、同じく三三機のダグラスＤＢ－７攻撃機（Ａ－20と同型）が中国に供与されるべきであると主張し、ロッキード・ハドソンとダグラスＤＢ－７はそれぞれ一二機が直ちに船積みされるべきであり、残りは年内に船で輸送されるべきであるとした[註25]。

ルーズベルト大統領が一九四一年九月三〇日にノックス海軍長官に送った秘密覚書──その内容は、六六機の爆撃機が追加分の戦闘機二六九機と共に中国に送られつつあることを示すものだった[註26]──に関連して、カリーの対中国短期航空機計画は、大統領の覚書に含まれた数字について説明している。中国にすでに到着している一〇〇機のＰ－40以外の航空機に関しては[註27]、大統領の記述は現実よりはむしろ希望に基づくものだった。（すでに中国側に引き渡された一〇〇機のＰ－40以外の）二六九機の戦闘機は、本来なら一四四機のヴァルティＰ－66と、一二五機のリパブリックＰ－43の予定だった。しかしながら、ヴァルティ戦闘機の引渡しは、一九四一年一二月か四二年一月まで完了できないことになった。一方、リパブリックP－43のほうは、一九四一年一一月から四二年三月までにしか引き渡せないことになったのだった。(註28)

爆撃機に関わる状況にしても、同じようなものだった。カリーはロッキード・ハドソン一二機とダグラスDB－7一二機が直ちに船積みされ、それぞれの型の爆撃機の残りの分は年内に輸送されることを望んでいた。事実、日本が真珠湾を攻撃した日、カリフォルニア州バーバンクのロッキード社の駐機場にはロッキード・ハドソン爆撃機が待機していた。ロッキード・ハドソンの整備に携わるクルーが、日本海軍機動部隊が真珠湾に向けて択捉島の単冠《ヒトカップ》湾を出帆した日の四日前にサンフランシスコを発って東南アジアへ旅立ったのは、皮肉なことだった。

ヴァルティP－66はラジアル・エンジンを装着した、低翼の魅力的な単葉機だった。〝バンガード〟の愛称で呼ばれたこの航空機は、ヴァルティBT－13基礎飛行訓練用練習機のような、ヴァルティ社製のその他の航空機に近似した部品で作られていた。同機を操縦したパイロットは、バンガードは飛行性能は快適で、敏捷性に富み、時速四八〇キロをはるかに超す堂々たる航行速度を有すると語った。しかしながら、カリーは「イギリス側はこれらの航空機を放出する意思を表明している」と述べている。(註29)

イギリス側は、ヴァルティ機はヨーロッパの戦域上空における戦闘に適しているとは考えていなかったようだったが、ドイツ製戦闘機に比べて高度面の性能に問題があったから、それはたぶん正しい判断だったろう。ロッキード社製のP－38ライトニングを除けば、この時代に作られた（カーティス－ライト社製のP－40やベル社製のP－39のような）アメリカ製戦闘機の大半は、高高度でエンジンを全開にして操縦することを可能にする二段式のスーパーチャージャー（あるいはターボ・スーパーチャージャー）は装着されていなかった。ターボ・スーパーチャージャーあるいはスーパーチャージャー（これら二者間には歴然とした差異がある）のないエンジンの動力で飛ぶ航空機は、これらの装置を装着した航空機に比べて臨界高度が低い。ターボ・スーパーチャージャーはエンジンの排気圧を利用したタービンで動くが、ふつうのスーパーチャージャーの場合、クランクシャフトから力を受けるギアによって稼動する。当時、イギリスもドイツも約六〇〇〇メートル以上の高度で効果的に操縦できる戦闘機を保有していた。やがてアメリカも、高高度で高性能を発揮する数多くの戦闘機を持つようになった。そのうちの一つ、ノース・アメリカン社製のP－51ムスタング機はイギリスでデザインされ、アメリカでパッカード・モーターズ社によってライセンス生産されたマーリン・エンジンが動力だった。第二次世界大戦の勃発と同時に、ヴァルティ戦闘機は陸軍航空隊に慌しく導入され、P－66という型番で呼ばれることになった。これらの戦闘機は合衆国西海岸の防衛のために空を飛んだ。ダグラスDB－7について、カリーはこう述べている。「これらの航空機はイギリス側の優先事項リスト上の順位は低く、イギリス側はこれまでの注文の相当部分をキャンセルしたいと言ってきている。しかしながら、これらの航空機は中国にとっては理想的である」(註30)

カリーの評価は正しかった。フランスがナチス・ドイツに降伏したため、フランス空軍が注文した一三〇機のダグラスDB－7型機はイギリスに提供されていたが、爆撃機として使用されるときは〝ボストン〟と呼ばれ、夜間侵入機として使用されるときは〝ハボック〟（大破壊）と呼ばれた。一段式のスーパーチャージャーを装着し、三七〇〇メートル以下の高度における活動に制限されたボストン－I型機に、イギリス側は失望した。しかしながら、一九四一年初頭までに、プラット・アンド・ホイットニー社製のR－1830ツイン・ワスプ・エンジンと二段式スーパーチャージャーを装着し、機関銃五挺を備え、約一・二トンの爆弾を搭載したボストン－II型機がヨーロッパの上空で暴れ回り、ほとんど損害を蒙ることなく敵側に相当なダメージを与えるようになっていた。DB－7は高速で操縦性能もきわめて高かったから、軽爆撃機および地上攻撃機として中国の役に立ったことだろう。だが、ロッキード・ハドソンほどの航続距離は出なかった。

では、各国が喉から手が出るほど欲しがった肝心のロッキード・ハドソン爆撃機はどうだったのだろうか。カリーは、この点に関する答も用意していた。引渡しを待っているロッキード・ハドソン機は一〇〇機あり、「……イギリスには、これらの航空機を直ちに引き取るために自力空輸するか、あるいは到着と同時に操縦するパイロットの余裕はない」と言明している。(註31) つまり、イギリス側はヴァルティ機は気に入らず、ダグラスDB－7には低い優先順位を与え、ロッキード・ハドソンは予定通りのスケジュールで受け取っていなかったのである。したがってカリーは、これらの航空機のイギリスから中国への振り分けを正当化できた。爆撃機と戦闘機からなるシェノールトの航空戦隊の使命は、(a)戦略拠点を保護し、(b)各地で中国軍の軍事攻勢を可能にし、(c)中国にある日本軍航空基地と補給地の攻撃と、沿岸部および河川を航行する輸送船の空爆を可能にし、(d)焼夷弾による日本本土の空爆を随時可能にすることだった。(註32)

とびきり目先の利く政治家だったカリーは、イギリス側が持ち出す前に不安を軽減しようとした。本来ならイギリスに向かうことになっていた航空機が中国に引き渡されることに関して、こう言明している。「中国側は、イギリスから回されたいかなる航空機も、もしシンガポールが攻撃されるなら、その防衛のために役立てる意思があることを表明している。インドシナにある日本軍の航空基地と補給地は、雲南省の空軍基地から容易に空爆できる」(註33)

東南アジアで戦争が実際に起こったとき、中国は(当時イギリス領だった)ビルマのラングーンの上空を防衛するため、アメリカ義勇兵部隊の飛行隊三隊を(順繰りに)確かに派遣している。しかしながら、日本軍という〝怪物〟に直面して、中国、あるいはその他のいかなる国家もシンガポールの援護に駆けつけることができる望みはほとんどなかった。事実、シンガポールは簡単に日本の手に落ちた。アメリカの戦略家たちに対するカリーの説明がほぼ希望的解釈にすぎなかったことは、歴史が明らかにすることになった。

中国で活動を展開する特別航空戦隊の異端的性質のために、カリーは対中国短期航空機計画が必要とする人員について、以下のように記述している。

上記の計画に含まれる航空機はアメリカ人予備役将校によって操縦され、アメリカ人の技術兵と整備工によって維持されることになる。彼らは蒋介石総統直属のアメリカ人予備役将校、シェノールト大佐の指揮下に入るものである。規律と効率を高めるため、陸軍航空隊から四名ないし五名の参謀将校を徴用することが緊急に求められている。わが方の兵士たちが現実の戦闘体験を身につける機会が提供されることは、ある程度真剣に考慮されるべき要素と思われる。(註34)

カリーは、四名から五名の参謀将校が規律と効率を高めるためシェノールトに提供されるものと推測していたが、これは実現しなかった。事実、シェノールトはハップ・アーノルド将軍に対して行なった参謀将校に関する要求は却下されたと自伝に記している。(註35) だが、この点に関してアーノルド将軍はいくぶん曖昧である。一九四一年六月一一日の報告書で、アーノルドはこう記している。「シェノールトの下に送られるオブザーバーたちは、シェノールトのスタッフに実際に参謀将校として仕え、アメリカ人飛行士の活動を統括する。この計画が承認されれば、彼らは細心の注意の下に選出されなければならない(註36)」

アーノルド将軍はなぜ、シェノールトに参謀将校を提供しなかったのだろうか。政治的な影響を懸念したのか。それとも、このように政治的に込み入った環境できちんと仕事をする能力の持ち主という点で、将軍の期待に応えられるような人物を一人も探すことができなかったのだろうか。シェノールトが将軍の支持を得られなかった理由になるかもしれない、いくつかの説明が考えられる。最初に、地平線上を戦雲がたなびくなか、陸軍航空隊は大規模な兵力の増強と訓練計画に着手していたことが挙げられる。アーノルドはたぶん、シェノールトが求めているような援助は提供できないと感じたのではないか。第二に、シェノールトはアーノルドばかりか、その他の爆撃機提唱者の覚えも決してめでたくなかったことが挙げられる。また、シェノールトが陸軍航空隊の戦術と政策に批判的だったことも、アーノルドが参謀将校を提供することで彼を支援するのを断ったもう一つの理由だったかもしれない。しかしながら、スペイン戦争中にファシスト政権を支援するためスペインに集まったドイツ人の〝義勇兵〟集団、〝コンドル軍団〟の例が示すとおり、合衆国が戦争状態にないときにパイロットたちに実戦経験を積ませることの多大な価値を、アーノルド将軍は理解していて当然だった。シェノールトの中国遠征のために参謀将校を提供することは、ひいてはアメリカの利益になっただろう。

対中爆撃機供与プランの完成

一九四一年五月二八日、カリーが議長を務める会合が国務省で催された。出席者のなかには、タワーズ提督、レナード・ジェロウ将軍（バージニア軍事研究所の卒業生で、第一次世界大戦の復員軍人）、マックスウェル・フィールドの陸軍航空隊戦術研修所でシェノールトと共に教官を務めたクレイトン・ビッセル大佐らがいた。(註37)会合が催されたことを示す覚書は、P－40戦闘機一〇〇機がすでに輸送されているが、カリーは最終的に総計を一三〇〇機に増やす援助を求めていると記している。(註38)「本計画のアメリカ側の主導者は、元陸軍航空隊将校のシェノールト少佐〔ママ〕のようである。シェノールトは有能だが、彼が組織し、統括する計画を調整する参謀役を務める人間を欠いている」(註39)。会議が下した結論は、カリーが計画の修正案を作成し、それをマーシャル将軍とスターク提督が承認することを期待するというものだった。

カリーは、中国人パイロットをフィリピンで訓練することを強く求めていた。だが、フィリピンのアメリカ陸軍指揮官から届いた報告には、そのような活動に使用できる施設はないと記されていた。(註40)

輸送機探しにも奔走するカリーの懸命な努力の結果、パンアメリカン航空から、同社が所有する一〇機のDC－3型機をいったん陸軍と海軍の在庫目録に記録した上で、中国で運用するために中国航空公司に貸与してはどうか、という提案がなされた。[註41] カリーは、パンアメリカン航空から届いた書簡を一九四一年六月七日にスティムソン陸軍長官に転送し、合同委員会の勧告を求めた。[註42]

カリーの短期航空機計画の構成要素の一つに、一二五機のリパブリックP－43戦闘機の供与があった。動力は、プラット・アンド・ホイットニー社製のR－1830ツイン・ワスプ・エンジンだった。同じエンジンは、海軍と陸軍の多数の航空機の動力源だった。一九四一年六月三日に催された合同航空機委員会（納入配分検討小委員会）による討議のあと、この特別小委員会はプラット・アンド・ホイットニーR－1830エンジンの在庫調整にかかる無理を承知の上で、追加分の一二五機のリパブリックP－43機の生産を承認するよう勧告した。[註43]

カリーのそもそもの対中短期航空機供与計画は、一九四一年五月一二日に提出された。彼はそのあと、一九四一年五月二八日にそれを修正し、P－47サンダーボルトとP－39エア・コブラの要求を削除し、彼の勧告を（すでに中国に向かっている一〇〇機のP－40戦闘機に加えて）ヴァルティP－66一四四機、リパブリックP－43一二五機、ロッキード・ハドソン三六機、ダグラスDB－7三六機、初歩的練習機七〇機、DC－3三五機に制限している。彼はまた、三〇〇名から四〇〇名の中国人パイロットがアメリカの上級訓練施設で飛行訓練を受けることを望んだ。[註44] カリーの修正要求案は、イギリスはヴァルティP－66戦闘機を放出していること、そして、リパブリック航空機会社は、追加分のP－43ランサー一二五機の生産によって当時開発途上にあったP－47サンダーボルトの生産規模拡大と数量増加が可能になると述べていることを示していた。[註45] カリーは、イギリスはせっかく生産されたハドソン機の割当て分を引き取りにきていないとロッキード社は言明していると改めて主張し、[註46] 対中短期航空機計画の修正案の承認を求めた。

一九四一年六月一一日、カリーとシェノールトは、カリーの修正案を討議するためにハップ・アーノルド将軍に会った。[註47] この会談に関するアーノルド将軍の覚書から、シェノールトが四名から五名の参謀将校を要求していたことが確認される。ロッキード・ハドソン爆撃機については、アーノルドのメモは「彼ら〔カリーとシェノールト〕は、圧力がかかれば、これら爆撃機のうちの一二機は直ちに引き渡される可能性があり、その後は毎月三機の割合で提供され得ることを承知している」点を明らかにしている。[註48] リパブリック社がP－43戦闘機一二五機の注文に応じることは、P－47機の生産が始まるまでの間、従業員を就業させ、工場の操業を継続させたいと願う同社の利害に適う。討議は、ヴァルティP－66機とリパブリックP－43機が必要とする、通常は政府によって供給される備品（ラジオ、機関銃、エンジン）に及んだ。

ほぼ一カ月後の一九四一年七月九日、合同委員会の統合計画委員会はロークリン・カリーの対中国短期航空機供与計画修正案を承認するよう勧告し、[註49] 一九四一年七月一二日、合同委員会はついに計画を承認した。[註50] カリーが中国を訪れて、蒋介石総統に会った後に帰国し、アメリカが中国にゲリラ航空戦隊を提供することを可能にする野心的な計画の立案に取り組んでいる間に、シェノールトは一九四一年の前半の六カ月をワシントンで費やし、中国大使館に身を置いて中国における航空戦隊の結成をめぐる無数の細かい事項や問題点に取り組んでいた。シェノールトは自伝の中で次のように回想している。「ワシントンにおける私の時間の大半は、中国防衛物資株式会社の本部であるVストリートのレンガ造りのビルの中で、机と向き合うことに費やされた。私は冬の間、中国政府の雇い人として民間人の服を着てそこに座り、その後の三年間に合衆国陸軍の将軍として実施することになった基本的な戦略の立案に当たったのだった」

中国側に最初に引き渡された一〇〇機のP－40戦闘機は、エンジンも機関銃も予備のパーツもない状態で提供された。シェノールトの計画を成功させるためには、中国におけるアメリカのこの遠征隊の活動を支えるために要する補給品のすべてが確保されなければならなかった。この点について、シェノールトは自伝でこう記している。「この類の航空軍は前例がなかった。個々の政策も些細な事項も、すべて事前に徹底的に吟味されなければならなかった」

合同委員会の計画を承認したルーズベルト大統領

一九四一年七月一八日、ロバート・P・パターソン陸軍次官とノックス海軍長官はルーズベルト大統領に機密文書を送り、JB－355（シリーズ691）について合同委員会は、本件に関して大統領の裁可を仰ぐことを提唱する一九四一年七月九日付の統合計画委員会の報告書を承認したと伝えた。(註51)ルーズベルト大統領は、この文書に短い手書きのメモを記入することによって対応したが、その内容はこうだった。「一九四一年七月二三日。了解――ただし、軍事使節団方式を採るか、アタッシェ〔大使館付武官〕方式を採るかについては、再検討されたし。FDR」。(註52)もしアメリカがアタッシェ方式で中国に軍用機を提供できれば、中国におけるアメリカの軍事的プレゼンスは、軍事使節団方式の場合よりも目立たないし、日本にとってもわかりにくいだろう。アタッシェは単に公館に身をおいているだけだが、軍事使節団となるとさらに多くの将校が関わり、訪問中の国に対してさらに広範な助言を行なっていることを暗示するわけである。

ルーズベルト大統領がJB－355計画の実施を承認したのと同じ日、海軍作戦部長のスターク提督と陸軍参謀総長マーシャル将軍に、大統領が対日空爆用の爆撃機を含む追加分のアメリカ製軍用機とアメリカ人パイロットを中国に供与する計画を承認したことに注意を喚起する秘密覚書が送られた。(註53)

日本が真珠湾攻撃の準備をきわめて効率よく行なっていたのとは対照的に、ルーズベルト大統領による一九四一年七月二三日のJB－355計画承認の意味を正しく理解しなかった海軍省の怠慢と思しき事態がここに見られる。このような協調性の不在は、合同委員会の秘書官スコービー中佐から作戦本部次長ターナー提督に宛てた一九四一年八月二八日付（つまり、ルーズベルト大統領が計画を承認してから一カ月以上もたってから）の文書からも連想される。(註54) スコービーはターナー提督宛のこの文書の中で、JB－355計画に関わる手続き上の経緯と活動、一九四一年七月二三日の大統領による承認、さらにはこの情報を陸海軍両省に伝達する際に自らが取った行動の概略を述べている。(註55)

スコービーは同日ターナー提督と電話で話し合った後で、当該の文書を書いた。電話の趣旨は明らかに、ターナーが、海軍に伝達される情報が少ないと不平を述べたことである。大統領によって承認されたJB－355計画を実施あるいは実行するに当たって海軍が犯したいかなる怠慢に対しても、スコービー中佐が責任を取るのを拒否したことは明らかである。「本件との関連で申し上げたいのは、手元の記録によれば、当該文書に関する秘書官としての当方の行動は完璧だったということである。大統領によって承認された勧告の数々を陸軍省あるいは海軍省が実施し得なかったのは、当方の責任

ではないと考えている」(註56)

アメリカ初の訪中航空使節団と特別爆撃基地の視察

軍用機を中国に振り分けるために、カリーが陸軍省と海軍省の双方を相手に奮戦している間に、アメリカ初の訪中航空使節団が一九四一年六月に実現した。H・B・クラゲット准将を団長とする一行は、中国の軍用飛行場、航空機、飛行士などの調査を行なった。クラゲット将軍は、フィリピン駐在の米極東航空部隊司令官だったが、やがてルイス・ブレリートン将軍が後任を務めることになった。使節団でクラゲット将軍に同行したのは、いずれも陸軍航空隊の将校だったH・H・ジョージ大佐、D・D・バレット中佐、航空担当海軍武官補F・J・マクィレン少佐の三名だった。彼らはまた、重慶にあるアメリカ大使館付海軍武官のジェームズ・マクヒュー少佐と共に時を過ごし、少佐から情報を得た。ちなみに、マクヒュー少佐は一九四一年二月八日に中国の軍用飛行場建設の進捗状況について、合衆国国務省に情報を送っている。

一九四一年六月五日午後五時、クラゲット将軍とそのスタッフ並びにマクヒュー少佐の間で会議が催された。蒋介石総統、夫人の宋美齢、周至柔将軍、C・H・王大佐らも同席した。この会議で行なわれた討議は、一九四一年六月九月付のマクヒューの覚書に要約されている。(註57)自分が見た最高の軍用飛行場は浙江省南部の株洲にあったとクラゲットが蒋介石に語ると、総統は最高の飛行場は成都にあると言ってほしかったと答えた。「アメリカの〝空の要塞〟を受け取るために特別に建設された飛行場だから」というのがその理由だった。[註58] これが成都付近の新泰機場を指すことは明らかだった。

アメリカの航空機を中国に送り込むための行動計画は、雲南（中国南西部、ビルマ・ルートの終着点）にある防衛基地用の戦闘機部隊の結成から始まり、次いで、四川地方を防衛するために空の作戦を北方に向かって拡大し、最後に、中国南東部に航空機を配備して台湾、広東、海南島、さらに最終的には日本本土を攻撃することになった。[註59] ジョージ大佐は、中国空軍は五〇〇機で編成される航空戦隊を支援・運用する能力はあるが、肝心な問題は作戦が始まると淘汰されていくパイロットの補充にあるという意見を述べた。宋美齢は大佐に、中国人パイロットは「アメリカ製の近代的な航空機が操縦できる」と考えるかどうか尋ねた。[註60] 大佐は、中国人パイロットは「新しいP－40戦闘機は、現在操縦しているソ連製の航空機より操縦しやすいことがわかる」はずだから、アメリカ製の航空機を操縦できると考える、と答えている。[註61]

蒋介石はジョージ大佐に、中国空軍の欠点は何かと尋ねた。だが、外交的感覚豊かな大佐は、中国人パイロットは「アメリカ陸軍航空隊の若いパイロットに匹敵する十分な能力を備えて」いると言明した。[註62] マクヒューは覚書に次のように記している。「会議のこの時点で、総統とその夫人が二人とも中国人パイロットに関してむしろ全面的な批判を予期していたことと、使節団から包括的な是認を受けて驚いたことは明らかだった」。[註63] 協議は日本軍の空襲のためしばらく中断されたが、後に再開され、深夜まで続いた。中国人パイロットをフィリピンで訓練する案と、中国航空公司の航空路をマニラまで延長する案が討議された。[註64] 当初は、二五名の中国人パイロットが重爆撃機の操縦訓練を受け、二五名の爆撃手、二五名の搭載兵器修理工、一〇名の無線技術士も同行する計画だった。[註65]

マクヒューは、一九四一年六月五日の会議の内容を要約した最初の覚書を不完全と考えていたようである。六月一〇日、彼は二つ目の覚書を口述しているが、その内容は基本的には最初の覚書に記した事項を繰り返したもので、総統とその夫人との会談の中身を要約している。(註66)

しかしマクヒューは、クラゲット使節団の印象や調査結果について報告書を作成した唯一の人物ではない。航空担当海軍武官補のマクィレンは中国空軍の現状について九ページの報告書を書いている。(註67)マクィレンの報告書は中国国内の軍用飛行場の状態に関して有望な情報を含んでいるが、中国空軍の置かれた状態と訓練に関する記述は有望と言える代物ではなかった。一例を挙げよう。一九四〇年末までに、在庫目録に載っていた戦闘用の航空機はわずか八九機にすぎず、しかもその半分は修理中だった。(註68)ソ連は一九四一年一月に始まって、Ｉ－１５３複葉戦闘機七五機、Ｉ－16単葉戦闘機七五機、ＳＢ単葉軽爆撃機一〇〇機を中国に供給していたが、これら航空機の引渡しと組み立ては一九四一年五月まで完了していない。さらに、一九四一年六月には、三六機のアメリカ製Ｐ－40戦闘機がビルマのラングーンに到着していた。(註69)マクィレンは、中国側は四〇〇機から五〇〇機を在庫として持つことを熱望していること、そして毛邦初が中国空軍の作戦本部長であることを確認している。(註70)当時、中国空軍の作戦本部は成都にあった。

アメリカの基準から見ると、中国空軍の訓練の進歩はとても満足とは言えないものだった。訓練生たちは週三回、一度に三〇分しか飛べなかったから、パイロットとしての訓練を完了するまでに二年半の歳月を要した。下士官のための飛行訓練学校には、一二四名の初歩課程の生徒と一二三名の基礎課程の生徒、さらに一一四名の上級課程の生徒がいた。上級課程の生徒は六四名の爆撃機用パイロットと、五〇名の戦闘機用パイロットに分類された。一〇〇名の下士官パイロットからなる最初のグループは、一九四一年二月に卒業した。（註71）

マクィレンが描いた中国人パイロットと日本人パイロットの空中戦の模様は、中国側の訓練と決意と独創性の欠如を暴露している。一九四一年三月一四日、成都上空で三一機の中国軍のE－15－3複葉機が一二機の日本軍戦闘機と交戦した。日本機に遭遇したとたんに中国側は編隊を崩したため、日本軍戦闘機のパイロットは二機編隊で追撃した。ほぼ一時間にわたって、日本人パイロットは中国人パイロットを追い詰め、燃料が不足しはじめた時点で初めて戦闘現場から飛び去った。この遭遇の果てに、「日本機に目に見えた損害を与えることなく」一五機の中国機が撃墜され、八名のパイロットが命を落としたのだった。（註72）

この惨事のあと、中国空軍で大規模な刷新が行なわれ、その結果毛邦初は作戦部長に昇進した。その後、日本軍の爆撃機と中国軍の戦闘機の鉢合わせは何度か起こったが、最初の遭遇では日本軍爆撃機一機が破壊され、二度目の遭遇では二機が破壊されている。

一九四一年六月頃に書かれたマクィレンの機密覚書によると、日本側は中国に大量の新型ソ連機が投入されていることを察知し、中国空軍を粉砕し無力にする努力を続けた。その頃、甘粛省の天水に接近中の中国機と日本機の間で空中戦が展開した。最初の戦いは引き分けに終わるかのように見えたが、中国の戦闘機が燃料を補給するため着陸したとき、日本の戦闘機が上空に姿を現し、駐機中の中国機に機銃掃射を加えた。「このとき、一八機が損害を蒙ったが、その多くは修理不可能な状態に陥った」とマクィレンは記している。（註73）

マクィレンはクラゲット将軍とその一行に付き添って自由中国各地の軍用飛行場を視察したため、飛行場の実態に関する彼の記述はマクヒューよりも詳細である。株洲にある飛行場について記すに当たり、マクィレンはこう述べている。

中国側はこの飛行場を最終的には台湾、パラセル群島、そして日本本土自体に空襲を加える前進基地として使いたいと考えている。残念ながら、この飛行場の地形……はかなりオープンになっているため、ここが日本に対する攻撃のために使われていると知れば、日本軍は内陸部に一気に攻撃を仕掛け、この飛行場を占領しようとすることはほぼ確実である。(註74)

マクィレンは中国の軍用飛行場の調査結果を要約して、多くは優れた状態にあり、かなりの数の中型爆撃機を収容できると解説し、さらに次のように記している。「それぞれの飛行場は、現時点ではほとんど使用されていないが、小規模の整備および通信要員を擁している。したがって、より大き目のこれらの飛行場を比較的短期間で作戦基地に変えることは容易なはずである」(註75)

中国に投入されるアメリカ製航空機を配備する中国側の戦略は、三段階で展開されることになった。第一段階は、ビルマ・ルートを防衛し、通行可能な状態に保つ目的の戦闘機を主体とする部隊を（雲南省の）雲南驛村に集中させることを目的とするものだった。マクィレンは第二および第三段階を、次のように説明している。「より多くの航空機が到着し、空軍［ママ］が規模を拡大するにつれて、空の作戦は東に移動して昆明を守り、北方に移動して四川を守り、最後に南東に移動して揚子江沿いの各地、台湾、広東、海南島で間断なく攻撃を加えることによって日本軍を悩ませるだろう。北西部は、ソ連の助言を得ている空軍〔ママ〕の小隊に任せることになる」(註76)

マクィレンは、米中合作のこの計画が非常に野心的なことを認識しており、実際には最初の二段階しか達成できない可能性を予測していた。彼は中国南東部における相当数の爆撃機の配備が成功する見通しに問題がある点を認めていた。しかしながら、報告書を以下のような記述で締めくくっている。

中国人は新しい航空機と外国人パイロットが到着するという噂を聞いており、この援軍が飛んでくる最初の姿を一目見ようと目を凝らして、懸命に上空を見上げている。アメリカのこの援助の提供が、すでに中国人の士気を強力に高めたことは疑いない。その結果は、最終的には中国人の期待を決して満たしはしないだろう。だがそれでも、この援助は非常に価値あるものとなるに違いない。(註77)

行動が言葉より多くを語るとすれば、ワシントンと重慶のこのような協力は、アメリカと中国の間に事実上の同盟関係があったことを示唆するものだった。中国は、〝空の要塞〟爆撃機の運用のための飛行場の建設にふんだんに資金を費やしていた。事実、少なくとも二五名以上の中国人パイロットがこの重爆撃機の操作と操縦のために訓練を受けることになっていた。だが当時真に問われなければならなかったのは、米中両国政府間で同時に展開したこの活動について、日本側はいったいどの程度知っていたかということだった。アメリカ人のゲリラ航空戦隊の結成計画を秘密にしておくことがルーズベルトと蒋介石にとって不可能だったことは、やがて明らかになるのだった。日本側は、この米中合同の先制空爆計画に関する貴重な情報を入手する手段を持っていたのである。

第12章　日本の戦争準備

敵がわが本土を攻撃し、首都並びにその他の都市を焼き尽くす可能性を排除するわけにはいかない……。

――山本五十六提督、一九四一年一月七日（註1）

宋子文、クレア・シェノールト、そしてワシントンにいる彼らの仲間の行動は、東京にとって秘密ではなかった。重慶の中国国民党政府と緊密な関係を持つ日本側諜報員が〝特別航空戦隊〟に関する情報と、中国が重爆撃機を使って東京に爆弾を投下するという噂を日本側に通報していた。一九四一年五月二九日、以下に記す東京からの最高機密の暗号メッセージが東京回章として外務省本省から南京、上海、北京、広東の公館に発信された。

今月二八日、ＰＡ〔日本側諜報員〕が当方のスタッフの一人に極秘のメモを手渡したが、その内容は以下のとおり。

「合衆国による五〇〇〇万ドルの対中輸出用借款の一部は、合衆国から航空機八〇〇機を購入するために使われる予定。これら航空機はボーイングB－17〝空の要塞〟爆撃機を含む二種類と見られる。米国はこの取り決めの下で、これら航空機を操縦・整備するパイロットと整備士を派遣する。取り決めの実施は一カ月を要する」

本件に関連してXYZ〔別の日本側諜報員と推定される〕は、ボーイング機は中国の所定の基地から発進して東京まで飛び、首都を二時間にわたって襲撃した後、中国に舞い戻ることができると報告している。

南京、上海、北京、広東に中継されたい。（註2）

東京発のこの最初のメッセージは、一九四一年六月三日に米軍の暗号解読班が翻訳した。アメリカの軍諜報機関はこの段階で、アメリカの対日空爆計画について日本側がどの程度確実視しているか知っていたのだ。

一九四一年六月六日付の東京回章第一二〇九号（南京、上海、北京、広東に配布された、香港発の第二八二電に対応して送られたもの）は、特別航空戦隊に関して東京が知っていたことを示すもう一つの証拠である。この回章の内容を紹介する。

要件　往電二六七について

PAからの情報

「派遣された一〇〇名のパイロットと技術者からなる第一陣は、最近ラングーンに到着した。彼らは徐々にSUに向かいつつある。〔これらの一行の経由地はラングーンの模様〕。将来もこの計画は続行し、多数が米国から派遣されることが予想される。だが、正確な数はいまだ明らかではない。

さらに、新聞から得た情報によると、アメリカ人飛行士が爆撃機の中国までの輸送と、中国における航空機の組み立て、修理、そして実戦の視察のために使われる予定である。しかしながら、重慶の要求に関わる事項が協議された結果、彼らは実戦に参加することが必要となった。派遣された者のうちの三分の一は、戦闘に参加することになろう。

重慶は合衆国に約五〇〇機の一級の航空機を要求したが、（当方の表題のメッセージで伝えたとおり）宋子文による橋渡しの結果、当面はわずか八〇機しか引き渡されていない。これらのうち、B－17九機と重爆撃機一八機以外はすべて、非常にありきたりの型の航空機である。さらに報告すべきは、将来におけるアメリカ製航空機の継続的な供与に関して早期に討議が催されるかもしれないが、合衆国は極東に対する責任を回避してはいないものの、重慶の要求するものと実際に送られている援助の間には多大な格差があるように当方には見えるという点である」

PAは、さらにこう続けている。

無線通信の要請があって以来（当方の第二二八号電参照）、○○将軍は政府当局とうまく行っていないが、第七区（広東省、広西省、福建省を管轄）調査委員会委員長に任命されたため、当方を後継者に指名した。蒋介石は三度にわたって、この地位に就いてほしいと電報で言ってきたが、当方は重慶政府の物事の進め方をこれまでまったく好きになれなかった。だが、重慶政府がいくばくかの修正を施したあとなので、当方としてはその地位に就く用意は十分にできている。(註3)

東京からの二つ目のメッセージは、一九四一年七月一七日に傍受・翻訳された。このメッセージから、日本は重慶政府内、あるいは政府に近いところに協力者がいて、東京に（すべて正確ではないが）情報をもたらしていたことは明らかである。

東京からの三つ目の重要なメッセージは、南京、上海、広東、北京の公館に一九四一年七月五日付の東京回章第一四三七号電として発信された。内容は以下のとおりである。

馮錫中が大公報から得た情報によると、合衆国によって提供された爆撃機（航空機の数は不明だが、往電第二八二号に記したボーイングB－17一〇機と重爆撃機一八機と思われる）が三〇〇個の箱に梱包されて、二二〇台のトラック（当方の第三一八号電に記されたフォード社製）と共に、七月一五日から二〇日の間にフォード社所属の汽船でラングーンに到着するだろう。これら爆撃機はそのままの状態で中国内陸部へ輸送される。トラックはラングーンで組み立てられ、荷物を積載したあと、七月末か八月中旬を目処に同市を離れるだろう。重慶政府当局はこれらの戦争物資が無事に輸送されることを強く願い、今後の計画についてイギリスとアメリカの役人たちと話し合うために毛邦初をシンガポールに派遣した。この情報の中には、PAによって内密に当スタッフに語られたものと符合する点があることを承知している。したがって、この情報は参考までに送付するものである。(註4)

日本の協力者がアメリカのゲリラ航空戦隊結成の進捗状況を追っていたばかりか、アメリカの新聞もこの件に関して情報を得ていた。一九四一年七月九日、UP通信社の特派員はサンフランシスコから次のような記事を送っている。「合衆国の航空機修理工と整備士三〇名が本日ニューヨークから当地に到着した。一行は来週、〔中国へ向かう〕途上でラングーンに赴くが、中国では中国空軍を支援するだろう。さまざまな型のアメリカ製航空機がすでにラングーンに到着しており、さらに多くが現地に向かっているようである」

〝ゲリラ航空戦隊〟の名の下で中国に提供されるアメリカの軍事援助を日本で案じていた向きは、軍諜報関係者だけではなかった。一九四一年七月の日本のある新聞報道は、「航空機を含む大量のアメリカの軍事物資が……重慶に向かっている……」ことに懸念を表明している。同紙は、アメリカは中国に十分な援助はできないだろうとしながらも、日本はアメリカのこの軍事構想に断固として対処しなければならないと言明した。これに関連した報道でこの東京の新聞は、アメリカは太平洋地域における軍事攻勢計画を加速させていると主張している。

外交官や政治家たちは一九四一年の夏の日米間の危機は解消できると考えていたかもしれないが、

日本の新聞が掲載する記事は、両国が互いの利害を損なう空爆を含む軍事構想を準備するなかで、戦争を回避する可能性は次第に薄らいでいることを暗示していた。

日本機動部隊の特別訓練

一九四一年の夏（カリーが爆撃機の対中供与を熱心に推進している頃）、辻政信大佐は東京の参謀本部に作戦計画第一号（つまり、日本が東南アジアと太平洋地区を占領するための戦争計画）を送った。作戦第一号では、マレー半島、シンガポール、ビルマ、フィリピン、ウェーキ島、グアム、ボルネオ、ジャワのほぼ同時の侵略が考慮されていた。

第一航空艦隊司令部の源田実航空参謀は、引き続き真珠湾攻撃の計画を練った。(註5) しかしながら源田は、空の作戦は（陸上の作戦よりも）艦隊の作戦に連動させる必要があるため、パイロットはまだ訓練の半ばにあるにすぎないと考えていた。(註6) フラストレーションに駆られた源田は、ついに連合艦隊司令部の航空参謀、佐々木彰に書簡を送り、こう記した。「この役に立たない散開戦術の訓練は中止すべきである。航空部隊に陸上で一点集中攻撃の練習をさせるべし。そして、もし艦隊訓練が航空隊の参加を必要とするなら、その手配をすべきである(註7)」

真珠湾を攻撃することになった日本の航空部隊は、一九四一年七月までに陸上基地からの訓練を開始し、パイロットと乗員の訓練により多くの時間を割き、注意を払うようになった。（真珠湾の水深は一二メートルそこそこだったから）日本人パイロットは投下された魚雷が水深一〇メートル以下に潜らないようにするため、魚雷に取り付けたジャイロで空中姿勢を安定させ、さらに安定板を考案して浅瀬における魚雷の沈み込みを抑えることに成功した。頻繁に陸上基地から発進して行なわれたこのときの訓練について、源田はこう書いている。「最終的には、雷撃ばかりか急降下爆撃と低高度爆撃の訓練も、実戦同様に行なわれた（註8）」

第一航空艦隊の訓練は、第五航空戦隊（空母翔鶴と瑞鶴）が艦隊に編入されるまでは、源田とその同僚たちにとって順調に行なわれていた。問題は、第五航空戦隊は新しく組織されたばかりで、隊員たちの訓練が行き届いていないことだった。第五航空戦隊のパイロットは飛行訓練において、以前から第一航空艦隊に所属していた第一航空戦隊および第二航空戦隊のパイロットについていけなかった。それにもかかわらず、真珠湾攻撃の準備のために訓練が行なわれていることを知らなかった海軍省人事部は、第五航空戦隊からパイロットと乗員を他の戦隊に配置換えしたため、源田が目論んでいたパイロットの訓練はさらに難しくなった。

そこで源田は海軍省人事部に赴き、第一航空艦隊には特別の計画があると説明した。彼は、第一航空戦隊と第二航空戦隊に熟練パイロットと乗員を配備するよう首尾よく説得した。源田は最高のパイロットと乗員の獲得に成功したばかりか、淵田美津雄中佐が空母赤城の飛行隊長に任命されるよう取り計らった。一九四一年六月までに、赤城に搭載した水平爆撃機は三度にわたって標的艦摂津を攻撃し、三〇〇〇メートル上空から攻撃を開始して、一〇〇発中三三発の命中率を達成している。これは、急降下爆撃機を使っていた以前の経験に比べて目覚ましい進歩だった。

摂津と赤城の飛行隊は系統的な訓練を行ない、その結果、赤城のパイロットは「……回避運動中の艦隊を、自信を持って攻撃できるようになった。この種の攻撃は非常に結構である。なぜなら、急降下爆撃による攻撃では不可能なことができるからである」[註9]

パイロットに高度な戦闘準備態勢を教え込む訓練の最中に、空母機動部隊は太平洋の南方航路でハワイに向かうべきであると第一航空艦隊司令長官、南雲忠一提督が主張した。そのほうがハワイまでの距離は短いし、北太平洋航路のように海は荒れないというのが、その理由だった。源田は厳冬に北太平洋を航行する船舶はないから、北方航路にすべきだと強く主張した。山本提督に対して源田の立場に賛成の議論をした第二航空戦隊司令官の山口多聞提督が調停して初めて、北太平洋航路を取ることが確認された。それが敵による探知を回避し、奇襲攻撃を達成する最高の可能性を呈したからである。一九四一年九月、源田は第一航空艦隊の参謀長および一緒に招集された指導者たちと共に、自分の計画を討議するために呼び出された。源田が「参謀長の部屋で、いっさいの部外者の手を借りずに、まったく独りで最終計画を練る……」よう指示されたのは、このときだった。[註10]源田が立案した計画は、本質的には彼が以前に大西瀧治郎少将に提供した情報と同じで、その重点は日中、魚雷と急降下爆撃機による攻撃でアメリカの空母を襲撃するもので、連合艦隊の結集地点は北海道の厚岸湾か小笠原諸島の父島のいずれかになることになった。連合艦隊司令部は次に、九月一二日から二〇日にかけて目黒の海軍大学で行なわれた対英米蘭作戦図上演習で、ハワイ海域における作戦を「ハワイ作戦特別図上演習」として関係者だけで極秘に行なったが、艦隊の出発地点は択捉島の単冠《ヒトカップ》湾に変更された。また、長門の艦上でも、連合艦隊の図上演習が三隻の空母を使った攻撃計画に基づいて行なわれた。

フィリピン、マレー半島、シンガポール、オランダ領東インド諸島等への侵略は計画されたものの、日本軍部の指導陣は、日本はハワイ諸島を侵略するに足るだけの兵力を欠いていると判断した。ハワイ諸島の侵略はもはや実施不可と判断された結果、源田の計画は基本的に以下の構成要素に絞られた。

(1)攻撃は六隻の空母によって決行される。
(2)攻撃は夜明けと共に開始する。
(3)主たる攻撃目標は、アメリカの航空母艦、戦艦、地上基地所属の航空機とその他の航空機。
(4)攻撃手段は、戦艦に対する雷撃機および急降下爆撃機による攻撃と、航空機に対する機銃掃射並びに水平爆撃。
(5)奇襲攻撃の利点を利用するため、北太平洋航路からハワイに接近する。
(6)日本海軍機動部隊の結集地点は単冠湾とする。
(7)日本空母のうちの二隻のみがハワイまでの往復航路の任務を全うするに足る燃料貯蔵能力を持つため、源田は洋上における燃料補給のための計画を立案すべし。
(8)日本の戦闘機はまずハワイを叩いて上空を制し、そのあと、爆撃と魚雷による攻撃を行なう。
(9)二次攻撃は、ハワイを奇襲する機動部隊の指揮を執る南雲提督によって究極的に承認されなかったが、これに対する準備はできている。
(10)日本の護衛艦から飛び立つ水上機は攻撃に先立ってハワイ上空を偵察し、アメリカ艦隊が停泊中であることを空母艦載機が発進する前に確認する。

真珠湾奇襲攻撃に対する日本の訓練と準備は、細部にわたり綿密にして周到なもので、アメリカ政府関係者が特別航空戦隊に取り組む姿勢とは際立って対照的だった。源田が奇襲攻撃に参加するパイロットたちの訓練を監督している間、源田の計画のすべての構成要素について十分に指示を受けていたもう一人のパイロット、鈴木英少佐（海軍軍令部第三部対米諜報班）は、真珠湾の状況を調べるため、日本郵船の豪華客船「大洋丸」に事務長付の乗務員として乗船した(註11)。同船はハワイまで機動部隊が予定している北方航路を取り、オアフ島の北三二〇キロの洋上でアメリカの航空機に目撃されている。この出来事をきっかけに、鈴木は帰国後の報告の中で、日本機はオアフ島から少なくとも三二〇キロは離れた地点から発進すべきである、と勧告している。

鈴木を乗せた大洋丸がハワイ水域に入ることを許された環境は、特に不穏だった。アメリカは、日本軍が一九四一年の夏に南部仏領インドシナに進駐したあと、日本に対して石油を含む全面的な輸出入禁止措置を講じていた。したがって、一九四一年一〇月と一一月に日本船がハワイ近海にいる理由はなかった。だがアメリカ当局は、引揚者送還を任務とする大洋丸が制裁水域を通過してハワイまで航行することを認めていた。大洋丸が（奇襲攻撃の一カ月少し前の）一九四一年一一月一日から五日までホノルル港に停泊している間、上陸を控えた鈴木は強力な双眼鏡を使って船橋から港の偵察を行なった。停泊中の同船で、鈴木は日本総領事喜多長雄の訪問を受けた。舷門にはアメリカ人護衛兵が見張っていたが、喜多は鈴木に日本人スパイ吉川猛夫が作成した機密文書をひそかに手渡すことができた。一方、鈴木は喜多に、一〇〇近い質問を箇条書きにしたリストを渡した。そこには、アメリカの戦艦の位置や、魚雷防御網と阻塞（防空）気球網が果たして設置されているかどうかに加えて、源田と日本機動部隊が同じように強い関心を抱くもろもろの事柄に関する質問が記されていた。領事館に戻った喜多からの指示の下で、吉川は鈴木が帰国の途につく前にこれらの質問に可能な限り精密に答えるため、連日徹夜で努力した。大洋丸が一九四一年一一月五日に出港するとき、鈴木はホノルル港の活動のレベルを自分の目で確かめることができた。帰国すると鈴木は、奇襲攻撃計画の準備に忙殺されている源田およびその他の将校に真新しい情報を提供することができた。

第一航空艦隊が水平爆撃の正確性に関する問題に取り組んでいる間、渡辺晃曹長は、厳しい訓練を行ない、細部に極力注意を払うことによって、現行の爆撃照準器で爆撃の精度は劇的に向上することを立証してみせた。[註12] 布留川泉中尉は、水平爆撃隊のパイロットに対する厳しい訓練で力を発揮したが、その結果、「……水平爆撃の効果は……以前は達成できなかったレベルまで引き上げられた」のだった。[註13] 布留川は、疲労の極限までパイロットたちを鍛え、さらにその先まで駆り立てる訓練法によって、未熟なパイロットをふつう与えられる時間の三分の一の期間で一人前に育て上げた。[註14]

村田重治少佐は、真珠湾攻撃中に魚雷を発射する九七式艦上攻撃機（アメリカ側がつけたコードネームは〝ケイト〟）の成功の源になった技術の調査と開発に力を発揮した。村田は、「……真珠湾の地形と深度に関する必要な情報を収集したのちにまとめあげ、ついに真珠湾攻撃が可能であることを示した」のだった。[註15] 村田は当初の計画のすべてを指揮したばかりか、自身が真珠湾で実際の攻撃の指揮を執った。

江草隆繁少佐は、九九式艦上爆撃機（アメリカ側がつけたコードネームは〝ヴァル〟）を操縦するパイロットの訓練を任された。[註16] 源田によれば、江草の下で「訓練の質は突然向上し、結果は驚くほど

よくなった」のだった。(註17)

戦後源田は、日本側はアメリカ艦隊が魚雷網で守られている可能性があると考えていた、と報告している。(註18) 魚雷網は船体を魚雷から守る、事実上の〝盾〟の役割を果たす。日本側の奇襲攻撃計画立案者たちは、魚雷網に守られた艦船と並行に飛んで魚雷を命中させることを祈るか、金属製の網をいったん魚雷で破り、（爆破された網を通して）そのあと連続的に魚雷を命中させる以外には、魚雷網の扱いに関する満足な解決策を講ずることができなかった。(註19) また源田は、もし阻塞気球網が配備されていたとしたら、急降下爆撃は非常に難しかっただろうと語っている。(註20) 三〇〇〇メートルの高度から水平爆撃を行なう目的は、敵の対空砲火を無力にし、魚雷および急降下による爆撃に対する敵の水上艦艇からの防御砲火の餌食になる危険性を軽減することだった。真珠湾攻撃に加わる戦闘機のパイロットを率いるのは、中国の戦場における実戦経験豊かなパイロットの一群だった。

ルーズベルトとアメリカの指導陣がヨーロッパにおける戦争と英ソ両国が必要とする物資の振り分けに関わる問題に目を向けている一方で、日本は真珠湾奇襲攻撃という単一の目的に焦点を絞っていた。そして、シェノールトとカリーが日本とその権益にとって脅威となり得るゲリラ航空戦隊を中国のために組織し、装備するために粉骨砕身している間に、東南アジアで起こる重大事の数々は彼らの努力を圧倒していったのだった。

第13章　ビルマから中国へ

……成都は、大型軍用機の作戦のために作られた世界で最高の飛行場の一つだが、わずか九九日で建設されたことを忘れてはならない。

――合衆国陸軍航空隊、クレイトン・ビッセル将軍（註1）

浙江省にある中間準備地域の最後の一群は、日本の最大規模の産業都市からわずか三時間から五時間の距離にある。

――クレア・リー・シェノールト（註2）

第二義勇兵部隊の結成決定

中国政府の航空機に関する要求と、すでに大英帝国とソ連に援助を確約している合衆国側の中国に対する供与への意欲の間には、相当な格差があった。英ソはそれぞれ輸出用のアメリカ製航空機の四〇%まで受け取ることになっていたが、中国への割り当てはわずか一〇%にすぎなかった。クラゲット将軍は、一九四一年の五月から六月にかけてアメリカの軍事使節団を率いて訪中したが、もし数百機のアメリカ製航空機が、名目上は中国空軍の旗の下そこで運用されるなら、アメリカはより恒久的に中国に留まる使節団を必要とした。

陸軍参謀総長ジョージ・C・マーシャル将軍は、一九四一年七月三日、アメリカ対中軍事使節団（AMMISCA）を設立した。団長はジョン・マグルーダー将軍で、アメリカの能力に応じて中国の航空機への必要度を満たす作業の調整役を務めた。

マグルーダー将軍は、一九四一年一〇月九日に重慶に着いた。将軍の到着を日本側が見逃すわけがなかった。事実、蒋介石政府の内部（あるいは政府に近いところ）にいる日本のエージェントは、一九四一年一〇月一四日に情報を東京に提供している。これは、「一四日付の香港からのメッセージ第五〇〇号」について、「ネット」とだけ書かれた宛先に送られた一九四一年一〇月一五日付の東京回章第二一七六号によって確認されている。(註3)

マグルーダーとその一行は九日に空路重慶に入った。もろもろの筋から集まった情報を総覧して、当方は以下のとおり報告するものである。

代表の総数は三〇名（そのうちの一三名はすでに到着している）。先遣隊は九月中旬頃に到着し、今後の旅程について重慶政府と協議を完了している。中国各地の視察の旅の後、指導者たちは重慶に残り、その他の団員はかなりの期間にわたってさまざまな前線に滞在する予定である。彼らは重慶と緊密な連絡を保ち、同時に自国政府に対しても実情に合うような軍事援助の実践的方法について提言するだろう。彼らはまた、起こりうる危機に備えて、日本軍が用いている兵器や戦術も研究するだろう。彼らはさらに、特に中国南西地方を中心に、国内の軍用飛行場の質的向上に尽力するものと思われる。

以前「ＰＡ」と呼ばれた対日協力者以外に、この時点でさらに二人の協力者が登場する。

馮錫中が、一行に会うために遠路香港からやってきた唐建國から聞いたところによると、代表たちは九月三〇日に重慶に派遣され、ちなみにソ連からも来る予定だが、日本がソ連を攻撃した場合に重慶の軍隊を使うかどうかについて、マグルーダーおよび重慶政府と協議する予定である。蒋介石の要請で、歐紹廷が二人の軍人を伴って一〇月初めにフィリピンに赴いた（何應欽がフィリピンに行ったという話は、この事実が電報で誤って伝えられたものに違いないと思われる）。この旅行の目的は、英米両国の当事者と軍事協力の方策と手順を協議することだった。アメリカ側はもちろん、日米間の外交交渉が成功することを真摯に願う一方で、非常事態には軍事協力を実現させるために重慶政府ときわめて率直な討議を進めている。(註4)

歐紹廷は中国外交委員会の元副委員長で、何應欽は中国国民党政府の軍事委員会の役人で中央執行院の委員だった。中央執行院の委員として、何は中国国民党政府で閣僚の地位にいた。日本側への通報者は中国政府の要人とコネあるいは接触を持っていたことは確かに可能だし、たぶんありそうなことである。

アメリカが傍受した一九四一年一〇月一五日付の東京回章第二一七六号の内容は一九四一年一〇月一八日に解読されたものだが、なぜこの電文が、代表が重慶に九月三〇日に派遣されることに（未来形で）触れているのかという点に関する説明はない。唯一考えられるのは、当の日本側への協力者がメッセージを作成した時点と実際に送信した時点にかなりのずれがあったのではないか、ということだ。いずれにせよ、一九四一年一〇月中旬までに、日本側は明らかに、アメリカ、中国、ソ連、そしてイギリスが「非常事態には」日本に対する軍事作戦を考慮していたことを承知していた。(註5) 非常事態という言葉は、すなわち、日本が考慮していたアメリカ、イギリス、オランダなどに対する将来の戦争行為の婉曲的な表現と考えて当然だった。

シェノールトは一九四一年の前半の六カ月をアメリカで、特別航空戦隊用の航空機、エンジン、兵器、および食糧・装備等の補給品を取得する努力に費やした。シェノールトとカリーは、ワシントンでアメリカ軍部の高級幹部たちとの会合にきわめて頻繁に出席した。そして一九四一年七月七日、シェノールトはサンフランシスコのマーク・ホプキンズ・ホテルに赴き、主としてパイロットたちからなる第一義勇兵部隊の第二陣の面々と会った。

ルーテル派牧師のポール・フリルマンが指揮する第一陣は、豪華客船プレジデント・ピアース号で一九四一年六月初旬に、すでにサンフランシスコから出港している。フリルマンは中国語に堪能で、初めてシェノールトに会ったときは中国で牧師を務めていたから、第一陣の引率者として自然な選択だった。義勇兵を乗せた第二船、フェイガーズフォンテイン号が七月一〇日にサンフランシスコを出港する予定のなか、シェノールトは一足先にパンアメリカン航空のクリッパー機に搭乗し、香港経由でラングーンに向けて出発した。(註6)

アメリカ義勇兵部隊の第一陣は、一〇〇名のパイロットと二〇〇名のサポート要員を少し上回る人数だった。シェノールトの極東への旅には同伴者がいた。蒋介石の特別顧問として中国に派遣されたアメリカの役人で中国問題の権威、オーウェン・ラティモアだった。シェノールトの義勇兵はアメリカ政府から、身分を音楽家、金属工、銀行員、事務員などと記したパスポートを受け取っていた。シェノールトのパスポートには、「農夫」とあった。

太平洋を西に向かって航行する間、フェイガーズフォンテイン号は合衆国海軍の二隻の巡洋艦、ソルトレイク・シティとノーサンプトンが護衛した。フェイガーズフォンテイン号は、ニューギニアとオーストラリアの北方、ハワイ諸島とフィリピン群島のほぼ中間地点にあるカロリン諸島の日本軍基地を避けるため、正規の航路から針路を大きく南に切った。二隻の巡洋艦はオーストラリア近海でフェイガーズフォンテイン号から離れ、そこからは護衛の任務を負ったオランダ軍の巡洋艦が遠路シンガポールまで同船に付き添った。途中、フェイガーズフォンテイン号の義勇兵たちは「船は決して中国〔ママ〕に着くことはない。撃沈されるであろう」と主張する日本からの短波放送を耳にしている。(註7)日本側がアメリカの特別航空戦隊の位置と使命を十分に承知していたことは明らかだった。

サンフランシスコを発つ直前、シェノールトは大統領が第二アメリカ義勇兵部隊の結成を認めたとの知らせをカリーから受けた。この部隊は爆撃機と一〇〇名のパイロットと一八一名の砲手および無線通信士からなり、一九四一年一一月に中国に到着することになっていた。そして一九四二年一月に、同数の人員が後を追う予定だった。

一九四一年七月八日にサンフランシスコを発ったとき、シェノールトが、これで中国および東南アジアにおける日本の軍事・民間施設ばかりか日本列島そのものさえ攻撃できる爆撃機を含む攻撃手段を持てると確信したことは疑いない。アメリカの爆撃機とパイロットの到着を期待して、中国は日本までの航続距離の範囲内のもろもろの地点において軍用飛行場の建設に余念がなかった。だが不幸にして、事態が進展するにつれてシェノールトは落胆させられることになる。そして終局的に、ルーズベルトの内閣のお歴々も、アメリカ国民も、そして一九四一年一二月七日に真珠湾あるいはその付近に駐屯していたアメリカの男女軍人も、いたく後悔することになったのである。

イギリスの陰謀とロッキード・ハドソン爆撃機

ボーイングB－17〝空の要塞〟爆撃機への要求が却下されて以来、シェノールトの日本本土空襲の望みは、一九四一年一一月までに空爆を開始するために必要な数のロッキード・ハドソン爆撃機を迅速に受け取ることができるかどうかにかかっていた。第一一章に記したとおり、カリーは、イギリスがせっかく生産されたロッキード・ハドソンを適時に受け取っていないことを知っていた。

七月一五日付の航空専門紙、アメリカン・アビエーション・デイリーに掲載された記事(註8)は、中国側に引き渡されることになっていたロッキード・ハドソンがなぜ突然不都合になってしまったのかを解説している。同紙の記者が一九四一年七月二日にイギリスの情報員サー・ビビアンと会見し、ダグラスDC－3に対するイギリス側の要求がロッキード・ハドソンを輸送機に改造することによって満たせない理由を尋ねた。元はといえば、ロッキード・ハドソンは民間用旅客機スーパー・エレクトラを爆撃機に改造したにすぎない。サー・ビビアンは、こう答えている。「われわれは、手に入れることのできるロッキード・ハドソン機は、すべて爆撃機としてほしいのだ……[註9]」。そこで記者は、もしイギリスがロッキード・ハドソンをそれほど緊急に必要としているなら、なぜカリフォルニア州のロッキード社のエア・ターミナルに一五五機ものロッキード・ハドソンが無為に駐機しているのかと尋ねた。すると、この会見から数日内に、これらロッキード・ハドソン機はカナダに慌しく運び去られたのだった。

イギリス側は、イギリス空軍が消化できる数以上の爆撃機をロッキード社が生産していることをすぐに認めようとしなかった。しかしながら、これは一九四一年七月における事実だった。したがって、カリフォルニアの駐機場にロッキード・ハドソン機が何機も放置されていることで問題が起こったとき、イギリスにはこれらの機を取りあえずカナダに送り出す必要があった。そうでなければ、その中の何機かは中国に提供されていたかもしれなかったのである。

シェノールト、ラングーンに到着

パンアメリカン航空のクリッパー機（飛行艇）で太平洋上空を西に向かったシェノールトは、ハワイに立ち寄り、第一九戦闘機飛行大隊司令官を務める旧友ハワード・デビッドソンに会った。マニラでは、ヘンリー・B・クラゲット准将とハロルド・H・ジョージ大佐の客となったが、二人とも、中国で兵士と装備の真価を判断する手段として、アメリカ義勇兵部隊の結成を目論むシェノールトの計画を支持した。フィリピンのアメリカ軍戦闘機部隊の司令官で第一次世界大戦の空のエースだったジョージ大佐は、実は義勇兵部隊に加わりたかったが、陸軍省に申請を却下されていた。陸軍航空隊は、アメリカが戦争に巻き込まれるのを回避することは不可能と考えており、戦闘態勢を整えつつあった。したがって、ジョージ大佐のような歴戦の勇士をシェノールトの特別航空戦隊の任務のために放出するわけにはいかなかったのである。ジョージ大佐は、一九四一年の五月から六月にかけて行なわれたアメリカの軍事使節団の訪中時に、クラゲットに随行している。二人は、シェノールトが請け負った中国における新しい航空軍結成という役目が桁外れであることを鋭く察知していた。

シェノールトは、一九四一年七月二三日にビルマのラングーンに到着した。(註10)彼が到着したとき、カーティス機の大半はまだ木枠に納まったままの状態でドックに積まれていた。(註11)しかしながら、カリーから重慶のアメリカ大使館に送られた宋美齢宛の一九四一年七月二三日付のマル秘電報は、有望な知らせをもたらした。「大統領は本日、中国のために年内に六四機の爆撃機を用意し、そのうちの二四

機は速やかに引き渡すよう指令されたと報告できることを、小職の喜びとするものである」[註12]
もしカリーがアメリカン・アビエーション・デイリー紙の熱心な読者でなかったとしたら、中国側に約束したロッキード・ハドソン爆撃機が国境を越えてカナダに飛んでいたなどとは思ってもみなかったに違いない。
ラングーンに到着したシェノールトは、特別航空戦隊を結成し、隊員たちを訓練するための場所を探しはじめた。また彼は、アメリカ政府が義勇兵部隊にまったく提供しなかった航空機の部品探しに必死だった。さらに、隊員のパイロットが日本人パイロット相手に有利に戦えるような戦術を是が非でも教え込むことを余儀なくされた。[註13]
ビルマにおけるアメリカ義勇兵部隊の存在は、イギリス政府に非常に微妙な問題を突きつけた。イギリスの植民地であるビルマもイギリス政府も、日中戦争に関して公式な立場を取っていなかった。イギリス政府の役人の間にはアメリカ義勇兵部隊に援助や支援を提供すれば、東南アジアを侵略するさらなる口実を日本に与えてしまうのではないかという不安があった。一九四一年四月にイギリス政府は、義勇兵部隊がビルマで航空機の組み立てと試験飛行を行なうことは構わないが戦闘訓練は認められない、と宋子文に通達していた。
ラングーンで、シェノールトはビルマ総督サー・レジナルド・ヒュー・ドーマン＝スミス並びに、総督の上級軍事司令官D・K・マクラウド中将とE・R・マニング飛行隊長と会談した。マニング飛行隊長は自分の指揮下にないアメリカ人義勇兵の不定期的な部隊がビルマにいることに懸念を表した。シェノールトの特別航空戦隊の隊員たちの政治的・軍隊的な地位も、議論の対象になった。毛邦初は、日本が中国と戦争していることを認めようとしない以上、厳密な法解釈に従った場合、アメリカ人の義勇兵たちを戦闘員と考えることはできないと主張した。結局、一九四一年一〇月に、ロンドンは立場を一変させ、シェノールトの特別航空戦隊がビルマにおいて本格的な戦闘訓練を行なうことを許可した。中国政府はタウングー（ヤンゴンとマンダレーの中間地点）の町から約一〇キロ離れたイギリス空軍のチードウ飛行場を賃借することを認められた。チードウには、全長約一二〇〇メートルのアスファルト製の滑走路とチーク材でできたバラックがあった。シェノールトの義勇兵たちは一九四一年七月二八日からラングーンに到着しはじめ、直ちにチードウ目指して北に向かった。

シェノールトは往復外交を展開してシンガポールのイギリス軍極東最高司令部を訪問し、イギリス空軍大将サー・ロバート・ブルック-ポーファムと補佐官のコンウェイ・プルフォード空軍少将と会談した。ブルック-ポーファムとプルフォードは、極東で日本の侵略が避けられない結果となりつつあるこの時期、この地におけるイギリスの防衛を強化する作業に忙殺されていた。それにもかかわらず、ブルック-ポーファムは、シェノールトのパイロットたちが機銃掃射の練習のためタウングー周辺の地上の標的に向かって機関銃を発射する許可を本国から取り付けた。ブルック-ポーファムとプルフォードは、彼ら自身の乏しい人材と物資を犠牲にしてまでも、アメリカ義勇兵部隊を援助するために可能なことはすべて行なっている。しかしながら、イギリス空軍はこれから対峙することになる日本の航空隊が呈する危険を十分に理解していなかった、というのがシェノールトの当時の分析だった。アメリカと同じように、イギリスも日本軍航空隊の航空機の性能とパイロットの実力を過小評価していたのである。

義勇兵部隊の猛特訓

一九四一年九月から一一月にかけてチードウ飛行場で展開した飛行訓練のペースは熾烈だった。パイロットたちの多くは、カーティスP-40戦闘機を見たこともなかったし、ましてや操縦した経験などなかった。彼らは合衆国でこの戦闘機の操縦の訓練を受けているのが理想的だったが、特別航空戦隊が大急ぎで結成されたため、そのような活動のための時間的余裕はなかった。シェノールトが預かっているパイロットは、生き残れるか否かをしきりに考えていたに違いない。ジャングルでの生活条件は劣悪で、周辺に生い茂る亜熱帯の植生が腐る臭いは強烈だった。また、大気は昆虫で満ちていた。夜間少しでも眠ろうと思えば、蚊帳は必需品だった。地上で物理的に生き延びることに加えて、厳しい訓練環境のなかで、パイロットたちが果たして苛烈な飛行訓練はもちろんのこと、実際の空中戦を生き延びることができるだろうかという疑問すら生まれた。

ビルマのジャングルで、パイロットとしてチードウ飛行場上空を飛ぶのがどんなものかを、以下に再現してみよう。元になっているのは、フライング・タイガーズのパイロットだったテックス・ヒルへのインタビューと、編隊飛行の難しさに関して直接体験を通して筆者が得た知識である。

ビルマの灼熱のジャングルの中で、ウィングマン（編隊僚機のパイロット）がパラシュートのバックルを両脚に回し、ストラップを固く締め上げるとき、大粒の汗が額を滴り落ち、両眼に入る。パラシュート・ハーネスを装着するため、胸の辺りでバックルをはめるときも、汗は相変わらず流れ続ける。次にパイロットは、幅約八センチのシートベルトを探り当てて腰骨の上に置き、手を後方に伸ばして、バックルに差し込むショルダー・ハーネスを手探りで探す。四点式ハーネスの先端をバックルにはめ込めば、ショルダー・ハーネスは締め付けられ、固定される。次にパイロットは、シートベルトを固く絞り、ショルダー・ストラップを調整する。そこで編隊のリーダーが、「エンジン始動」の合図をする。

両機のエンジンが始動したあと、ウィングマンはチードウの滑走路に向かって機を緩やかに移動させる。そして、チェックリストを点検し、発進準備が完了したことを確認する。彼は次に、編隊のリーダーに親指を立てて合図し、離陸前のチェックリストとエンジンのランナップが完璧であることを確認する。吹き流しは、風が右から左へ吹いていることを示している。そこでリーダーは、ウィングマンの機をプロペラ後流に巻き込まないため、滑走路の左（つまり風下）に位置する。リーダー機の脇の少し後方に機を並べ、ウィングマンは自機のアリソン・エンジンの吸気の内圧を三〇インチに上げ、毎分三〇〇〇回転までふかす。編隊リーダーはうなずき、エンジンを全開にして、離陸滑走を始めるときが来たことを示す。

編隊リーダーは吸気圧を四〇インチまで上げ、ウィングマンがリーダー機の右側の位置を保てるように、吸気圧を六インチ上げるよう指示する。滑走路で加速していくなかで、ウィングマンはリーダー機に対する自機の位置を維持することだけに全神経を集中させる。自機が滑走路を疾走するとき、ウィングマンは同じ位置を維持するために必要なあらゆる操縦操作とエンジン・パワーの出し入れを行なう。そして、隊長機の車輪の下に陽光を見るやいなや、ウィングマンも自機を離陸させる。着陸装置セレクターをニュートラルからアップに切り替え、隊長が再びうなずくのを見ると、ウィングマンは操縦桿のボタンを押して着陸装置を引っ込める。ウィングマンは、編隊リーダー機の右翼に密着するためにスロットルでエンジン・パワーの微調整を繰り返す。二人のパイロットはそれぞれのスロットルとプロペラ・コントロールを「上昇パワー」に設定された位置まで戻し、ビルマのジャングルの上空を大空に向かって猛スピードで飛んでいく。

このウィングマンは、アメリカの軍隊でかつて習ったことのある編隊飛行術を復習させられているのだ。しかしながら、飛行中の二機編隊の片割れとして行動する訓練は、今後数カ月間の彼の推定寿命に深刻な影響を及ぼすだろう。二機編隊の一方として戦えなければ、編隊のリーダーか自分自身が命を落とすことになるかもしれない。自機をリーダー機の翼から離さずに飛ぼうと懸命に努力するなか、ウィングマンはアメリカの飛行訓練学校で学んだ、「編隊飛行は、はかない芸術である……」という言葉を思い出す。

そのとき、編隊リーダーは両翼を激しく上下させ、「戦闘開始」の合図を送る。隊長は左に九〇度の垂直旋回をし、ウィングマンは右に九〇度の垂直旋回を行なって、両機は二手に分かれる。次に隊長は逆のコースを取り、ウィングマンもそれに従い、両機は時速九六〇キロの相対接近速度で互いに向かって距離を狭めていく。両機がほとんど衝突するほど接近した最後の一瞬に、隊長は左に旋回し、ウィングマンは右に旋回して、チードウ飛行場の上空で模擬空中戦を展開する。この空中バレエを見守るのは、チードウ飛行場の滑走路を見下ろす管制塔のお決まりの場所に座る、これらのパイロットたちの良き指導者にして批評家、クレア・シェノールトだ。彼はそこで個々のパイロットの出来栄えに関する批評を入念に書きとめ、飛行セッションが終わると各々のパイロットにその内容をつぶさに伝えるのである。

パイロットたちの一日は、朝六時、彼らのために用意されたブリーフィング・ルームでの、シェノールトやゲストによる講義で始まった。講師の一人はイギリス空軍飛行隊長で、ドイツ軍の英国本土侵入を阻止した一九四〇年の〝英国本土航空決戦《バトル・オブ・ブリテン》〟で最初のイギリス軍殊勲賞を受賞したH・S・〝ジョージ〟・ダーリーだった(註14)。ダーリーは、P－40トマホーク機を着陸させる最善の方法を戦闘機グループの前で実演して見せた。ダーリーとシェノールトは、パイロットたちに戦闘機の戦術を教え込んだ(註15)。

ブリーフィング・ルームは、日本軍の戦闘機や爆撃機のシルエットや模型で飾られていた。パイロットたちは、最大のダメージを与え得るそれぞれの日本機の急所を指摘するよう、シェノールトに求められた(註16)。シェノールトは、日本軍のパイロットは空中で厳格な規律を守ると説いた。したがって、アメリカ義勇兵部隊側の目的は日本の航空編隊を見つけ出し、日本人パイロットが守る厳しい規律を逆手に取ることになる、とシェノールトは訓示した(註17)。日本の戦闘機は上昇率、実用上昇限度、操縦性能の点でアメリカ機を凌いでいるが、アメリカ機は水平飛行では日本機より速く、火力においても日本機に断然勝っていた。シェノールトは、パイロットがアメリカの戦闘機の特性を活かし、その長所で日本の戦闘機の弱点を突くような訓練を施した。さらに、「射撃術のうますぎる人間はいない」と述べて、パイロットたちに射撃の腕を上げるよう終始諭し続けた。(註18) パイロットたちに対するシェノールトの基本的な教えには、以下の四点が含まれていた。

(1) 太陽を背にし、敵に勝る高度とスピードで敵機に向かって急降下し、〝ヒット・エンド・ラン〟の戦術を行使せよ。

(2) 二機編隊で戦い、戦闘中、隊長とウィングマンは互いを守るべし。

(3) 敵戦闘機との空中接近戦は絶対に禁物である。

(4) 殺《や》らなければ殺られることを覚悟せよ。

シェノールトはパイロットたちに、日本軍機は燃料と弾薬が不足している可能性が高いから、日本機が現場を離れる段階で追撃を始めるようにと説いた。シェノールトの特別航空戦隊は、地上で戦うゲリラ闘士と同様、空のゲリラ戦隊であり、彼のパイロットたちはヒット・エンド・ランの戦術を用いるよう教え込まれた。チードウに一九四一年九月一五日までに到着したすべてのパイロットは、七二時間の講義と、六〇時間の特殊飛行訓練を受けることになった。シェノールトはパイロットたちに厳格なことで知られていた。たとえば、(滑走路の手前の端から三分の一の地点に張られた) 白い縞の線を越えて着陸した者はすべて、飛行のエチケットに違反したという理由で五〇ドルの罰金を課された。そうしないと、パイロットは滑走路のはずれからはみ出して、機を傷つけてしまう危険があったからだ。非番のときには、パイロットたちは大騒ぎをし、大酒を飲み、女たちと (これは相手が見つかった場合だが）ねんごろになることが許された。しかしながら、特別航空戦隊にはある種の規律があった。そしてそれは、飛行機を操縦することが課した自然の倫理だった。つまり、男たちは、予定されているときには、おのおの飛ぶ準備ができていなければならない、ということだった。効果的に飛び、戦うためには、二機編隊を組む相手のパイロットは自分に頼らざるを得ない。端的に言えば、義勇兵部隊の運営は民間航空会社のそれに似ていた。つまるところ、シェノールトにとって肝心なのは結果を出すことであり、彼のパイロットたちにしても同じだった。シェノールトによる指導は世界最高の飛行訓練に匹敵するものだった、と言ってよかろう。

イギリス空軍のブラント飛行中隊長は、友好的挑戦の精神の下に、イギリス空軍のバッファロー戦闘機の操縦桿を握って、義勇兵パイロットのエリクセン・シリングが操縦するP－40戦闘機に挑んだ。ブラントは、〝バトル・オブ・ブリテン〟の戦闘経験者で、決してやわな男ではない。だがシリングは、チードウ飛行場の上空で展開された模擬空中戦でそんな彼を破った。この対決の結果、義勇兵パイロットたちの自信は高まった。シェノールトが彼らを厳しく鍛え上げていたことは確かだった。

カーティスP－40トマホーク戦闘機は、機首に義勇兵部隊のシンボルになったタイガー・シャーク、つまりイタチザメの顔が描かれていた。パイロットと地上要員は、同機を折に触れて単に〝シャーク（サメ）〟と呼んだ。グループのパイロットは、〝テックス〟、〝ムース〟、〝バス〟、〝ラッツ〟などのニックネームで呼ばれた。部隊は三つの編隊で構成されていた。第一編隊は〝アダムとイブ〟、第二編隊は〝パンダ〟、第三編隊は〝ヘルズ・エンジェル（地獄の天使）〟である。トマホークの両翼には、青色の平円盤に囲まれた白い一二角の星を記す中国空軍の紋章が施されていた。トマホークは、イギリス用に生産された分を中国に転用した戦闘機だったため、イギリス空軍のダーク・グリーンの上面迷彩色のカモフラージュが施されていた。しかし、歴史のこの時点では、まだ誰もシェノールトあるいは彼の隊員を〝フライング・タイガー〟と呼んでいない。彼らは単に、アメリカ義勇兵部隊、あるいはAVGと呼ばれていた。

チードウ飛行場における飛行訓練は、日本側に知られずに進行することはなかった。アメリカ義勇兵部隊が日本陸軍航空隊の攻撃を受ける可能性があることを察知したシェノールトは、一九四一年一〇月二四日、編隊リーダーのロバート・〝サンディ〟・サンデルと〝スカーズデール・ジャック〟・ニューカーク、アービッド・〝オーレイ〟・オルソンの三名をタイのチェンマイ上空の偵察に送り出した。(註19)その二日後、一機の「銀色の航空機」(日本陸軍の一〇〇式司令部偵察機の可能性が強い)の姿がチードウ上空で認められた。日本の侵入機を迎撃するためにトマホークのパイロットたちが急発進したが、不首尾だった。(註20)翌日、銀色の航空機数機が再びチードウ上空に現れた。侵入機を迎え撃つ過程で、シリングは「敵機五機発見」と報告している。(註21)日本側がチードウ飛行場における訓練活動を知らないわけは、決してなかったのである。だが日本としては、ビルマ国内のイギリス軍飛行場に先制攻撃を加えようとはしなかった。そのような性格の軍事行動は、ルーズベルト大統領に対日宣戦布告の口実を与えてしまうことになる。この時点でイギリスのこの植民地を攻撃するのは、時期尚早だったことだろう。それに日本の軍部指導陣は、一九四一年一二月上旬に実行すべき、はるかに野心的な計画を温めていたのである。

一九四一年の秋にアメリカ人義勇兵たちがビルマとタイの空の哨戒を続けるなか、緊張の高まりはこれら〝志願者〟の間で明らかに感じられた。ブリーフィング中、シェノールトは「連合国」機対「敵国」機の決戦について論じた。チードウにいるすべての人間が、戦争が差し迫っていることを肌で感じていた。パイロットたちは、グループが中立のビルマから日本のパイロットとの空中戦がほぼ必至な中国へ、いつ移動するか知りたがった。

シェノールトに対する米国務省の期待

ジャック・サムソンは、自著『ザ・フライング・タイガー』の中で、次のように記している。「イギリス空軍は、五月から八月までの雨季の間、タウングーから撤退した。イギリス人は、ヨーロッパの人間はジャングルのモンスーンを生き抜くことはできないと考えたからである。この考えは、ほぼ正しかった。シェノールトのような強固な意志がなくては、若いアメリカ人をいっぱしの戦闘集団に育て上げることはできなかったに違いない。勇猛果敢で知られるイギリス人ができなかったことを、数百人のアメリカの若者が見事に成し遂げたのだった(註22)」

シェノールトが隊員の士気と補給品に関する問題で頭を悩ませ、ありとあらゆる場所で漁ってきたレジャー用機の通信機、機関銃と弾薬などを使って組み立てた間に合わせの戦闘機で苦労していた頃、カリーと国務省の役人はこの勇敢な飛行士にさらに多くの期待を寄せた。カリーが一九四一年一一月一二日にラングーンのアメリカ大使館気付でシェノールトに送った電報には、こうあった。

シェノールト宛

義勇兵部隊を含む中国空軍全体の再編と運用のために人員を提供してほしいとの提案がなされている。われわれとしては、これは実用不能と考える。代案として以下を提案したいので、貴台がどう受け止めるかお知らせ願いたい。貴台が選択し、貴台の指揮下に置かれる将校並びにパイロットからなる全員中国人の部隊を一つ、あるいは二つ結成されてはどうだろうかというのが、当方の考えである。拡大される貴台の任務を支援するため、われわれはより多くのアメリカ人を参謀将校として確保することを約束する。当方としては、このような手段は、航空機を中国軍に引き渡すこと、あるいは中国空軍の運用の責任をどの程度なりとも負うことにくらべて、より好ましいと考えるものである。この実験が成功すれば、アメリカの装備が入手可能になるにしたがって、さらなるアメリカ人部隊の組織と併せて、もう一つの新しい中国人部隊が結成できるであろう。われわれは、果たして現有の中国機が貴台の目論む戦闘目的にふさわしいか否か、不確かである。アメリカ人と中国人の部隊を訓練する施設がビルマにあるのか、そしてそれがその目的に適うものなのか、お知らせ願いたい。伝書使が利用できるときで結構なので、貴台の計画の進捗状況と問題点に関してさらに詳細にお伝え願いたい。なお、CDS〔中国防衛物資会社〕に宛てた貴台の電報は、ただいま受領。要求を満たすべく努力する。(註23)

この電報を受け取ったシェノールトがどう感じたか考えることに、たいした想像力は必要ない。彼はジャングルで、多くはこれまでカーティスＰ－40戦闘機など見たことのないパイロット集団の訓練に当たり、単に同機を操縦するだけではなくて、日本人パイロットと空中で互角に交戦できるレベルの操縦を修得する術を仕込んでいた。航空機はスペア部品なしで送られてきた。かなりの数の機が訓練中の事故で破損した。事故機から生かせる部品を引き抜いたり、回収したりする手法を応用して初めて、損傷した機は再び飛べる状態に復元された。亜熱帯の暑気と昆虫は耐えがたかった。そしてシェノールトには、アメリカ人義勇兵の一団を有能な戦闘部隊に育て上げる時間はほとんどなかった。それなのに今、カリーと国務省は、戦闘でソ連機を操縦する二〇〇名の中国人パイロットを養成することを彼に期待していると言ってきたのだ。シェノールトがこの電報を受け取って挫折感を味わったであろうと考えるとしたら、それはそのときの彼の感情を正しく言い表すには、いかにも不十分な表現というものである。

チャーチルのメッセージ

一九四一年一一月一七日に、ウィンストン・チャーチルは以下の内容のメッセージを蔣介石に送っているが、これは転送され、まず宋子文に、次にカリーに、そして最後にルーズベルト大統領に届けられた。

中国に対する日本の差し迫った新たな攻勢に関する貴メッセージで指摘された重大な危機は、当方も十分に認識している……日本が昆明を奪取した場合の情勢の深刻さは、当方もしかと認識するものである。当方は目下、貴台が擁する国際航空隊を強化し、人員・物資の両面で早急な支援を提供するための特別の手段を吟味している。

ブルック・ポーファム〔ママ〕から、シェノールトは三編隊を率いて一〇日で中国内に移動する準備が整っており、シェノールトにとって最も有用な協力の仕方を尋ねている旨、報告を受けている。

貴台とは接触を保ち、われわれにできることに関してさらに明確な意見をお伝えしたいと考えている。当然のことながら、大統領閣下には委細をお知らせしておく所存である。(註24)

爆撃機引渡しの遅れ

三カ月の訓練を終えたパイロットたちの多くは、一九四一年一一月までに高レベルの操縦技術を叩き込まれていた。だが、訓練は損失と無縁ではなかった。カンザス州出身のジャック・アームストロングは別のP－40との模擬空中戦の最中に空中で衝突して命を落とした。イリノイ州出身のマックス・ハマーは、モンスーンを突っ切って飛ぼうとして墜落し、死亡。ウェスト・バージニア州出身のピーター・アトキンソンは、急降下中に自機が空中分解を起こして墜落し、命を落としている。

前に触れたとおり、第一アメリカ義勇兵部隊に先立って、クラゲット将軍、ジョージ大佐、マクドナルド司令官が、一九四一年七月二三日に合同委員会計画ＪＢ－３５５を承認した際にルーズベルト大統領がほのめかしたアメリカ軍事使節団として、中国に派遣されている。当時、使節団の将校たちがマスコミに伝えるように言い渡された発表は、以下のとおりだった。彼らは、「……中国政府の招待に応じ、わが国政府の指示の下で中国を訪問している。われわれの訪問の目的は、中国空軍とその諸施設と活動の視察である。われわれは、これらの事項に関して十分な知識を得るまで、必要なだけ長期にわたって当地にとどまる予定である(註25)」

一九四一年七月二二日の段階で、宋美齢は、シェノールトは一九四一年一〇月一五日までに昆明で空の作戦を開始する計画である旨、カリーに電報で伝えている(註26)。先制攻撃の構想に関して彼女は、次のように書いている。「反攻のためにきわめて必要な爆撃機の引渡しを早めていただきたい……中国のために尽力される貴台の努力に衷心より感謝しつつ(註27)」

宋美齢が爆撃機の早期引渡しを懇願する一方で、カリーはパイロットの募集に関して陸軍と海軍から十分な協力をなかなか取り付けられずにいた(註28)。カリーは、「六六機の爆撃機がイギリスから放出された」ことを確認し、ルーズベルトに対して「さらに多くの陸軍パイロットを今雇用しても、それが実現するのは来年の一月になってしまいます」と苦情を述べた(註29)。

中国のために奔走して六六機の爆撃機を獲得したカリーは、一九四一年九月一八日付の大統領宛の覚書では腹を立てているように思える(註30)。カリーはルーズベルト大統領に、自分は「両軍の人事部門の抵抗」に遭っていると伝えている(註31)。そのあとカリーは、次のように要請した。「添付致しました、かなり穏やかな文言の大統領命令にご署名いただけましょうか。陸海軍が必要とする物資および人員に関して得た情報に基づき、陸軍は本年一〇月から、そして海軍は来年一月から、将兵たちのさらなる除隊を容認することを提案致すものであります」

ＣＡＭＣＯのパイロット募集活動に対する陸海軍の抵抗を取り除いてほしいと大統領に訴えるカリーの哀調を込めた要請は、一九四一年九月三〇日付でノックス海軍長官とスティムソン陸軍長官に宛てたルーズベルトの秘密覚書という結果を生んだ。覚書は二人の長官に、一一月に次の行動を取るように求めた。

中国における雇用を願うパイロットと地上要員用の追加人員の除隊を、パイロット一〇〇名とそれに釣り合う数の地上要員を上限として、一一月から認めることを提案したい。私はロークリン・カリー氏に、中国政府の代理人たちが雇用計画を〔陸海両軍に〕できるだけ不都合を及ぼさずに進めると同時に、必要以上の人員を採用しないよう監督してほしい旨、指示するものである。(註32)

ルーズベルトのこの秘密覚書と同じ日に、大統領の最も近い側近にして顧問を務めるハリー・Ｌ・ホプキンズは、陸軍航空隊司令官ハップ・アーノルド将軍と話した。(註33)この会談についてホプキンズは、大統領に次のように報告している。「彼は航空隊の連中はそう多くは志願しないだろうと思う、と私に話しました。しかし一方で、彼は十分に協力したいと申しております」(註34)。戦争の影が地平線に重々しくのしかかっているなかで、アーノルド将軍には、訓練の行き届いたパイロットを中国に仕えるために放出するつもりなどさらさらなかったことは間違いない。

歴史家のダニエル・フォードは、ＣＡＭＣＯは第一アメリカ義勇兵部隊のために八二名のパイロットと三五九名の技術者を雇用したが、この部隊には、一九四一年の一一月初旬までに引き渡すことが宋美齢に約束された爆撃機六六機、つまり三三機のダグラスDB－7爆撃機と三三機のロッキード・ハドソン爆撃機が含まれていた、と書いている。(註35)イギリスから中国へのこれら爆撃機の転用は、合同委員会計画JB－355に見られる資料と記録によって確認される。フォードはさらに、ダグラス・ボストン爆撃機は船積みされた後アフリカに送られ、(註36)そこで組み立てられてビルマに運ばれることになっていたと記している。(註37)

複数の筋は、第二義勇兵部隊のメンバーは一九四一年一一月二一日にカリフォルニアから船出したと伝えている。(註38)フォードは、技術者とパイロット一名は客船ノーアダム号とブルームフォンテイン号で発ったと書いている。(註39)第二義勇兵部隊の面々が出発した一一月二一日に、彼らがやがて操縦し、整備する予定の爆撃機はすでにアフリカ（ボストン機の場合）あるいはビルマ（ハドソン機の場合）に向かっているか、あるいは近々向かう予定だった。

一〇〇機ものロッキード・ハドソン機がイギリスに引き渡されずに駐機場に放置されているというカリーの言明(註40)（これはどうやら当時事実として受け入れられていたようだ）からして、第二義勇兵部隊用に確保されたロッキード・ハドソン機が太平洋上空を横断して飛ぶために必要な追加の燃料タンクが装着されるのを待っていたと断定するのは、フォードも明らかにそうしたように、理に適ったことである。(註41)この点は、中国空軍の古参パイロットが一九四一年の一二月下旬にアメリカから中国へ飛ぶ爆撃機の小隊を指揮できることを確認する、シェノールトからカリーに宛てた一九四一年九月四日付の書簡でさらに確認されている。(註42)

さらに、二〇〇四年七月一六日、筆者は以前ロッキード・ジョージア社の社長を務め、現在はロッキード航空システム社のグループ社長を務めるロバート・オームズビー・ジュニアと電話で話した。氏は、二年間ロッキード・コーポレーションの役員を務めている。オームズビー氏は、一九四一年に中国に向かうことになっていたロッキード・ハドソン機に関する記録は「簡単に閲覧できない」ことを認めた。シェノールトは、それらの爆撃機とそれを操縦するパイロットを一九四一年一一月二一日までにビルマで確保することになっていた。日本が真珠湾を先制攻撃したことを知った一二月八日の時点まで、(註43) シェノールトは、アメリカはカリーが約束した爆撃機を当然中国に提供してくれるものと、一貫して信じていたようである。カリーが宋美齢に「直ちに引き渡される」ことを（一九四一年七月二三日に重慶のアメリカ大使館が受け取った）電報で約束した二四機の爆撃機は、たぶん、太平洋を横断飛行することになっていたロッキード・ハドソン機だったのだろう。

少なくとも二二機のロッキード・ハドソン機が一九四一年一二月七日、カリフォルニア州バーバンクのロッキード社の駐機場に待機し、シェノールトへの引渡しを待っていたことを示す証拠がある。これは、アメリカ対中軍事使節団（ＡＭＭＩＳＣＡ）本部代表、Ｈ・Ｗ・Ｔ・エグリン大佐が署名した、「一九四一年一二月三一日の時点までに武器貸与法に基づき中国に供与された物資概要」に見られるものだが、この文書は次のように報告している。「ロッキード・ハドソン機二二機とヴァルティ戦闘機数機が、凍結令のため米国西海岸で当局に押収された状態にある。同措置の解除が試みられている」

第14章　日米開戦迫る

シェノールトの好みはB－17爆撃機だったが、これは問題外だった。失う危険を冒すには数があまりにも少なく、あまりにも貴重だった。カリーは、計画を一九四一年一〇月三一日までに実行可能な状態にしておくことを強く求めた。日本に対する最初の空爆は一一月に予定されることになった。

――ドウェイン・シュルツ著『ならず者の戦い』（註1）

一九四一年一一月一五日は、第二義勇兵部隊の一行がサンフランシスコを発つ六日前であり、真珠湾攻撃の三週間前に当たるが、この日の朝、ジョージ・C・マーシャル将軍はニューヨーク・タイムズ紙、ニューヨーク・トリビューン紙、タイム誌、ニューズウィーク誌、AP通信社、UP通信社、インターナショナル・ニューズ・サービス（INS）を相手にオフレコのブリーフィングを行なったと報じられている。（註2）その席でマーシャルは、「アメリカは日本攻撃の準備をしている」と率直に認めている。（註3）当時アメリカはフィリピンに三五機のボーイングB－17爆撃機を保有しており、さらに多くの重爆撃機が生産され、乗員の訓練が完了した時点で直ちに太平洋航空路で運ばれつつあった。中国には日本までの航続距離の範囲内に複数の軍用飛行場があり、アメリカが目指したのはこれらの飛行場が散在する地域一帯を航空戦力で覆うことだった。そして、一九四一年一二月一〇日までにアメリカの重爆撃機の大部隊が空爆作戦のために配備されることになっていた。だが、それまでに日本が先制攻撃を仕掛けてくる可能性があった。だから、マスコミが静かにしていてくれれば、日本との戦争は回避できるかもしれない。これが、マーシャルのブリーフィングの要旨だった。

マーシャルはなぜ、このような〝オフレコ〟の記者会見を開いたのか。話の内容につじつまが合わない部分があるように思われてならない。マーシャルが自らの発意で動いたわけではないことは明らかだ。ルーズベルトの指図に基づいて行動したに違いない。マスコミの秘密厳守は当てにできるという考え方に基づくなら、この記者会見は東南アジアにおけるアメリカの航空戦力が増強されるまでの三週間、マスコミを封じ込めるためにルーズベルトが行なった試みと解釈できる。しかし、マスコミに対してそれほど好意的ではない向きは、マーシャルに件の記者会見を開かせたルーズベルトの動機は、このニュースをリークさせることだったと考えるかもしれない。だとしたら、この記者会見は、アメリカが近い将来において空爆による先制攻撃を計画していることを日本に確実に知らしめることになるに違いなかった。

読者がいずれの見方に賛成するかはさておき、この記者会見が催されたという事実は疑いない。マーシャル将軍が一九四九年九月二一日に、ニューヨーク・タイムズ紙の軍事記者ハンソン・ボールドウィンにこの出来事について手紙を書いているからだ。一九四一年一一月一五日のこの記者会見の席

で行なった発言の内容を確認してほしいとのボールドウィン記者の要請に応えたものだった。(註4)

ユナイテッド・ステーツ・ニューズ誌

アメリカの意図を理解するのに、日本は手の込んだスパイ組織の助けなど必要としなかった。一九四一年の秋には、日本爆撃計画はアメリカの活字メディアで広く報じられていたからだ。事実、四一年一〇月三一日にはすでに、ユナイテッド・ステーツ・ニューズ誌は「日本への爆撃空路――各戦略地点から日本までの飛行時間」と題する見開きの説明図を掲載している。(註5)この説明図は、重慶、香港、シンガポール、グアム、カヴィテ（フィリピン）、ウラジオストック、ダッチ・ハーバー（アラスカ）など、日本空爆のためにアメリカの爆撃機が発進できる基地にスポットを当てていた。イラストには、地球の一部と日本列島が描かれており、東京が円で囲まれていて、さまざまな発進基地から飛び立ってその円に急迫する爆撃機のシルエットが示されていた。東京までの飛行時間はウラジオストックからが最短で一時間、シンガポールからが最長で一三時間とあり、香港からは七時間、重慶からは八時間だった。キャプションには、爆撃機の時速は四〇〇キロ、航続距離は往復九六〇〇キロと想定されているとあった。このような性能を持つ爆撃機は、一九四一年一〇月の時点では米軍の在庫目録に載っていない。B－17は計画通りの航続距離は五四四〇キロで、時速は三二〇キロを上回る程度だった。記事を書く根拠となった爆撃機の性能に関する数字は、非常に楽観的だったようだ。この記事が、いずれ軍が使うことになるボーイングB－29スーパーフォートレス（超・空の要塞）重爆撃機のような航空機に言及していたことは明らかである。ボーイングB－29スーパーフォートレスは、結局、日本への空襲と原爆投下に使われることになった。

この記事が、アメリカには中国に長距離爆撃機を提供する意思があると断言している点は、注目に値する。使われている文言は刺激的である。

日本を攻撃する機の主要な目標は、東京・横浜地帯と、約三八〇キロ南方〔ママ〕の大阪市である。これら二地域は、日本の産業の心臓部だ。

紙と木でできた家々からなる都市東京は、日本の運輸、政府、商況活動の中心地である。(註6)

ユナイテッド・ステーツ・ニューズ誌は、爆撃は日本の攻撃力の主力である帝国海軍の艦隊を無力にすることができる、と断言した。(註7) アメリカは当時、暗号解読のスペシャリストたちが、少なくとも暗号名「パープル（紫）」と呼ばれた日本の外交暗号文を解読していたという範囲では、日本に対して著しい優位を保っていた。アメリカのメディアはアメリカの爆撃機が日本海軍の力を奪えるという考えを信じていたが、ハワイの日本総領事館に東京から送られた外交メッセージ（これは、〝オペレーション・マジック〟に携わる米軍の暗号解読者によって一九四一年一〇月九日に解読された）は、真珠湾に停泊中のアメリカ太平洋艦隊の警備に関して不吉な疑問を投げかけるものだった。東京から発信された以下の電報の宛先は、ハワイで暗躍する複数の日本のスパイだった。

発　東京
宛　ホノルル
一九四一・九・二四
厳秘
(一) 略
(二) 軍艦、空母については、錨泊中のものを報告されたし。埠頭に係留中のもの、浮標に係留したもの、入渠中のものはさほど重要ではないが報告されたし。
(三) 艦型、艦種を簡略に示すこと。
(四) 二隻の軍艦が横付けになっているときは、その事実を記されたし。

一九四一年一〇月一〇日にワシントンで解読・翻訳された日本の急送公電は、真珠湾に停泊中のアメリカ艦船の位置を示すに当たり、入念かつ詳細な符号のシステムが使われていた。一九四一年一〇月中に〝オペレーション・マジック〟の要員によって解読されたこれらの電報は、アメリカが潜在敵国の艦隊に対する空からの襲撃を考えていた唯一の国ではなかったことを明白に示している。

ニューヨーク・タイムズ紙

ユナイテッド・ステーツ・ニューズ誌は、アメリカが対日空爆を計画していることをアメリカで示唆した唯一の印刷媒体ではなかった。一九四一年一一月一八日付のニューヨーク・タイムズ紙にアーサー・クロックが書いたニュース記事にも、フィリピン、ウラジオストック、ニコライエフスク、ダッチ・ハーバーから東京までの飛行距離を示す図が載っていた。[註8] クロックの記事の見出しには、こうあった。「要塞としてのフィリピン——新しい航空力は群島に攻撃力を与え、太平洋における戦術を変えつつある[註9]」

先にユナイテッド・ステーツ・ニューズ誌に載った説明図入りの記事と同様、クロックは次のように書いた。アメリカは長年、日本と戦争が起こったらフィリピン国内の基地は防衛できないと考えていたが、その考えはすでに棄てられている。理由は、日本の南方に位置するフィリピンに配備された長距離爆撃機は日本上空まで飛び、強力な破壊力を持つ〝積荷〟を投下し、次にウラジオストックに着陸して燃料を補給して再武装できるからだ。爆撃機はそのあと、ウラジオストックを発って南に飛び、再び日本を空爆した後、フィリピンに帰着するというわけだった。

クロックは次に、野村吉三郎駐米大使と共にコーデル・ハル国務長官と和平工作を行なっていた来栖三郎特命全権大使に照準を向けて、こう誇らかに述べた。「来栖氏はワシントンを離れる前に、極東地域の戦争におけるこれらの新情勢に関して正式に知らされ、戦争か平和かという深刻な問題を考究している日本政府に正式に伝達するかもしれない[註10]」

タイム誌

一九四一年の秋には、ユナイテッド・ステーツ・ニューズとニューヨーク・タイムズのほかにも、長距離を飛ぶ爆撃機を生産・配備するアメリカの能力はきわめて高いと太鼓判を押すメディアがあらわれた。タイム誌はコンソリデイティッド航空会社社長、ルーベン・フリート少佐を表紙で取り上げた。(註11) フリートは第一次世界大戦中、アメリカ陸軍航空隊で飛行術を学んだ。(註12) 軍人としての卓抜したキャリアを経て陸軍を除隊した後、コンソリデイティッド社を設立。同社が生産したのは、B－24リベレーター、四発の飛行艇（今日の用語では〝水上機〟）PBYカタリーナ、PB2Yコロナードのような長距離爆撃機と海軍用偵察爆撃機だった。(註13)

フリートに関する記事は、カリフォルニア州の彼の会社の工場における生産は驚異的だと伝え、胴体にイギリス軍の紋章をつけて滑走路に駐機中のB－24リベレーター機の列と併せて、生産中の多数のカタリーナ機の写真を掲載した。(註14) 記事は、フリートの工場で生産される航空機の数に関わる正確な情報は提供していなかったが、その数が膨大であることを明らかに示していた。「三つの巨大な最終組み立て用の建物で、航空機は一日にXX機〔軍機密につき数字は伏せられた〕の割合で、生産ラインを離れる。爆撃機の生産は、もはや、昔のように一月に何機の割合では見積もられないのである」。タイム誌のこの記事の重要性は、アメリカの軍用機の生産が急ピッチで増えているという点だ。

目先の利く日本の将校あるいは外交官なら、一九四一年の秋のこれらの記事の意味するところを理解したはずである。日本はすでに、アメリカが中国と東南アジアにおける日本の権益を攻撃するために秘密の航空戦隊を組織しつつあることを知っていた。そして今、アメリカのメディアは日本を空爆する計画を吹聴していたのである。東南アジアにおける日本のさらなる征服を阻むことを目論むアメリカの野心に、日本は十分に気づいていたのである。

イギリス政府覚書

アメリカ国務省の役人たちは、中国における〝ゲリラ航空戦隊〟運用のための資金をアメリカが中国政府に供与したとき、米中間には正式な同盟関係は存在しなかったことを慎重に指摘した。しかしながら、一九四一年の春までに、国際政治の現実のなかでアメリカ、イギリス、中国、オランダ（いわゆる〝ＡＢＣＤ〟諸国、または〝連合国〟）の間に事実上の同盟関係が誕生したことが明らかになった。だが確かにそうだったのだろうか。その答は、イギリスの極東総司令部から出された、「日本を破る際の課題——情勢の概観」と題する一九四一年九月一九日付の秘密覚書の内容を考えれば自明となる。(註15) この〝イギリス政府覚書〟は、当時マニラにいたダグラス・マッカーサー将軍の下に送られ、現在はバージニア州ノーフォークにある将軍の記念館の資料室に所蔵されている。

イギリス政府覚書は同盟国の間に、東南アジアにおける日本の征服の野望を断念させること、あるいは日本を経済的・軍事的に打倒し、破滅させることに関する合意が存在したことを確認するものである。経済封鎖と軍事行動が、日本がナチス・ドイツとファシストのイタリアと結んだ同盟関係を断念させることに成功しなかった場合、連合国は以下の手段のうちの一つ、あるいは複数を講じることによって日本の拡張主義に断固対抗することになっていた（連合国の意図のうち、本章により直接的な関係のある情報は、以下に紹介するイギリス政府覚書の第一四パラグラフから始まる部分に記されている）。

14
（a）日本のいかなる動きも、結果として戦争を起こすことを日本に悟らせるための、連合国による政策の共同発表。

（b）中国陸軍と（〝国際航空隊〟を含む）空軍は、中国全土、それも特に上海と広東およびフランス領インドシナの国境地帯において、日本軍に圧力をかけるべし。

（c）ビルマ・ルートの（二車線への拡張を含む）改良と、戦争物資を中国に搬入する作業の組織化を図る。

（d）特命二〇四を大幅に拡大・実行する。初回は三倍に拡大することが必要である。（〝特命二〇四〟とは、中国および東南アジアでイギリス軍を支援するために発せられた命令）

（e）中国のできるだけ東の地域でわが空軍部隊を運用するために、われわれの組織を拡大せよ。

（f）極東におけるソ連部隊と可能な限り緊密な連携を保つための取り決めを実現せよ。

（g）中国沿岸地方の港湾やフランス領インドシナにおける抗日破壊活動組織について。これらの組織は、直ちに作戦を開始し、プロパガンダ、テロ、日本の通信・軍事施設の妨害に精力を注ぎ、現地住民の間に不満を生み、最終的には公然たる反乱を起こすように仕向けなければならない。

（h）タイにおける抗日破壊活動組織について。この組織は当面、触手を広げ、日本軍が国内に入り込んだ暁には直ちに行動を起こす態勢を整えておかなければならない。個々の日本人の暗殺もまた、考慮されるべきである。

（i）フィリピンにおけるアメリカの守備隊の補強は、特に空軍と潜水艦部隊についてなされなければならない。

（j）わが方の兵力と日本軍の拡大しつつある弱点、さらにはヒトラーにはすでに戦争に勝利する望みはないことを強調するプロパガンダを展開せよ。

われわれの終局的な目標は、日本を枢軸国から脱退させ、民主主義国を容認させることである。政治的な手段で失敗した場合、われわれは日本と戦うことを覚悟しなければならない。そのときが来たら行動する立場にあることを可能にするために、われわれの計画は即刻決定され、準備が進められなければならない。

イギリス政府覚書は、〝国際航空隊〟に言及しているが、チャーチルはアメリカ義勇兵部隊をそう呼んでいた。義勇兵部隊が日本に圧力をかけることが期待されたばかりではなく、イギリス空軍による爆撃を含む空の作戦が「中国のできるだけ東の地域で」企図されていたという点は興味深い。爆撃機が東に配備されればされるほど、日本本土までの距離はその分短くなる。また、フィリピンにおける重爆撃機隊の増強も、日本にとって縁起のいい話ではなかった。さらに、中国東部の基地は爆撃機の作戦に備えて装備が補充されつつあった。イギリス政府覚書は、日本を包囲し、空軍力で日本とその軍産複合体を粉砕しようとする野心が連合国にあったことを確認するものである。

……北には、日本の枢要部に届く範囲にソ連が控えており、ウラジオストック地区には航空基地と潜水艦基地がある。西には、航空基地の準備がすでに進行中で装備が備蓄されつつある中国があり、規模こそ大きいが現時点では装備・指揮の点で問題がある中国陸軍がいる。そして南には、フィリピン群島のルソン基地があり、そこからは海南島、台湾、広東は楽に航続距離に入り、最大限日本の南部までの飛行が可能である……。

アメリカとイギリスの戦争計画立案者たちが日本に対する軍事行動を考えていたことは明白である。しかし、一九四一年の一〇月が去り、一一月に入った時点で、日本側は何をしていたのだろうか。イギリスもまた、日本爆撃という軍事構想の立案に関わっていたという事実は、重要な意味を持つ。イギリスは自らの生存のためにドイツと戦っていた。それにもかかわらず、イギリスは香港、マレー、シンガポール、ビルマの植民地を日本に明け渡したくなかったのである。チャーチルは、イギリスが自らの権益に向けられた日本の野望を阻止するために行動するのは賢明なことだ、と思ったようである。

合衆国に解読されていた日本の外交公電

地平線上に戦雲が垂れこめていたことは間違いなかった。それは、東京の外務省から在ワシントン日本大使館に発信された（一九四一年一一月五日に解読・翻訳）、東郷外務大臣より野村駐米大使宛の日米交渉の期限に関する以下のような内容の電報からも明らかだった。

一一月五日　往電第七三六号

極秘

諸般の情勢からみて、この取り決めの調印は遅くとも本月二五日までに完了することが必要である。これは至難を強いる訓令ではあるが、四囲の情勢からみて絶対にやむを得ないことである。この点を篤とご了承のうえ、日米関係の破綻を救う一大決意を持って十全の努力を払われんよう懇願するものである。尚、本電については、厳に貴大使のお含みまでとされたい。

〔原文は以下の通り。

「本省　一一月五日　発

（館長符号、絶対極秘）

本交渉ハ諸般ノ関係上遅クトモ本月二十五日迄ニハ調印ヲモ完了スル必要アル処右ハ至難ヲ強ルカ如キモ四囲ノ情勢上絶対ニ致シ方ナキ義ニ付右篤ト御諒承ノ上日米国交ノ破綻ヲ救フノ大決意ヲ以テ充全ノ御努力アラムコトヲ懇願ス右厳ニ貴大使限リノ御含ミ迄」〕

また、一九四一年一一月一二日に海軍省に解読・翻訳された、東郷外務大臣が野村大使に宛てた至急電は、次のような内容だった。

貴電一〇六九号に関して

会談の進捗状況から判断するに、米国は依然として事態が急迫しつつある事実を十分に認識していないように見える。往電七三六号で指定した期日は、現状では絶対に動かせない〝デッドライン〟であり、是非ともその期日頃までに妥結させることが必要である。帝国議会は一五日に開会され、一七日には議事が始まる予定である。政府としても議会に臨むに際しては交渉の前途について一応の見通しを持たないことは許されない。情勢は日々緊迫しており、余日はいくらも残っていないことに鑑み……最短期間内にアメリカ側にその態度を明確にさせ、同時にわれわれの最終案に迅速に同意させるよう、最善の努力を払われたし……。

〔「本省　一一月一一日後八時発

第七六二号（大至急、館長符号）

very urgent

貴電第一〇六九号ニ関シ

右会談ノ調子ヨリ観ルニ米国ニ於イテハ未ダ事態ノ急迫セル事実ヲ充分認識シ居ラサルヤニ認メラルル処往電第七三六号ノ期日ハ現下ノ情勢上絶対ニ動カシ得サル「デッドライン」ニテ交渉ハ是非共右期日頃迄ニ妥結セシムルコト必要ナリ尚帝国議会モ十五日開会（一七日議事開始）ノ筈ニシテ政府トシテモ議会ニ臨ムニ際シテハ交渉前途ニ付キ一応ノ見透ヲ有セサルヘカラス就イテハ情勢逐日緊迫シ余日幾許モナキニ鑑ミ……米側態度ヲ最短期間内ニ明確ナラシムルト共ニ我最後案ニ急速同意セシムル様最善ノ努力ヲ尽サレタシ……」〕

ここに言及された日本の〝最終案〟とは、アメリカの対日輸出禁止令の解除に関するものだった。アメリカは日本が中国、満州、フランス領インドシナから撤退するよう要求していた。だが日本は、占領地を明け渡そうとはしなかった。

一方、東京からハワイの日本総領事に宛てた一九四一年一一月一五日付の電報は、一九四一年一二月三日に解読・翻訳されたが、それにはこう記されていた。「第一一一号電報　日米関係は、非常に危機的な状況にあるため、貴下の『停泊艦艇報告』は不規則に送られたし。ただし一週二回のこと。貴下はむろんすでにお気づきのことであろうが、機密保持には特別に留意されたし」

アメリカの暗号解読班が解読したこのメッセージの意味するところは明白だった。日本はアメリカの海軍艦船の跡を追っており、そのことをアメリカに知られたくなかったのである。

また、東京の東郷外務大臣からワシントンの来栖大使に宛てた電報（一九四一年一一月一七日にワシントンで解読）には、概略以下のように記されている。

一、貴電一〇九〇号を拝読し、これまでに貴台が払われたご努力に対し深謝いたすものの、帝国の安危はこの数日間差し迫った状態にあるため、これまで以上のご奮闘をお願いするものである。

二、貴台のご意見のように、世界戦争の全局面の見通しを判断するまで隠忍自制することは、諸般の事情により遺憾ながら不可能である。往電七三六号で当方は日米交渉の解決のための期限を設定したが、この期日の変更は絶対に許されるものではないことを、承知されたい。余日はきわめて少なくなりつつある。したがって、アメリカ側に交渉を多岐に渉らせ、交渉をこれ以上遅延させないようにすべきである。日本側の提案を基礎として先方に迫り、迅速な解決に到達すべく最善を尽くされたし。

〔「本省　一一月一六日後四時一三分発

第七八一号ノ（乙）（大至急、館長符号）

一、貴電第一〇九〇号拝誦御辛労ト御努力トハ深謝ニ耐エサル所ナルカ週日ノ間ニ国家安危ノ緊ルモノナルヨリ切々一層ノ御奮励ヲ願フ

一、貴電末段ノ御趣旨ハ尤モノ次第ニテ当方ニテモ右ノ点ニ就イテモ充分考量ヲ加へ往電第七二五号根本国策決定前慎重審議ヲ尽シタル次第ナルカ貴見ノ如ク世界戦争全局ノ見透判明スル迄隠忍自制スルコトハ諸般ノ事情ヨリ遺憾乍不可能ニシテ往電第七三六号所載期日頃迄ニ交渉ノ急速妥結ヲ必要トスルコトハ絶対ニ変更ヲ許ササルモノナルニ付キ米側ヲシテ交渉ヲ多岐ニ渉ラシメス日本側提案ヲ基礎トシテ先方ニ迫リ以テ妥結ニ導ク様御努力相成度シ」〕

一九四一年一一月にアメリカの暗号解読者たちによって解読されていた日本の外交通信最高機密暗号による通信文の数々は、日米関係が沸騰点に達したことを明確に示していた。日本の運命は、電報が記すとおり、〝週日ノ間ニ国家安危ノ緊ルモノナル〟状態だったから、危機回避のための満足な解

決策は一一月二五日までに見出されなければならなかった。メッセージは多分に比喩的なものだったが、これらの通信文を読んだ情報関係者で、アメリカの対日禁輸の解除に関する合意が見られなかったら、日米間の戦争は必至であるという事実以外の結論を下すことができる者はいなかったに違いない。

東京からハワイの総領事館宛に送られた一九四一年一一月一八日付の電報（一九四一年一二月五日にワシントンで解読・翻訳された）には次の一文が見られた。「投錨中の戦艦に関して以下の地点につき報告せよ。真珠湾N区と（ホノルル）ママラ湾、並びにその隣接区域（極秘裡に調査を行なうこと）」

一九四一年一一月二五日の期限は一九四一年一一月二九日まで、四日間延長されたが、これは以下に示す東郷外務大臣から野村・来栖両大使に宛てた公電第八一二号（一九四一年一一月二二日に解読・翻訳された）の中身から明らかである。

往電七三六号に記した期日は変更し難いものである。この点はご承知いただきたい。しかし、貴台が懸命に努力していることは当方承知している。帝国政府の既定方針を堅持しつつ、最善を尽くしていただきたい。わが方が求める解決を実現すべく、最善の努力を傾けていただきたい。われわれが二五日までに日米関係の妥結を求める理由は想像するに余りあると存ずるが、もしこの三、四日の間に日米間の話し合いが完了し、二九日までに調印を終え、それればかりでなく、公文書の交換などによってイギリスとオランダの両国の確約を取り付け、一切の手続きを完了することができるならば、当方としてはそれまで待つことにした。右の期日の変更は以後絶対に不可能であり、その後の情勢は自動的に進展するほかない。以上の次第を篤とお含みのうえ、交渉簡潔について十全の努力をお払いいただきたし。なお、右は両大使のお含みまでとされたい。

〔「本省　一一月二二日後一時一〇分発
第八一二号（館長符号）
very urgent
両大使へ
往電第七三六号ノ期日ハ変更シ難キモノナルコト御承知ノ通リナルカ貴方ニ於テモ折角御努力中ニモアリマタ帝国政府トシテモ既定方針ヲ堅持シツツ最後迄条理ヲ尽クシテ局面収拾ニ最善ノ努力ヲ傾ケ以テ能フ限リ日米国交ノ破局ヲ阻止シ度キヲ以テ御想像ニ余ル絶大ナル困難アリタルニモ拘ラス茲三、四日中ニ日米間ノ話合ヲ完了シ二十九日迄ニ調印ヲ了スルノミナラス公文交換等ニ依リ英蘭両国ノ確約ヲ取付以テ一切ノ手続完了ヲ見得ルニ於テハ夫レ迄待ツコトニ取リ計ラヒタク就テハ右期日ハ此ノ上ノ変更ハ絶対不可能ニシテ其ノ後ノ情勢ハ自動的ニ進展スルノ他ナキニ付キ如上ノ次第篤ト御含ミノ上交渉簡潔ニ付キ充全ノ御努力相成度シ右厳ニ両大使限リノ御含ミ迄」〕

日本の外務省が野村、来栖の両大使に、二九日までにアメリカの対日禁輸令が生んだ危機を解決するよう訓令したことは明らかである。一九四一年一一月下旬には、アメリカの軍情報将校たちはこの危機が解決できなかった場合は、ことは自動的に起こることを知っていた。このメッセージの先触れは、明らかに不吉だった。

一九四一年一一月二四日、野村駐米大使と来栖特命全権大使は、対日禁輸の危機を解決する期限の一九四一年一一月二九日は東京時間で設定されたものであるとの指示を受けた（これは、アメリカ時間の一一月二八日になる）。

一一月二四日、「日本との交渉は決裂したように見え、アメリカは日本が最初の表立った軍事行動を取ることを望む」旨言明した一通の秘密の電報が、ワシントンからハワイのショート将軍に対して発信された。ショートは、偵察その他の手段を講じる一方で民間人を恐怖に陥れないよう警告を受けた。

一九四一年一一月二六日、日本軍輸送船隊が五万人もの兵を乗せて揚子江河口から南に向かっているとの連絡をアメリカが受けたあと、コーデル・ハルは自宅のアパートで野村駐米大使と来栖特命全権大使に会った。ハルは日本に最後通牒を与えた。つまり、もし日本が対日禁輸令の解除を願うなら、中国とフランス領インドシナから撤退しなければならないという内容の、いわゆる、〝ハル・ノート〟である。ハルの最後通牒は日本側を落胆させたが、その点は以下に記す、一九四一年一一月二八日に解読・翻訳された東郷外務大臣から野村大使に宛てた電報が明らかにしているところである。

貴大使らはこれまで超人的な努力を払ってこられたが、それにもかかわらず、米国は今回のような理不尽な対案を提示したことは、すこぶる意外かつ遺憾とするところである。当方としては、とうてい右を今後の交渉の基礎とすることはできない。したがって、今次交渉は右対案に対する帝国政府の見解（二、三日中に追電する）を申し入れることをもって、実質的には打ち切るとするほかはない情勢である……。

〔「本省　一一月二八日　発

第八四四号

貴電第一一八九号等接受両大使段々ノ御努力ニモ関ワラス米側カ今次ノ如キ理不尽ナル対案ヲ提示セルハ頗ル意外且遺憾トスル所ニシテ我方トシテハ到底右ヲ交渉ノ基礎トスル能ハス従ッテ今次交渉ハ右米案ニ対スル帝国政府見解（両三日中ニ追電スヘシ）申入ヲ以テ実質的ニハ打切トスル他ナキ情勢ナル……」〕

ワシントン、開戦の可能性を警告

一一月二七日、ワシントンの海軍作戦部次長ロイヤル・E・インガーソル提督から、在ハワイ合衆国太平洋艦隊司令長官のハズバンド・キンメル提督と、在フィリピン合衆国アジア艦隊司令長官トーマス・ハート提督に送られた秘密のメッセージは、不気味な事態の到来を予測させる内容だった。

本電は、戦争への警報と考えていただきたい。太平洋における情勢の安定化を意図した日本との交渉は停止し、日本の好戦的な動きが数日内に予想される。日本軍の数と装備と海軍、さらに機動部隊の組織から見て、フィリピン、タイ、クラ半島もしくはボルネオに対する上陸作戦のための遠征があるものと思われる。合衆国戦争計画46〔ハワイの太平洋艦隊によるマーシャル群島襲撃計画〕に指定された任務遂行の準備の一環として、適正な防衛配備を実行されたい。同様の警報は陸軍省からも送られつつある。アメリカ海軍在ロンドン特別オブザーバーはイギリスのアジア大陸管区〔インド、ビルマ、マレー等〕に対し、グアムとサモアは破壊活動に対して適正な措置を講ずるよう指示されている旨通達されたい。

太平洋に展開するアメリカ艦隊の責任者に対する、この戦争への警告は、アメリカが特に懸念していたのはフィリピン、マレー、グアムに対する日本軍の侵略の可能性だったことを示している。予想された真珠湾への攻撃には触れられていない。ハワイのキンメル提督にとって、これは、要注意の地域は東南アジアと西太平洋であってハワイ海域ではないことを暗示していたのかもしれない。ハワイの軍施設は、アメリカ本土からフィリピンへ飛ぶ爆撃機にとっての有用な燃料補給地であり、アメリカ陸軍と海軍の発進基地および訓練基地として役に立っていた。訓練基地として見た場合の真珠湾に関する軍当局の思考様式は、資源を使うことより、むしろ保存することだったのかもしれない。このような考え方が、相当数のアメリカの双発偵察爆撃機を発進させて敵機を探索させる必要はないという、一二月七日（アメリカ時間）の朝の決断に至らしめた一つの要素だったのかもしれない。

一一月二七日の警戒メッセージに関して、筆者はもう一つのコメントも適切と考える。つまりこのメッセージが、フィリピンのハート提督とハワイのキンメル提督の双方に送られたということは、当局はハートのフィリピン艦隊のほうがキンメルのハワイ艦隊よりも危険な状態にあると考えていたことを示唆するというものだ。なんといっても、フィリピンはハワイのような広漠たる太平洋の中間地点ではなくて、日本のすぐ南にあるからである。

欺瞞をばら撒いた日本の公電

日本から発信された一九四一年一一月二八日付（東郷外務大臣発、野村大使宛）の公電八四四号の内容は、以下の文言を含むものだった。

……先方に対して交渉が決裂したとの印象を与えることを避けることとしたいため、貴大使におかれては、目下本国から訓令を待っているため帝国政府の意向は詳らかではないが、自身の意見として、帝国政府は従来から公正な主張をしてきたこと、特に日本帝国が太平洋の平和のために偉大なる犠牲を払ってきた点を説明されたい……。

〔「……先方ニ対シテハ交渉決裂ノ印象ヲ与フルコトヲ避ケルコトトシ度キニ付貴方ニ於イテハ目下猶請訓中ニシテ政府ノ意向ヲ詳カニセサル貴使限リノ意見ナリトシテ従来帝国カ公正ナル主張ヲ為シタルコト特ニ帝国カ太平洋平和ノ為ニ屢々難キヲ忍ヒ犠牲ヲ敢エテシテ……」〕

また、東郷外務大臣から野村大使宛に送られた一九四一年一二月一日付の極秘公電（第八六五号）

の中に、次のようなくだりがあった。「わが方は、アメリカに不必要な疑惑をいだかせないようにするために、新聞その他に対して、日米間の主張の距離は大だが交渉は継続中であるとの趣旨を持って指導してきた……」(「……我方ハ此際不必要ニ米側ノ疑惑ヲ増ササル様警戒スル見地ヨリ新聞其他ニ対シテハ彼我ノ主張ハ距離大ナルモ交渉ハ継続中ナリトノ趣旨ヲ以テ指導シ居レリ」)。だが東京は同じ公電の中で、野村と来栖にこう告げているのである。「往電に記した期日は到来し、過ぎて行ったが、情勢はいよいよ緊迫しつつある」(「往電第八一二号ノ期日ヲ経過シ情勢ハ益々進展シツツアル……」)

ルーズベルトに届いた〝断交通告〟

一九四一年一二月六日(アメリカ東部標準時間)の午後三時までに、東京から野村、来栖両大使宛に発信された、一四部に分けられた長文の〝断交通告〟のうちの一三部がワシントンに届いていた。東京は、ワシントンの一二月七日の日曜日まで、外交関係を断絶することを控えていた。アメリカ側による暗号電によるこの通告の解読作業は前日(土曜日)の午後九時までに完了していた。通告文自体は英文だったため、翻訳の必要はなかった。深夜までに、日本の通告のうちの最初の一三部は、ルーズベルト大統領、閣僚、そして軍上層部に届けられた。解読された日本の通告を六日の夜に読んだ大統領は、側近のハリー・ホプキンズのほうを向いて、「これは戦争を意味する」と語った。

一九四一年一二月六日の夕刻、大統領は夕食の席で来客たちに日本との戦争は明日始まると語ったと伝えられている。また大統領は夕食後すぐには就寝せず、その夜はかなり長い時間を複数の相談相手に囲まれて過ごし、一九四一年一二月七日にアメリカに降りかかるべき事態について沈思黙考したとも伝えられている。戦争が翌日起こることを大統領が一二月六日の夕刻に承知していたとすると、この情報がなぜ速やかにキンメル提督とショート将軍に伝えられなかったのかという疑問が残る。

傍受された日本のスパイ情報

日本の外交暗号を米軍通信隊が傍受・解読して得た情報をアメリカは〝マジック〟と呼んだが、傍受された通信の中にはスパイ情報も含まれていた。以下のメッセージは、一九四一年一二月六日ホノルルの日本総領事館から東京に発信されたものである。

発　ホノルル
宛　東京
一二月六日
（一）アメリカ大陸では十月、陸軍はノースカロライナ州キャンプデービスに於いて阻塞気球部隊の訓練を開始した。四、五百基の気球を注文しただけでなく、これらの気球をハワイおよびパナマの防衛に使うことを考えている。真珠湾付近を調査したが、これらが繋止器材を設置もせず人員を配置し訓練する兆候はない。と同時に当地に保有していると想像することも困難である。ただし海上、真珠湾、ヒッカム、エワ空港などの滑走路を管制するとしても、実際には限度がある。

当方はこれらの場所を奇襲することに対しては十中八九の機会が残されているものと考える。

(二)戦艦は防御網を持っていないものと思われるが、詳細は不明。調査の上報告する。(吉川猛夫著『真珠湾スパイの回想』朝日ソノラマ社刊)

阻塞気球網は鋼鉄製の線を空に張り巡らす仕組みであり、気球の下方あるいは近くを飛行することはきわめて危険である。防空気球が不在であることは、真珠湾を攻撃する日本軍のパイロットたちにとって幸先のよいことだった。

対日空爆攻勢の極秘覚書

ロンドンでは、一九四一年一二月七日、チャーチルがマレー沖でハドソン機のパイロットに目撃された日本機動部隊の動向に懸念を抱いていた。不安に駆り立てられたチャーチルは早速行動を起こし、新任の駐米イギリス大使ハリファックス卿宛の電文を草案した。内容は、「タイあるいはマレー半島(そして、おそらく東インド諸島)に向かって航行する日本の遠征部隊を洋上で攻撃することが正当化されるかどうか」ルーズベルトに問い合わせてほしいというもので、「われわれ自身としては、この点について自由が与えられることを強く願うものである」と続いた。(註16) チャーチルの電報で明らかにされたように、大英帝国はマレー半島に接近中の日本機動部隊に対する先制攻撃を画策していたわけである。もっとも、最終的には、イギリスがマレー半島への侵略を阻止する前に日本は上陸作戦を開始することになったのだったが。

シェノールトと、戦闘機からなる彼の特別航空戦隊が作戦開始の準備を完了してビルマに待機するなか、六隻の空母からなる日本海軍空母機動部隊は日本を離れ、ハワイ群島に向かって北太平洋を航行していた。アメリカのゲリラ航空戦隊がビルマで軍事行動を展開していたことと、アメリカのメディアが日本の主たる産業の中心地に焼夷弾を投下するアメリカの計画について明確に報じていたことを考えれば、日本がハワイにあるアメリカの軍事基地に先制攻撃を加える選択を行なったのは、意外なことではない。ヘクター・バイウォーターは『太平洋大戦争』の中で次のように書いている。「さらに、国家的危機の際には、少ない経費で多くの結果をもたらす見込みのある計画は、それがどのようなものであっても、必然的に政治指導者たちを強く引き付けるものだ……」。東条英機首相にとっても、そして山本提督にとっても、真珠湾攻撃はまさしくそのような機会と思われたのである。

日本がハワイを選んだのは、そこがマレー半島、フィリピン、オランダ領東インド諸島に向かって南進する日本軍の東側の側面に対して直接の脅威となる、アメリカ太平洋艦隊の基地だったからだ。真珠湾に停泊するアメリカ太平洋艦隊を壊滅するか、少なくとも戦闘不能の状態にしておけば、アジアを征服するために南進する際に、日本がアメリカの攻撃にさらされる可能性を最小限に留めることが可能になるはずだった。

日本の真珠湾奇襲攻撃計画は一九四一年二月に着手され、組織的に、あらゆる詳細にわたって細心の注意を払って進められた。ハワイまでは北方航路を取ることになった。低沈度の魚雷は完成した。アメリカの艦船の位置は、真珠湾全体を碁盤の目のようないくつもの細かな水域に区分する方式で記録された。

これとは対照的に、自らの先制攻撃、あるいは軍事攻勢への積極的な取り組みに対するアメリカの動きは、当事者間の調整が不備で計画は不徹底であり、挙句の果てに実行に移されなかったのである。アメリカの対日先制攻撃となって然るべき一大プロジェクト実現のための計画と準備に一年の長きにわたって取り組んできた後のシェノールトは、日本に戦争をもたらしたはずの兵力と装備の取得を阻止した連中に対して、著しい憤りを覚えたに違いない。

日本の真珠湾攻撃に先立つ数カ月間にアメリカの活字メディアが報じたアメリカ軍の日本爆撃計画は、根拠がないわけではなかった。一九四一年一一月二一日、「対日航空攻勢」と題する、空爆による攻勢に関する極秘覚書がスティムソン陸軍長官のために作成された。(註17) このような企てに関する事実を収集するため、マーシャル将軍は以前から、「日本帝国に対する空からの攻撃に関して必要な情報を収集するよう命令」していた。(註18) 将軍は以下の四つの問いに対する答を求めていた。

(1) 一二月一日に宣戦が布告されたとしたら、マッカーサー将軍は(ウラジオストックの基地から)日本の何を攻撃するのか。
(2) この点に関して、どのような情報がワシントンに集まっているのか。
(3) われわれにとって攻撃目標の設定に有利なシステムは何か。

（4）われわれの手持ちの情報は、どの程度ブレリートン将軍に提供され、フィリピンにもたらされたのか。(註19)

これらの点に関する討議の結果生まれたのが空爆攻勢に関する覚書だが、そこには、アメリカ軍部の指導陣は当時フィリピンで組み立てられていた重爆撃機によって構成される二つの航空群が、主として防衛の性格を帯びている点を懸念していることが示されていた。フィリピンに配備されたアメリカの爆撃機が絡む作戦計画は、日本の後方連絡線と中国近海を航行する日本の船舶を攻撃することを目的としていた。また、台湾沖の島々にある日本の海軍基地を攻撃する案も検討されていたものの、それらの基地に関する詳細は提供されていなかった。フィリピン空軍と呼ばれる航空隊を指揮していたブレリートン将軍は、フィリピンに赴任するのに先立って、彼の航空参謀が作成した日本の鉄鋼・石油産業と電力業界に関する研究結果を入手していた。これらの資料は、ブレリートンがフィリピンから日本に爆撃攻勢をかける場合に不可欠になるはずだった。

ブレリートン将軍のフィリピン到着後、軍情報機関（G－2）は将軍から「日本国内の攻撃目標に関するデータ」の提供を要請された。(註20)これに対して、「日本本土にある約六〇〇に及ぶ攻撃目標の位置を示す一連の地図」がマッカーサー将軍の許へ郵送された。(註21)マッカーサーはまた、これらの地図に対応する「攻撃目標ファイル」が準備中であり、「可能な限り速やかに」発送されると告げられた。(註22)マッカーサーの手元に届いた空爆攻撃覚書は、次のように締めくくられていた。「本プロジェクト（ワシントンのボーリング・フィールドにある陸軍航空隊司令官のオフィスで計画・立案中）の現状によると、予定されている〝目標ファイル〟の総数の三分の一程度が完成し、フィリピンへの送付の準備が完了する模様である[註23]」

空爆覚書には、B－17〝空の要塞〟、B－24リベレーター、ダグラスB－18Aの各爆撃機の爆撃航続距離を描いた西太平洋の地図が添付してあった。燃料搭載量が増えたため、B－17とB－24の行動半径はダグラスB－18A機よりかなり大きかった。これら二種類の機（B－17とB－24）の行動半径の中心点はウラジオストックと思しかったが、そこからだと、東京と日本の他の主要都市は楽に航行範囲内に入った。フィリピン、オーストラリア、ニューギニア、ニューブリテン、スマトラに予定されているそれぞれの基地を中心点とした行動半径も描かれていた[註24]。

空爆覚書は、一九四一年一一月末の数日間に、アメリカの軍事計画立案者たちが日本の主要都市の〝標的選択〟を行なっていたことを、疑念の余地なく示している。アメリカ陸軍省は明らかに、日本に対する空襲を考慮していたのである。一九四一年一一月二五日に揚子江河口から南に航行した日本の軍隊輸送船団が、東南アジアにおける連合国の植民地を襲撃する可能性があることを、同省が承知していなかったはずがない。

アメリカの重爆撃機がウラジオストックから飛び立つことをソ連が認めるだろうとの想定は、特に一九四一年四月一三日に調印された日ソ中立条約に鑑みて、心得違いだったように思われる。アメリカの軍事計画立案者たちはなぜ、中国南東部の株洲から日本に爆撃を加えるのではなく、東京およびその周辺の攻撃目標に対する先制空爆の基点をフィリピンとし、アメリカの爆撃機がそこから発進して東京に爆弾を投下し、そのあとウラジオストックに着陸して燃料を補給して、フィリピンまでの帰途に再び東京を空襲するという計画を立案したのだろうか。

さらに重要なことだが、アメリカの軍事計画立案者たちが宣戦は一九四一年一二月一日に布告されると予測していたのに、軍部はなぜ、フィリピンに配備されたアメリカの爆撃機のうちの少なくとも数機を株洲に移し、東京まで簡単に飛行できる地点に置いておかなかったのだろうか。フィリピンから発進するB－17は日本の南部の攻撃目標まで飛ぶだけで行動半径の限度に達してしまうだろう。B－17がフィリピンの基地に戻らなければならないなら、東京は同機の行動半径の外側にあったのである。

もしかしたら、アメリカの軍事計画立案者たちはシェノールトと蒋介石を信用していなかったのかもしれない。なにしろ、蒋介石が主導する中国国民党政府は汚職にまみれていた。またシェノールトは、相手を逆なでする性格の持ち主で、戦闘機戦術に関して陸軍航空隊の信条の逆を行く理論の提唱者だったから、同僚たちの多くの気分を害し、怒りを買っていた。しかし、戦争の勃発が確実と思える間際になって、なぜアメリカの重爆撃機のうちの少なくとも数機は中国に移動されなかったのだろうか。もしかしたら、アメリカの軍事計画立案者たちは、中国には〝空の要塞〟を維持するのに十分な燃料の備蓄がないことを懸念したのかもしれない。いずれにせよ、中国に建設された高価な飛行場は、日本が真珠湾を攻撃する前に当初の目的を遂げる運命にはなかったのである。

アメリカ航空勢力の大移動

シェノールトが〝空の要塞〟を思いどおりに確保できなかったことはわかったが、それではフィリピンのアメリカ軍基地から日本を攻撃するために用意された重爆撃機は何機あったのだろうか。アメリカには、対日戦略的空爆を支えるに当たって、フィリピンに配備された重爆撃機を増やすどのような計画があったのだろうか。そして最後に、アメリカ空母エンタープライズ、レキシントン、サラトガが一九四一年一二月七日に三隻とも真珠湾にいなかったのなら、これら空母はその日どこにいて、どのような機能を果たしていたのだろうか。

これは在フィリピン陸軍航空隊司令官ルイス・ブレリートン中将が報告していることだが、フィリピンにおけるアメリカの航空戦力はB－17〝空の要塞〟三五機、ダグラスB－18爆撃機部隊二個大隊、カーティスP－40戦闘機七二機、セバスキーP－35戦闘機二八機と、これに戦闘機部隊二個大隊を加えたものだった(註25)。しかしながら、日本の真珠湾攻撃の最中に、フィリピンに向かう途中だったもう一つのB－17爆撃機編隊がオアフ島に着陸している。真珠湾が奇襲されている最中に、アメリカは太平洋を横断する〝空の要塞〟四八機を空路フィリピンへ運んでいたのである(註26)。事実、ブレリートンは以下のように確認している。「……第七爆撃隊は一二月の第一週にアメリカを発ってフィリピンに向かい、できるだけ速く現地まで飛ぶ予定だった(註27)」。さらに、一九四一年一一月二六日から、B－24リベレーター爆撃機がミッドウェイ島とウェーキ島経由で西に飛び、西太平洋のギルバート島とマーシャル群島で偵察飛行の任に就くことになっていた。[註28] 合衆国は、一九四二年四月までに一〇〇機の重爆撃機をフィリピンに配備できると予想していた。ブレリートンは、ハップ・アーノルド中将およびその他の陸軍航空部隊首脳部と行なった一九四一年一〇月六日の会談で、フィリピンにおけるアメリカの航空部隊を増強する、これまでよりはるかに野心的な計画について聞かされていた。[註29] 四つの飛行群からなる合計二七二機の重爆撃機（B－17とB－24）の大編隊が誕生し、[註30] さらに二個飛行群からなる合計二六〇機の戦闘機と五二機の急降下爆撃機が到着することになる、というのである。[註31] フィリピンの防空は、適正なレーダーとその管理要員によって支えられることになった。[註32]

だが、これらの機がミッドウェイ島とウェーキ島で燃料を補給している最中の安全が保障されないのであれば、アメリカの重爆撃機の被護送編隊が太平洋を越えてフィリピンまで飛ぶことはできない。本土から陸軍航空隊の戦闘機をミッドウェイ島とウェーキ島に輸送するのでは時間がかかり過ぎるため、海軍戦闘機の飛行大隊をハワイからこれらの島に空母で送るほうが早いと決まった。

これが、一九四一年一二月七日、アメリカの空母レキシントンとエンタープライズが真珠湾にいなかった理由である。つまり、これら二隻は、フィリピンへ飛ぶアメリカの重爆撃機の燃料補給地点であるミッドウェイとウェーキに戦闘機を搬送するために配備されていたのだった。一方、空母サラトガはカリフォルニアに派遣されていた。フィリピンにおいて重爆撃機の数を増やすというアメリカの決断は、イギリスが戦艦プリンス・オブ・ウェールズと巡洋戦艦レパルスを一九四一年の暮れに西太平洋に派遣したことがきっかけで熟慮されることになった。英米間のこの協力は太平洋における日本の侵略を思いとどまらせるものと思われていたが、逆に、この戦略は日本に太平洋で最初の一撃を放

つことを決断させるに当たって、主要な役割を演じたと論ずる向きもある。(註33)

第二義勇兵部隊計画

一九四一年の晩夏から秋にかけて、シェノールトの考えは第一義勇兵部隊の訓練にのみ集中していたわけではなかった。当時シェノールトとカリーの間で交わされた通信は、中国に爆撃機を輸送し、それを操縦するパイロットを提供する計画が進行中であることを示している。驚かされるのは、イギリスは当時、国産のホーカー・ハリケーン戦闘機を中国における作戦のためにブリストル・ブレニム爆撃機と併せて提供する、事実上の〝逆〟武器貸与法を考えていたことだ。そして、どこまでも想像力に長けたウィリアム・ポーリーは、なんと、イギリスが自前の義勇兵からなる航空隊を派遣できるようにするため、イギリス航空省と打ち合わせまで行なっていたのである。

カリーは、シェノールトの興味をそそるような質問を添えた電報を宋美齢に送り、シェノールトに中継してほしいと頼んだ。「以下の性能を持つハリケーン戦闘機が一九四二年に入手可能。興味の程をお知らせ願いたし。航行速度は高度六四〇〇メートルで時速約五四〇キロ。実用上昇限度九一五〇メートル。七・七ミリ機銃一二挺、あるいは二〇ミリ砲四門。即返答されたし」(註34)。カリーはさらにこう伝えていた。「小職はB-25機数機を一九四二年初頭に入手できることを願うものである」(註35)

さらに、宋美齢経由でシェノールトに宛てた一九四一年八月二六日付のカリーの電報は、中国におけるイギリスの軍事的関わりを明白に示すものだった。「補助タンク付ハリケーン四〇〇機入手の可能性高し。爆撃機に関してもイギリス側と交渉中。その他の戦闘機に関する貴台の提案も検討中[註36]」

ワシントンのカリーから宋美齢に宛てたこれらの電報は、イギリスが中国における作戦のために一九四二年に戦闘機を提供する可能性を示すものだったが、(アメリカの第二航空使節団を取り仕切った)マグルーダー将軍は一九四一年一一月八日に長文のメッセージをスティムソン陸軍長官とマーシャル参謀総長に送った。中国空軍の能力の査定において最初の使節団の指導者たちより正直だったマグルーダーは、次のように記している。

一〇月三〇日、蒋介石総統と会談したが、総統は唯一頼りにしてきた戦闘部隊である中国航空隊はまったく役に立たない、と私に率直に告げた。彼は航空隊の戦闘能力が心配だ、と語った。そのあと蒋は、わが使節団が至急この組織を引き受け、その任務を引き継ぎ、組織を再編してほしいと述べた。彼はわれわれがアメリカ陸軍航空隊から誰か一人高級将校を派遣して組織の責任者の位置につけ、自らの軍として中国空軍を指揮させる可能性があるかどうか尋ねた。彼は、中国航空隊に未だに見られる妨害や複雑な力関係に煩わされない、十分にして絶対的な権限を保証すると力説した[註37]。

マグルーダーは、自分の発言はあくまでも中国空軍に関してなされたものであり、義勇兵部隊とは区別されるべきだと指摘することを怠らなかった[註38]。マグルーダーのメッセージは、当時の中国の政治的現実を追認している。中国人は確かに、アメリカ人の権威の正当性を問題にしようとしていたようだ。というのも、マグルーダーによれば、蒋介石は「われわれアメリカ人の努力がすべて、合衆国によって確立された中国空軍の権威を損なおうとする傾向のある中国人によって否定されているわけではないと保証した」からだ。(註39)

マグルーダーに対してなされた蒋介石の提案では、総統の求めるアメリカ人将官が、義勇兵部隊の直接の指揮を含めて(米中混成の)中国空軍の全面的な指揮を執る権限を有することが構想されていた。(註40)中国人隊員はやがてアメリカ陸軍航空隊の隊員たちと同じ身分で軍に組み込まれるだろうし、アメリカ人将官は少なくとも五人の将校からなるスタッフを抱えるべきだろうと蒋介石は述べた。(註41)マグルーダーの無線電報によって、中国で五〇〇機からなる航空戦隊を運用する計画は依然として生きていることが確認されたわけである。(註42)

マグルーダーは一九四一年一一月九日に、二通目の無線電報を送り、従軍中の戦闘機部隊を訓練する場合に遭遇する問題点を明らかにしている。「将来の義勇兵部隊志願者は、アメリカの航空部隊基地の一つで召集され、除隊前に、組織化された飛行隊において訓練を受けておくことを提唱したい。また、これら志願者の訓練はすべて、中国政府に対して放出されたのと同型の航空機並びに備品を用いて行なわれるべきである」(註43)。マグルーダーの意見は的を射ている。シェノールトの慌しくかき集めた戦闘機集団は、訓練中の事故で多くの航空機を失っている。ビルマのジャングルの中の間に合わせの飛行場は、とても理想的な訓練環境と呼べるような代物ではなかったのである。

シェノールトの爆撃機移送計画

マグルーダーが中国空軍の現状を改めて査察し、中国空軍とアメリカ義勇兵部隊の指揮を引き継ぐアメリカ人将官に関する蒋介石の要求をワシントンに中継している間に、シェノールトは一九四一年九月四日、宋子文宛に、長距離爆撃機を中国に輸送する件に関して手紙を送った。シェノールトは、以下のように宋に説明している。

多くのフライトで閣下専属のパイロットを務めたCNAC〔中国航空公司〕の年配のアメリカ人パイロットが、一九四一年一二月一日頃、休暇で合衆国に帰る予定です。本人はアメリカから中国に戻る際に、パンアメリカン航空の航路、あるいはそれより北寄りのアラスカ・シベリア航路を利用して、爆撃機編隊を指定された中国国内のいかなる地点にも先導する任務に応じられると語っています。彼はまた、中国到着以後の作戦においてその爆撃隊の指揮を喜んで執りたいとも語っています。このパイロットは非常に腕のよい航空士でもあり、中国の大半の飛行場を熟知しているため、彼の協力はわれわれにとって多大な価値があるものになるでしょう。

一定数の長距離爆撃機、たとえば一〇機から二〇機程度を生産工場に保管し、義勇兵の乗員を使ってそれを工場から直接中国へ飛ばしてはどうかという案も提示されています。これら爆撃機は爆撃照準器、無線方向探知機、航行機器、酸素装置、爆弾懸吊架等を完全に装備しなければなりません。銃、弾薬、爆弾は搭載してはなりませんが、これらは飛行に先立ってあらかじめ中国に輸送されなければなりません。

ホノルル、ウェーキ、グアム、マニラ経由の飛行計画に対する許可を合衆国政府から得ることが必要です。ミッドウェイに立ち寄る必要はないと考えます。ウェーキとグアムの滑走路が使用可能か否かに関する情報を、たとえば一九四一年一二月三一日までに得ることが必要だと思われます。

これら爆撃機をマニラから夜間に飛ばせば、指定された中国のいずれの飛行場にも夜明け直前に着くことが可能になります。本計画が承認されれば、アメリカに到着後、件のＣＮＡＣのパイロットから閣下に連絡を取らせ、ご指示を仰がせる所存です。(註44)

シェノールトは、戦闘機群の訓練と、中国におけるその活動のための準備に加えて、規模が増大しつつあった彼の航空戦隊が必要とする航空機数を満たすため、爆撃機の引渡しの実現に取り組んでいたのである。

イギリスの先制攻撃構想

重爆撃機の中国への輸送のほかに、シェノールトは爆撃機からなる第二義勇兵部隊の活動と指揮に関して宋美齢やその他の中国側の重鎮と協議を続けていた。宋子文に宛てた一九四一年九月二三日付の文書で、シェノールトはハドソン爆撃機に要する人員の配置や管理に関して、中国政府に対して二つのオプションを提示した。第一の選択として、シェノールトはこう述べている。「……私なら、訓練された要員はすべてアメリカで雇う方法を選ぶでしょう。この計画の下では、操縦士、副操縦士、整備士、無線通信士、装備および管理関連の要員はすべて、アメリカ軍を除隊した義勇兵になるでしょう」(註45)。第一案が経費あるいはその他の理由で容認されない場合を考え、シェノールトは以下のような提案を行なっている。

第二の計画の下では、主要な人員だけがアメリカ人義勇兵であり、部隊の隊員の大多数は中国側によって供給されます。つまり、(戦闘機からなる)第一義勇兵部隊と似通った組織になるわけです。中国航空問題委員会は、隊員の必要数を完全に満たすために、この部隊の任務にふさわしい訓練の行き届いた中国人要員を確保できることを保証しています……。

私が全体を統括し、第一(戦闘機)部隊同様にこの新しい爆撃隊の指揮を執ることをお望みなら、二部隊混成の航空団のためのスタッフを組織することが必要になるでしょう。そのためには、少人数の追加人員を雇用することが必要になります。ちなみに、この航空団のスタッフとして仕える人員のうちの何人かは、すでに第一義勇兵部隊に雇用されております(註46)。

アメリカ軍部と中国側の双方を満足させようと努めるシェノールトは、明らかに微妙な立場に立たされていた。アメリカ陸軍を退役して中国銀行に雇われの身のシェノールトは、中国航空問題委員会の顧問であり、中国で戦闘機部隊と爆撃機部隊を結成する任を負っていた。シェノールトがカリーに送った一九四一年一〇月二二日付の電報には、在中国アメリカ軍事使節団の感情を害することなく、中国の雇用主を満足させることに腐心する彼の姿が明らかになっている。カリーに宛てた電報で、シェノールトは以下のような内容の報告を行なっている。

マグルーダー使節団の空軍要員であるホイト大佐はちょうど現地に到着したところで、義勇兵部隊を支援する意思を示す有望な証拠を見せてくれた。義勇兵部隊のこれまでの活動の経緯と現時点における当方のすべてのニーズを含んだ現状報告を行ない、ヴァルティ機用予備部品およびP－39機用スーパーチャージャー等を含む多くの沙汰やみになった案件を再度取り上げることが焦眉の急であると伝えた。貴台と宋博士に航空便でコピーを送る。部隊の仕事に関し、貴台と使節団の間の連絡は緊密であるか、あるいはそうなり得る状態にあると信ずる。使節団はわれわれの協力を期待している。使節団を迂回して行動することは危険だが、いずれにせよ、貴台が承認しない限り何もしない決意である。貴台が当方の立場を理解し、貴台にとって好ましい措置が講じられることを祈る。将来のために最善の方針をご教示願いたい。（註47）

カリーに宛てたシェノールトのこの電報の謎めいた文言は、二人が関係者を怒らせることなく協力を申し出ることによって、アメリカ側と中国側の双方の期待に応えようとしていたことを示している。この電報はさらに、シェノールトが予備の部品への必要を満たそうと願ったことと、中国における任務のためのベルP－39エア・コブラ戦闘機の供与に関しても協議が行なわれたことを示している。戦闘作戦が開始する前ですら、第一義勇兵部隊はすでに予備部品不足に苛まれていた。この点は、カリーからシェノールトに宛てた一九四一年一一月二二日付の書簡によって確認されている。内容は、以下のとおりである。

一一月一二日付の貴台の電報には驚かされた。この時点まで、当地にいるわれわれは、一人として、備品の払底をめぐる貴台の窮状についてまったく何も知らなかった。マグルーダー使節団から届いたのは、筒型コイルと爆弾懸吊架に関する電報と、陸軍が実行不能と考えるいくつかの提案に関する電報のみである。私は、この騒ぎの一つの結果として、使節団の空軍部門を強化するために補給係将校が派遣されることに期待をかけている。(註48)

カリーはシェノールトにさらにこう説明した。「来年の装備に関わる貴台のすべての問題は、目下、対策が講じられつつある。同時にわれわれは、残りの部品とP－66機、P－43機、DB－7機、ロッキード・ハドソン機の引渡しを早めるために最善を尽くしている(註49)」

予備部品の払底、爆撃機の中国への引渡しに関わる諸問題、そして第一義勇兵部隊の戦闘機パイロットたちのために行なう過渡期的訓練中に発生する航空機の損失や損壊は、明らかにシェノールトを意気消沈させつつあった。カリーは、何とかしてシェノールトの士気を鼓舞しようとして、次のような言葉で書簡を締めくくった。

貴台がこれまで落胆することが多かったことは承知している。私が判断できる限りにおいて、陸軍航空隊の貴台に対する評価はかつてなかったほど高く、これまでの貴台の生き様は社会全体に評価されているという事実から、励みになるものをいくばくかでも感じ取っていただきたい。さらにお伝えしたいのは、私は今後、今までよりはるかに多くの支援を貴台が得ることを確信しているということである。(註50)

シェノールトが中国で義勇兵部隊計画の実践面や政治の絡む障壁に直面していた頃、ウィリアム・ポーリーは中国で軍務に就くイギリスの〝義勇兵〟にイギリス製の航空機を提供してはどうかと、イギリス航空省に提案していた。事実、この構想は一九四一年一一月二〇日に討議されている。(註51)ポーリーとイギリス空軍の代表たちとの協議が取り上げたのは、イギリス航空省の了解を得てイギリス空軍を除隊し、CAMCOの被雇用者として中国で軍務に就くパイロットその他の要員に対する支払いの問題だった。イギリス人のパイロットとイギリス製の航空機がアメリカ人の軍用機搭乗員と並んで中国で雇われるわけだから、これは事実上、〝逆方向の〟武器貸与法だった。ポーリーは、中国に仕えるイギリス人義勇兵の給与水準と、彼らが命を落としたり障害を負ったりした場合に遺族に支払われる手当について、イギリスの官僚たちと協議した。一九四一年一一月二〇日のこの話し合いとの関連で、イギリスの軍用機搭乗員が中国に仕える構想に関する三ページのメモの草案が作成された。

この会談に関する公式なメモに添付された草案によると、中国におけるイギリスの先制的軍事計画は次の諸要素を含んでいた。

（1）イギリス航空省は、極東におけるイギリス軍の最高司令官あるいは空軍指揮官が放出を決定した航空機と装備を貸与することに合意する。
（2）航空省は空軍司令官の承認の下で当該会社による雇用が決定した人員の除隊を認め、会社は協定書に規定された条件の下でこれら人員を雇用するための協定を個々に結ぶ。（註52）
（3）航空機と装備の引渡しの期日と場所は、空軍司令官によって決定される。除隊と雇用開始の期日と場所は、空軍司令官によって指定される。（註53）
（4）CAMCOはイギリス空軍司令官の要請があれば、契約を破棄し、人員を解雇することができる。
（5）英国からの要員に対する規律の行使に関する規定も討議された。
（6）CAMCOは、特別の理由なしに英国からの要員を解雇することはできない。
（7）CAMCOは、英国の義勇兵の親族や扶養家族に金を払うか、金が支払われるよう取り計らう。
（8）CAMCOは、義勇兵の未亡人と孤児、そして会社と空軍司令官によって今後決定され合意されるであろう、それに類する者たちに対して、財政的な責任を負うことに合意する。（註54）
（9）会社は空軍司令官の要望に応じて、義勇兵の死亡、負傷、危険な疾病といった不慮の災難や出来事について、空軍司令官と被雇用者の法定代理人である他の人物に通報することに同意する。（註55）

ポーリーがイギリス航空省と協議を行なっていることから、チャーチル首相が中国におけるシェノールトの特別航空戦隊を〝国際航空隊〟と呼んだわけがわかってくる。それはまた、イギリスがアメリカ同様に、中国政府の保護の下で活動を続ける一方で、中国で先制的軍事行動を展開する構想を練っていたことを示すものでもあるのだ。

第15章　真珠湾、奇襲さる

したがって奇襲は、優位に立つ手段になるが、それがもたらす心理的効果ゆえに、独立した要因と考えられるべきである。大規模な成功を収めたとき、奇襲は敵を混乱させ、士気を低下させる……。

――カール・フォン・クラウゼヴィッツ、『戦争論』(註1)

アメリカの特別航空戦隊が日中戦争における戦闘に備えてビルマで訓練を受けており、米軍の日本爆撃への野心が日本の無線通信とアメリカのメディアでしきりに伝えられている間に、日本は択捉島の単冠《ヒトカップ》湾に空母機動部隊を結集させていた。攻撃部隊が結集したあと、パイロットたちは空母赤城の艦上でオアフ島と真珠湾の模型を連日吟味して作戦を練り上げた。パイロットたちはそれぞれ攻撃目標までの各自のルートと、攻撃を遂行する際の進入路を研究した。赤城から発進した一人のパイロットは後に、模型を十分に研究したことによってオアフ島上空の自機の位置を容易に見定めることができた、と語っている。

一九四一年一一月八日、連合艦隊司令長官山本五十六提督はハワイに向かう日本海軍機動部隊に対して、「機密連合艦隊命令第一号」（一一月五日付）と同命令第二号（一一月七日付）を発令した。これによって艦隊は、ハワイ作戦開始前の待機地点、択捉島の単冠湾に進出し待機すること、そして開戦既定日（Y日）が一二月八日であることを通告された。そして一一月二六日、機動部隊は単冠湾を離れ、ハワイ攻撃の途についた。一二月三日、機動部隊が航海の中間地点に達した時点で、ハワイの日本総領事館は、真珠湾に停泊中のアメリカ戦艦名とその位置を示すリストを含む長文の電報を東京に送った。(註2) アメリカの陸海軍の暗号解読者たちは日本の外交暗号を解読することはできたが、作業の量が膨大だったことと、この種の電報の優先順位が比較的低かったことが重なったため、日本の意図を明らかにしたこのきわめて重要な電報の解読は、日本の先制奇襲攻撃の四日後の一二月一一日まで遅れることになった。翻訳後、危機の深刻さは直ちに明白になったが、当時は膨大な量の日本の外交通信が傍受・翻訳されていたため、問題の電報は早期に解読・翻訳されなかったようである。

ハワイの日本総領事館から送られた一九四一年一二月三日付の暗号電報は、日本人スパイ、外務書記生森村正こと吉川猛夫海軍予備少尉の手によるものだった。江田島の海軍兵学校の卒業生の吉川がハワイにいることを、連邦捜査局（ＦＢＩ）特別諜報員のロバート・シバーズは不審に思った。アンダーソン海軍少将は、インターコンチネント社の副社長だったブルース・レイトンがロドニー・ブーン少佐にカーティス－ライト社の航空機の〝売り込み〟を行なったときにワシントンで海軍情報局に勤務していた人物だが、いまでは真珠湾のアメリカ艦船の指揮官を務めていた。アンダーソン少将はシバーズ特別諜報員に、日本総領事館の保護下で展開される諜報活動を監視するのはＦＢＩではなくて海軍の役目だと告げた。吉川の出現が不審の的となったのは、彼には外交官の前歴がなく、公式の外交官名簿に名前が記載されていなかったからだった。

吉川はハワイにあるアメリカの軍事施設を密かに監視することで忙しかったが、アメリカ太平洋艦隊の動きには特別の注意を払った。吉川は、日米の二重国籍を持ち、領事館で事務官を務めるリチャード・コトシロドという名の協力者を得た。

東京からの指令に従い、真珠湾の水域は碁盤目に細かく分けられ、その番号に基づいて戦艦その他の船の位置が日本領事館内の事務所の一室から東京へ送られた。吉川はパール・シティを頻繁に訪れ、フォード島の海軍航空基地の真向かいで清涼飲料水のスタンドを営む年配の日本人、テイサク・エトウの知遇を得た。この店がアメリカ太平洋艦隊のスケジュールと活動状況を観察するのに格好な地点であることを悟った吉川は、ほどなくここの気安い常連になった。軍事基地を写したカラー絵葉書や合衆国地質調査部が発行した地図は土地の商人から手軽に入手することができたため、吉川自身がその地域を写真に収める必要はなかった。

日本の空母機動部隊が単冠湾を出港した六日後の一二月一日、在広東陸軍第二三軍司令官宛の指令書を携行した陸軍参謀部付中佐を乗せた中国民間機が上海から広東へ向かう途上、悪天候の中、広東東方の山岳地帯の敵地に墜落した。この極秘命令書には、日本軍のマレー作戦開始時期が類推される内容が記されており、中国がこの情報を入手すれば、たちどころにアメリカとイギリスに通報されるに違いなかった。墜落の報告は大本営の面々の心胆を寒からしめた。だが、中佐は重傷を負ったが、携行した命令書およびその他の機密書類をすべて焼却した後に、敵と交戦し、戦死。大本営の心配は杞憂に終わった。

また一二月一日、ルーズベルト大統領は、傍受・解読された東郷茂徳外務大臣からベルリンの大島浩駐独大使に宛てた電報について思案をめぐらせていた。大島大使は、日本とアングロ・サクソン諸国との戦争の「勃発の時期は意外に早く来るかもしれない」ことをナチス政府に伝えるよう指図されたのだった。その結果、ルーズベルトはハル国務長官とアメリカ海軍作戦部長スターク提督に、日本に関する外交・軍事関連のニュースはすべて自分が指揮を執ると伝えた。

一二月二日、日本の大本営は「ニイタカヤマノボレ　ヒトフタマルハチ」という暗号文を空母機動部隊に打電した。これは、艦隊に真珠湾の攻撃開始を命じた暗号だった。また、同日、オランダ海軍武官ヨハン・ラネットはワシントンの海軍情報局にいて、局の壁にかかった地図を眺めていた。そこには、日本列島からハワイに向かって東に進行中の船団が黄色で示されていた。ラネットがアメリカ人の海軍将校にこの標示の意味を尋ねると、これは日本の機動部隊が東に進んでいることを示しているという返事だった。

一二月五日の閣議でノックス海軍長官は、海軍が日本艦隊の位置を知っていることを暗示する発言を行なった。動揺したルーズベルトはノックスを遮ってこう告げた。「われわれは、この艦隊の明白な目的地に関する完璧な情報など、まったく持ち合わせていない」

第一四章でも触れたが、一二月六日の午後九時三〇分頃、アメリカ海軍大尉レスター・シュルツがホワイトハウスのルーズベルト大統領の書斎に出頭したとき、大統領は彼の最も近い側近にして親友のハリー・ホプキンズと談話中だった。ルーズベルトは東京から野村駐米大使と来栖特命全権大使に宛てた暗号電報による〝国交断絶通知〟のメッセージの最初の一三部に目を通し、そのあと、「これは戦争を意味する」と語っている。ホプキンズはこう答えた。「われわれが最初の一撃を加えて、いかなる形の奇襲攻撃をも回避することができないのは残念至極だ」。これに対するルーズベルトの返答はこうだった。「いや、それはできない。アメリカは民主国家であり、平和を愛する国民である。それに、アメリカはいい記録を持っているのだから」

諸説はあるが、ルーズベルトはノックス海軍長官、彼の補佐官（シェノールトと第一義勇兵部隊の結成に尽力した）フランク・ビーティ大佐、スティムソン陸軍長官、スターク海軍作戦部長、マーシャル陸軍参謀総長、そしてハリー・ホプキンズと未明まで協議を続けたと報道されている。このような協議は行なわれなかったと主張する歴史家もいるが、日本との戦争が急迫していることを知ったルーズベルトが、自分に最も近い軍事・政治面の相談相手を呼び集めた可能性は十分にあったと考えてよかろう。

一九四一年一二月七日日曜日、午前九時三〇分（ワシントン時間）、スターク提督は極東関連の情報を取り仕切る海軍施設、OP－20Gのアルビン・クレーマー司令官を含む海軍将校の一団に囲まれていた。この施設のスタッフは、東京からワシントンの日本大使と特別大使宛に送られたメッセージの最初の一三部を傍受・解読していた。スタークは前日受け取った一三部の外交電を補足する二通の電報を見せられて、日本がワシントン時間の一二月七日午後一時をもって合衆国との外交関係を断絶する意図であることを明白に示す証拠を目の当たりにした。しかし、このような情報を提供されても、スタークはそれをハワイのアメリカ太平洋艦隊司令長官キンメル提督に伝えなかった。それどころかスタークは、その場に集まった将校たちに解散を命じ、まずルーズベルト大統領と話がしたいと言った。ワシントン時間の午後一時はハワイ時間の午前八時であることを、解読文書についてスターク提督に報告した将校たちが理解していないはずはなかった。

スターク提督が一二月七日の朝、とるべき道について思案をめぐらせている頃、真珠湾攻撃の先陣を切る攻撃隊総隊長の淵田美津雄中佐は空母赤城の艦上で最後の準備に余念がなかった。日本機は現地時間午前八時まで攻撃を仕掛けないことになっていた。なぜなら、この時刻は日本の二人の大使が合衆国との外交関係を断絶するメッセージをハル国務長官に手交していた予定の、ワシントン時間の午後一時に当たったからである。淵田が上空で黒煙信号弾を一発だけ発射すれば、戦闘機部隊が最初に飛行場を攻撃し、二発だったら、急降下爆撃機が最初に攻撃を開始することになっていた。

一二月七日午前一一時四五分、ビーティ大佐は、東京の政府から送られた最初の一三部の公電の内容を補足した、海軍情報局から受け取った二通の付録の翻訳に基づく報告書をノックス海軍長官に届けた。報告書の結論を読むノックスに対して、ビーティはこう語った。「これは、真珠湾が今日奇襲攻撃を受けるという意味です」。スターク提督がワシントンで、果たしてハワイの陸海軍の指揮官に通報すべきか否か考えている間に、日本機はハワイの北方約三五〇キロの海域で空母から発進していたのだった。キンメル提督に通報しなかったスターク提督の決断は、今日に至るも謎である。

午前一一時二五分、ワシントンで、陸軍G－2（軍関連情報担当）のルーファス・ブラットン大佐は、陸軍参謀総長マーシャル将軍のオフィスで待っていた。到着後直ちに、マーシャルは〝国交断絶〟通知の一三部の内容を補足する、前夜解読された二通の修正文についてブラットンから詳細な説明を受けた。マーシャル将軍はこの文書の意味を一時間近くも熟慮したのちに、ようやくブラットン大佐が駐ハワイ陸軍部隊指揮官のウォルター・C・ショート将軍に陸軍の無線でメッセージを送ることを承認したようだ。マーシャル将軍は、（日本側に盗聴される恐れのない、ハワイまでの直通の）秘匿通信回線《スクランブラー》を使ってハワイに電話できたはずだったが、そうしない選択を行なった。だが、メッセージを無線で送る決断は、大気の状態が不良でワシントンとハワイの間の直接の通信が不可能だったため、厄介な結果をもたらした。そのため、マーシャル将軍の警告はウェスターン・ユニオン社が扱う電報でハワイの陸軍部隊指揮官に送られることになった。マーシャルがスクランブラーの使用を拒否した正確な理由は、今でも謎である。

一二月七日午前八時少し前、淵田中佐は黒煙信号弾を、一発空中に発射した。これは、九九式艦上爆撃機が急降下爆撃を始める前に、零戦のパイロットたちがアメリカ軍の飛行場を攻撃することを意味した。だが、零戦に乗ったパイロットたちは最初の信号弾が見えなかった。淵田は死に物狂いで、二発目を発射した。しかし、急降下爆撃隊のパイロットたちは信号弾を二つとも見ていたため、次々と編隊を離れ、アメリカ軍飛行場の攻撃に備えて加速しはじめた。そして、ホノルルの街の教会の鐘が鳴り響き、アロハ・タワーの時計が七時五五分を指すのと同時に、日本軍機はホイラー飛行場の爆撃を開始したのだった。

真珠湾攻撃の被害

日本による正式な宣戦布告なき真珠湾攻撃は当時、国際法に違反する残忍で野蛮な行為であり、謀殺ですらあるとみなされたが、この見方は今日でも相変わらず根強いと言ってよかろう。アメリカはこの攻撃で二四〇三名が命を失い、一一七八名が負傷した。被害は合計二〇隻（三隻の空母は当日ホノルル湾に投錨していなかった）と乾ドック一基に及んだが、撃沈あるいは大破した戦艦はそのうちの八隻。アリゾナは弾薬倉が大爆発を起こして撃沈し、全米五〇州中四八州出身の水兵たちが命を落とした。オクラホマは転覆・沈没し、後に引き揚げられたが損害がひどく、修復は断念された。ネバダは沈没して湾をふさぐことを避けるため、自力で浅瀬に座礁した。後に引き揚げられて艦隊に復帰。ウェスト・バージニアとカリフォルニアは撃沈されたが、後に引き揚げられた。メリーランド、ペンシルベニア、テネシーは大破したが、いずれも修復され、戦列に復帰している。

巡洋艦は四隻が被害を蒙った。大破したヘレナとローリ、付帯的損害を受けたホノルルはいずれも修理され、軽巡洋艦ヘルムは被害に遭ったが戦列にとどまった。直撃を受けた駆逐艦は三隻。ショウは爆発で艦首が吹き飛び、カッシンとダウンズは大破したが、それぞれ再建された。その他、機雷敷設船のオグララとカーティス、港湾タグボートのソトヨモ、標的艦ユタ、修理船ベステル、乾ドックＹＦＤ－２も被弾し、転覆・沈没の憂き目に遭ったが、いずれも引き揚げられ、修理されている。

ベローズ飛行場では、一〇機が破壊された。イワ海兵隊航空基地では三三機が破壊された。フォード島では、二六機の海軍機が破壊された。ヒッカム飛行場では、一八機の陸軍機が破壊された。カネオへ海軍航空基地では、一三機が破壊された。ホイラー飛行場では、四〇機の陸軍機が破壊され、さらに空母エンタープライズから発進した五機が破壊された。真珠湾奇襲攻撃時には、フィリピンに向かう途中のB－17機の編隊が燃料補給のためにハワイに立ち寄っており、そのうちの四機が破壊されたのは皮肉なことだった。（註3）

南方での開戦

日付変更線の西側はすでに一九四一年一二月八日だった。日本軍はマレーを侵略し、フィリピン群島への空襲を開始した。フィリピン北部ルソン島のバターン半島には、日本兵が上陸した。（太平洋におけるイギリスの要塞）シンガポール、（アメリカにとっての太平洋の〝アラモの砦〟）ウェーキ島、そして香港に対する空襲が行なわれた。（註4）フィリピンでは、きわめて多数のアメリカの貴重な〝空の要塞〟が、日本上空での軍事攻勢のために中国に渡される機会がついにないまま、地上で破壊された。この状況を、連合国が日本人の手によって「血塗られた混乱」に陥ったと名状するのは、現場の惨状にふさわしい表現だった。（註5）

フィリピン時間の一二月八日午前五時に真珠湾攻撃が始まったことを知った後、在フィリピン陸軍航空隊司令官ルイス・ブレリートン将軍はダグラス・マッカーサー将軍のオフィスに急行した。将軍に会わせられないと告げられたとき、ブレリートンは日本によるハワイ攻撃に鑑み、台湾にある日本の空軍基地の攻撃を許可してほしいと訴えた。参謀長のリチャード・サザーランド少将はマッカーサーに会いたいというブレリートンの願いを却下したが、台湾の高雄港にある日本軍飛行場空襲の準備にとりかかるというブレリートンの計画には同意した。フィリピンのクラーク飛行場で出動可能なすべてのB－17機が作戦準備にとりかかり、デルモンテ飛行場のB－17機は燃料補給と爆弾搭載のためにクラーク飛行場まで北に向かって飛ぶことになった。しかしながら、ブレリートンは命令が出るまで戦闘行為を行なってはならないと釘を刺された。

ブレリートンは午前七時一四分に再びマッカーサーのオフィスを訪れ、将軍との謁見を求めたが、サザーランドは再びそれを却下した。サザーランドはブレリートンに、将軍は多忙のため会っている暇はないと告げた。

高雄にある日本軍飛行場の空爆を目論んだB－17の発進許可へのブレリートンの嘆願が立ち往生させられている間に、フィリピン攻撃を目指す爆撃機と戦闘機計約二〇〇機からなる日本軍飛行機隊は、霧のため地上に釘付けにされていた。だが霧が晴れはじめるにつれて、日本機は大量殺戮をもたらす積荷を投下するため、台湾から約九〇〇キロ離れたフィリピンのクラーク飛行場目指して飛び立っていった。

五四機のアメリカ軍航空機が飛行中であり、日本機がルソン島上空で発見されたとの報告もあったため、ブレリートンは午前九時三〇分にサザーランドに電話を入れ、クラーク飛行場にいるアメリカの爆撃機がみすみす攻撃されてしまえば、攻撃的行動に出ることはたぶん不可能だろうと提言した。一〇時一〇分頃、マッカーサーが哨戒機を台湾に送る決定を下した、とサザーランドはブレリートンに伝えた。

どの航空作戦が実際に承認されたかに関する混乱状態が続く中で、第一九爆撃隊の作戦担当将校で当時クラーク飛行場にいた将校たちのなかで最古参だったデビッド・ギブズ少佐は、Ｂ－17を爆弾は搭載せずに発進させる命令を下した。これらの〝空の要塞〟は、地上に駐機しているよりは飛んでいたほうが危険は少ないという考えの下で、フィリピン上空を旋回し続けた。だが、燃料補給のために早晩着陸しなければならなかった。

正午には、クラーク飛行場には多数のＢ－17がまだ地上にいた。と、突然日本軍の爆撃機と戦闘機が上空に姿を現した。わずか数分間で、三五機のＢ－17のうちの一二機が破壊され、二機が損傷した。日本軍がフィリピンを攻撃する前に、ブレリートンはマッカーサーのオフィスに電話をしていた。しかし、三度目の要請だったが、またしても攻撃作戦のためにＢ－17を発進させる許可は与えられなかった。

真珠湾とフィリピンが日本軍に攻撃されたことを知ったあと、マッカーサーは日本機のパイロットは白人の義勇兵ではないかと語ったが、これは日本人にこのような破壊的な攻撃はできないと考えるアメリカ軍司令官もいたことの証である。アメリカが日本人に屈辱を味わわされていたのと同じように、イギリスもまた、一九四一年一二月一〇日、戦艦プリンス・オブ・ウェールズと巡洋戦艦レパルスがマレー沖で日本機によって撃沈されて、同じ思いをさせられた。その日、日本軍はフィリピン群島に対して二度目の大規模な空襲を行ない、ルソン島の北のビガンとアプリに追加の軍勢を上陸させた。(註6)

アメリカ海兵隊の部隊と民間人は一二月一一日、ウェーキ島侵略を試みた日本軍を撃退したが、アメリカにとっての太平洋の〝アラモの砦〟ウェーキ島は二三日、ついに日本軍の軍門に降った。一二月一二日には、イギリス軍は香港から撤退中で、日本軍はフィリピンのルソン島の南部にあるレガスピに上陸していた。そして一二月一六日、日本軍はサラワクのミリに上陸した。一九四一年一二月が終わり、四二年一月に入っても西太平洋における日本の征服は続き、日本が支配する領土の広さはナチス・ドイツが征服した分の三倍に達した。

大戦果を上げた日本のこの電撃的集中攻撃が続くなかで、連合国側にとっての数少ない朗報は、クレア・シェノールトが指揮する義勇兵パイロットの一団の活躍だった。一九四一年一二月二〇日、これら義勇兵パイロットは昆明の空爆を試みた日本の爆撃機一〇機中九機を撃墜したと伝えられており、一二月二三日、そして再び一二月二五日にも、ビルマ上空で大規模な空中戦が展開した際、アメリカ義勇兵部隊とイギリス空軍の第六七飛行中隊は日本軍の爆撃機と戦闘機に甚大な被害を蒙らせた。シェノールトの自由になるパイロットと戦闘機は限られていた。だが、それにもかかわらず、彼らはアメリカにとってもっとも暗い時に日本軍に痛烈な打撃を加えたのである。

一九四二年七月四日、アメリカ義勇兵部隊、すなわち中国におけるアメリカの特別航空戦隊が解隊され、アメリカ軍に編入されるまでに、義勇兵たちは空中戦で二九六機の日本機を撃破していたが、自軍の損失はわずか四名のパイロットだけだったことに対して高い評価を受けた。シェノールトのフライング・タイガーズの主張が受け入れられるとしたら、これは前代未聞の戦闘記録である。しかし、一九四二年七月、義勇兵部隊を解体して最終的に隊員の有志をアメリカ軍に編入する決断を下したあと、アメリカはこの驚異的な軍事資源をいったいどのように活用したのだろうか。中国における軍務に志願した義勇兵パイロットのなかでアメリカ陸軍航空隊第二三戦闘機群への入隊を受け入れたのは、わずか五名にすぎなかった。アメリカは太平洋戦争の重大な転機に、熟練の戦闘機パイロットの中核の面々をつなぎとめておく機会をふいにしてしまったのである。

当然のことながら、これは一つの重要な問題を提起する。つまり、シェノールトが真珠湾攻撃の前の時点で日本に対して空爆を仕掛けるのに十分な爆撃機の戦隊と時間を与えられていたとしたら、何が起こっていただろうか、という問いかけである。この問題の答は、第一七章に記したい。

第16章　リメンバー・パールハーバー

悲しみ――良いことを期待したがそれが得られなかった結果味わう心の痛み、悲嘆、愛惜、悲哀……などの意。[註1]

怒り――自身あるいは他人に対する、実際あるいは仮定の危害に触発された、激烈で復讐心に燃えた情念あるいは感情、激情、憤り、……憤怒、激怒……などの意。[註2]

――新ウェブスター英語百科事典

一九四一年一二月八日のルーズベルト大統領の演説

一九四一年一二月八日月曜日、午後一二時三〇分（ワシントン時間）、真珠湾奇襲攻撃に度肝を抜かれ、衝撃を受けた数百万人のアメリカ人が、ルーズベルト大統領が上下両院合同議会で行なった演説のラジオ放送に一心に聞き入っていた。上下両院の議員たちの前に立ったのは、二〇年にわたって小児麻痺と戦い、下半身はほぼ麻痺した一人の男だった。ルーズベルト大統領の上半身は、長年、活発な生活を送ってきたためによく発達しており、今、アメリカ議会の面々を前にして演説の支度を整える大統領の力強い手は、演壇の両隅をがっしりと握り締めていた。

演壇に立った大統領の両脚は、金属製のブレースで締め付けられてぎこちなく、その顔からは九年間続いた合衆国大統領の激務からくるストレスが読み取れた。アメリカを大恐慌から救うために最善の努力を払いはしたが、失業率は依然として一七％。一〇〇〇万人のアメリカ人が失業中で、多くは年収わずか一〇〇〇ドルほどの収入で生活していた。国家が経済的絶望感にとらわれている状況下で、ルーズベルトはなぜ多くのアメリカ人がアメリカ第一主義運動とそれが提唱する孤立主義にひきつけられたのか、わかっていたに違いない。

第一次世界大戦中にアメリカの三九番目の戦艦アリゾナが起工された際、ルーズベルトは海軍次官を務めていた。ルーズベルトは海軍省の文官の任務を離れ、昔から一貫して深い愛着を感じてきた海軍将校になりたかった。第一次大戦中、彼は合衆国海軍を強力な軍事力に育て上げる作業に携わっていた。ルーズベルトが海軍に深い親愛の情を感じていたことに、疑問の余地はない。日本の先制攻撃を知ったときの彼のショックと絶望感は筆舌に尽くし難かったに違いない。

日本の真珠湾奇襲攻撃は二〇世紀のアメリカ人にとって、もっとも陰鬱な出来事となった。だがルーズベルト大統領は、自らの生存のために肉体の障害を見事に克服してきた男の不屈の精神と決意の下に、この難局に対峙した。枢軸国との戦争の必然性を予想し、地平線のかなたから不気味に迫ってくる戦争の影を見て、戦いに密かに備えていたルーズベルト大統領は、攻撃の翌日の議会演説でこう宣言した。

昨日、一九四一年一二月七日、この永遠に汚辱に生きる日に、アメリカ合衆国は日本帝国の海軍および飛行部隊に突然、そして計画的に襲撃されました。

合衆国は日本と平和の状態にあり、また日本の要請を受けて、太平洋における平和を維持するためにその政府および天皇と一貫して対話を続けていたのです。事実、駐米日本大使とその同僚は、日本の飛行部隊がアメリカの領土たるオアフ島への襲撃を開始して一時間後に、アメリカの最新のメッセージに対する回答を、わが国務長官に手渡しています。そしてこの回答は、現在の外交交渉を継続することは無意味であると述べてはいるものの、戦争あるいは武力攻撃をもって脅したり、それらを示唆したりするものではありませんでした。

これは記録に残るでしょうが、日本からハワイまでの距離に鑑み、この攻撃が何日も、あるいは何週間も前から入念に計画されていたことは明らかです。この間に日本政府は、偽りの声明の数々や継続的平和に対する希望を表明することによって、合衆国を用意周到に欺こうと努めてきました。……

私は陸海軍の最高司令官として、母国の防衛のためにあらゆる手段が講じられるよう命令しました。

しかし全国民は、われわれに対するこの殺戮の性格を、常に覚えていることでしょう。この計画的な侵略を克服するためにいかに長い歳月が必要であろうとも、正義の力を持つアメリカ国民は戦いに勝ち、完璧な勝利を遂げるでしょう。……

現在、交戦状態が続いています。わが国民、わが領土、そしてわが権益が深刻な危機に直面しているという事実を、決して見逃してはなりません。

わが軍隊を信じ、なにものにも拘束されないわが国民の決意によって、われわれは必然的勝利を手にすることでしょう。神よ、なにとぞ我らを守りたまえ。

私は議会に、一九四一年一二月七日日曜日の、日本による一方的かつ、卑劣極まりない攻撃が始まって以来、合衆国と日本帝国の間に戦争状態が存在すると宣言することを求めるものです。(註3)

アメリカの安全保障に対する不気味な脅威に鑑みて、ルーズベルト大統領は日本政府による「卑劣極まりない攻撃」に焦点を合わせた演説を行なった。しかしながら、その中で合衆国大統領は、アメリカの爆撃機による日本本土に対する焼夷弾爆撃を後押しする計画があったことを明かさなかったし、ビルマで活動を展開中のアメリカ特別航空戦隊の件にもいっさい触れていない。また、東南アジアにおける日本の拡張主義を抑える目的でＡＢＣＤ四カ国が事実上結んでいた同盟関係への言及はもちろんしなかったし、アメリカと中国による本土爆撃の構想に日本が気づいていたこともあえて明かさなかったのである。

大統領の演説が終わると、両院の議員たちの間から怒濤のような喝采が湧き起こった。ルーズベルトは国民の意思を正確に読み取っていた。演説の日の午後四時一〇分、議会は「日本帝国政府との戦争を遂行し、戦闘を成功裏に終結せしめる……」権限を大統領に付与する合同決議を採択した。(註4)三日

後、アメリカは三国同盟における日本のパートナーであるドイツ、イタリア両国とも交戦状態に入った。(註5)

大統領の演説と同じ日に、リンドバーグはアメリカ第一委員会に手紙を送り、次のように宣言した。「われわれは何カ月にもわたり、戦争に向かって徐々に歩を進めてきた……。戦争がいよいよ現実のものとなった今、われわれは政府が取ってきた政策に対するわれわれの過去の姿勢に関係なく、アメリカ人として一致団結して戦争に対峙しなければならない。政府の政策が賢明であったか否かはさておき、わが国が武力攻撃を受けたことは厳然たる事実である。したがって、われわれも武力で報復しなければならない(註6)」

こういったことが展開している間、シェノールトは一九四一年一二月八日に何を考えていたのだろうか。シェノールトも、ロークリン・カリーも、蔣介石夫人の宋美齢も、時間と競争していた。シェノールトの対日先制爆撃計画は、一九四〇年にマーシャル将軍にはねつけられて棚上げになった。だがこの措置は、カリーが同計画を一九四一年五月の合同委員会計画JB－355の形で復活させるまでのことだった。やがて、マーシャルが反対した一つの計画は、フィリピンにおける重爆撃機戦力の大規模な増強を主張するスティムソン陸軍長官という擁護者を得て、アメリカの公式な戦争戦略の一部となったのだった。

真珠湾が攻撃されたと知った日、シェノールトは中国で特別航空戦隊を創設するためにそれまで払ってきたすべての努力を思い起こしていたに違いない。ワシントンの戦争計画立案者や軍部の官僚たちに対して感じてきた欲求不満のレベルは、言い尽くせなかったことだろう。当時のアメリカには、合同委員会のJB－355実施計画に規定されたとおり、一九四一年一〇月三一日までに中国に三五〇機の戦闘機と一五〇機の爆撃機を供与するだけの軍事的資源は十分にあった。だが、〝ヨーロッパ第一〟主義を標榜するアメリカの戦争計画立案者たちは、中国が絡む計画案を無視する道を選択したのである。

アメリカと自由世界全体に〝リメンバー・パールハーバー〟の怒号が響き渡るなか、いまや、アメリカがどのような報復の一撃を放つかが焦点だった。だが、シェノールトは現実主義者だった。一九四一年一二月八日、ビルマのチードウ軍用飛行場の管制塔から降りたあと、彼が最初に考えたことは、彼の部下のパイロットと戦闘機の保護と安全の確保だった。フィリピンのマッカーサー将軍の場合とは違って、シェノールトは地上で日本機の奇襲を受けるつもりは毛頭なかったのである。

フライング・タイガーズ

では、日本による先制攻撃のあとの日々に、ルーズベルトと（モーゲンソー、ハル、ノックス、スティムソンからなる）〝プラス4〟の面々の間で、いったいどのような会話が交わされたのだろうか。蔣介石が用意した飛行場を使う案は、大統領の脳裏を離れはしなかった。一九四一年一二月八日に車椅子で議会会議場を後にする際、大統領は蔣介石の対日先制爆撃計画について考慮していた一年前を思い起こしていたと考えることには、無理があるだろうか。独りになったとき、ルーズベルトは一年前に要求されていた爆撃機をシェノールトに与えなかったことを後悔したかもしれない、と考えることは可能だろうか。
ルーズベルトが、一年前にモーゲンソーに向かって語った自分の言葉――「中国が日本を攻撃するなら、それは結構なことだ」――を思い出していた可能性は、かなり大きい。大統領が中国から日本を爆撃する計画を忘れていなかった証拠は、一九四二年一月二八日にハップ・アーノルド将軍に提起した質問に見出せる。将軍はその問いかけに答えて大統領に覚書を送り、次のように断言している。「私は、アジア本土の東部地域において中国政府がある程度の安全を保障できる施設を利用することによって、敵国日本の諸活動の中心的部分に対して攻撃を加えるという現在進行中の計画は、理に適っており、非常に効果的だと考えるものです[註7]」

いや、大統領はアメリカが日本爆撃に使ったかもしれない中国国内の航空基地のことを、決して忘れていなかった。これは、(〝アクィラ作戦〟の一環として)一九四二年春に自らB－17を操縦したロバート・L・スコット将軍の報告書が明かしている。「われわれは一三機の四発爆撃機、つまり一機のB－24と一二機のB－17Eをアジアに飛ばすことになっていた。そこでわれわれはこれらの機に爆弾を〝しこたま積み込んで〟、日本国内の目標を爆撃することになっていた。命令書には、われわれの西からの攻撃と、もうひとつ東から来る別の攻撃との調整を図ること、とあった[註8]」。アクィラ作戦は、シェノールトのフライング・タイガーズ・ゲリラ航空戦隊に戦闘機、爆撃機、そして必要物資を安定的に供給する計画の一部だった。

不幸にして、スコット将軍が共に飛んだB－17の編隊は日本に爆弾を投下しなかった。アクィラ作戦が中止されたためである。しかしながら、心底からの戦闘機パイロットだった将軍はフライング・

タイガーズの〝ゲスト・パイロット〟として一度あるいはそれ以上の攻撃任務を負って空を飛んでいる。アメリカ義勇兵部隊／フライング・タイガーズの残存隊員数名と隊の装備が陸軍航空隊第二三戦闘機群に〝吸収〟されたとき、一九四二年七月四日付でスコットはその司令官となり、シェノールトの直属の部下になった。

スコットの報告が触れた東から攻撃を仕掛ける予定の部隊とは、空母ホーネットから発進するB－25ミッチェル爆撃機だった。この飛行隊は航空技術士であると同時に偉大なパイロットで、〝危険引受人〟としても知られるジェームズ・ドゥリトル中佐が指揮を執った。(註9) 一六機のB－25からなるこの部隊は一九四二年四月一八日に発進し、〝自殺飛行〟とみなす者もいるなかで東京を爆撃し、そのあと中国東部の浙江省で合流することになっていた。東京とその他の都市に爆弾を投下し、日本軍部指導陣の面子を傷つけたこの任務に参加したのは、志願した者だけだった。

歴史家のクレイグ・ネルソンは、ドゥリトルの日本空襲を〝日本との戦争の転換点〟と呼んでいる。(註10) この空襲は、心理的見地から見れば太平洋戦争というドラマの曲がり目だったかもしれないが、戦略的見地からすれば、ミッドウェイの海戦がまさに決定的瞬間だった。この海戦では、三隻のアメリカ空母が四隻の日本空母を撃破した。アメリカは戦闘で空母一隻を失いはしたが、この戦いは太平洋における日本海軍の優位の終焉を予示する最初の兆しとなった。

ドゥリトルの日本初空襲に参加したB－25機計一六機は、迎撃のため急発進した日本軍戦闘機と対空砲火を潜り抜け、東京、横浜、横須賀、名古屋、神戸を爆撃した後、当初の予定通り中国領空を目指した。だが燃料が切れたため、一機はウラジオストックに、四機は中国東部沿岸地帯に不時着。残り一一機は乗員が全員パラシュートで脱出したため、機はすべて失われた。総計八〇名の乗組員のうちの八名は、日本軍の捕虜になり、三名は絞首刑、五名は終身刑に処されている。航空機が失われたと聞いた瞬間、ドゥリトルは当初、軍法会議にかけられることを覚悟した。しかしルーズベルトは、自分自身は先制攻撃の機会を与えられなかったのに対して、ドゥリトルはアメリカのために報復攻撃をみごと成功させたことを認めた。この勲功に対して、ドゥリトルは議会から名誉勲章を授与された。

実際には、真珠湾攻撃のあとで日本に対して以下の三つの爆撃が計画されていた。つまり、①空母から発進したB－25ミッチェル爆撃機からなる、ドゥリトルの空襲、②ケイレブ・ヘインズ大佐が指揮する、B－24リベレーター爆撃機一機と一三機のB－17〝空の要塞〟からなるアクィラ作戦、③ハリー・ハルバーソン大佐が指揮する二三機のB－24リベレーターからなるHALPRO作戦、である。ドゥリトルの空襲は予定通り決行されたが、HALPRO作戦は挫折した。まずインドまで飛び、最終的に中国に到着するはずだったリベレーター爆撃機が途中でパレスチナに回されてしまったからである。ロンメル将軍が率いるドイツ軍が北アフリカを制圧しつつあったのだ。これらの爆撃機は第九空軍の核となった。一方、アクィラ作戦は、爆撃機自体はインドに到着したものの、やはり実現しなかった。一九四二年四月には、日本軍は株洲を含む中国南東部地方の飛行場の爆撃を開始していた。これら飛行場の防衛と修理の面で不安があったため、アクィラ作戦は中止されたのである。

一九四一年一二月八日にシェノールトが発した作戦命令によると、真珠湾攻撃のニュースが彼に伝わったのは同日午前七時だった。シェノールトは、義勇兵部隊の第三飛行隊を攻撃隊として、第二飛行隊を支援隊、第一飛行隊を予備隊として、それぞれ行動するよう直ちに命令した。義勇兵たちは全員、火器で武装することを許可され、休暇はすべて中止された。空襲警報システムが導入され、敵の落下傘部隊に対する不断の監視態勢が維持された。

シェノールトは日本軍を欺くためにさまざまな手を使ったが、その典型的な例がチードウ飛行場だった。夜間、この飛行場の明かりはすべて消され、代わりに約六キロ離れた地点にある代用飛行場が、滑走路を示す赤い電灯と飛行場の境界線を示す白い電灯で夜通し照らされた。日本軍が空襲を仕掛けてくる場合に間違ってこの飛行場を襲うことをシェノールトが期待したことは、明らかである。そうするなかで、アメリカ義勇兵部隊の戦闘機は日本軍との戦いに備えて完全に武装し、弾薬を装塡していたのだった。

アメリカ義勇兵部隊もしくはフライング・タイガーズの功績が目覚ましい業績として歴史に残る一方で、フライング・タイガーズがはるかに大きな構想の一部だったことを歴史家たちは忘れがちである。シェノールトは回想録に次のように書いている。

　多くの計画があったなかで唯一ものになったのが、戦闘機パイロットと戦闘機からなる第一次アメリカ義勇兵部隊だった。中国はリパブリックP－43機とロッキード・ハドソン機を注文したが、日本による攻撃で東洋への補給線の栓が閉ざされるまでに、そのうちの少数しか引き渡されなかった。戦闘機隊は、重慶上空で日本を粉砕し、次にビルマ・ルートを経て中国に入るわずかばかりの補給品を守る手段として、中国にとって緊要な必需品だった。

日本が先に真珠湾を奇襲攻撃したことによって、シェノールトは、自分にはいまやわずかに戦闘機戦隊を指揮するだけの任務しかないことを痛感させられた。シェノールトとカリーが中国に仕えるなかで必死になって獲得しようとした爆撃機は到着が間に合わず、真珠湾攻撃の前に日本になんらの損害も与えることができなかったのである。

第17章　もしシェノールトの計画が実施されていたら

一九四〇年一二月から四一年七月までの間に、合衆国のエージェントと政府機関は民間軍事企業家ならびに中国国民党指導部と共謀し、日本相手の秘密航空戦の計画を進めた。これはアメリカのその後の軍事、政治面の計画立案にとって重大な先例を作ることになった……。

――マイケル・シャラー著『中国におけるアメリカ十字軍、一九三八―一九四五年』(註1)

真珠湾攻撃の前の段階でアメリカが進めていた対日先制空爆計画が明かす諸事実は奇怪である。ハリウッドの脚本家がどのように想像力と才能を駆使したとしても、これほど好奇心をそそる話を書ける者はまずいないだろう。早期除隊を強いられたアメリカ陸軍航空隊の大尉が、外国の軍指導者に雇われ、宣戦布告なき戦争の最中に戦闘任務を負って異国の空を飛び、アメリカの大統領の閣僚の支援を取り付けると、一連のトンネル企業もしくは〝フロント〟を通して洗浄した資金でゲリラ航空戦隊を結成した。このゲリラ航空戦隊は、ジュネーブ条約に保護されずに空中で戦うことになるアメリカ人パイロットで構成され、最終目的は東京その他の日本の都市を空爆することだった。

アメリカに奇襲攻撃の一撃を加えることを目論んだ日本の先制攻撃のサブプロットも、この特別航空戦隊の結成と目的に関する情報を日本側に伝えた、蒋介石政府内の中国人協力者の行動と併せて、同じくらい興味をそそる。アメリカと中国の同盟国であるイギリスは、ルーズベルト大統領の中国問題の懐刀、ロークリン・カリーが宋美齢に爆撃機の引渡しを約束している最中に、何百機ものロッキード・ハドソン爆撃機をアメリカからさっさと運び去ってしまう。そして最後に、われわれはさらにもう一つのサブプロットの存在を知るのである。うわべではルーズベルトに忠実だったカリーは、実は密かにソ連に情報を提供していたのだ。奇怪すぎてとても信じられないような話だが、これは事実なのである。迫り来る真珠湾攻撃についてアメリカ政府がどれほど多くの警告を受けていたか、そしてこれらの警告はどのように無視され続けたかを考えると、話はいよいよ好奇心を掻き立てる。だが、面白い話であることは確かだが、いくつかの疑問も湧いてくる。

第一は、もし合同委員会計画ＪＢ－３５５が提唱するとおり、シェノールトが三五〇機の戦闘機と一五〇機の爆撃機を予定通りに受け取っていたとしたら、そのことは日米間の戦争の勃発にどのような影響を及ぼしただろうか、という疑問である。その程度の戦力の航空隊だったら、数の上では日本海軍の四分の一程度にすぎなかったが、厄介な問題を日本に突きつけていたかもしれない。

蒋介石が提案したように、特別航空戦隊は内陸境界線の後方で活動を展開しただろう。だから、もし日本軍がアメリカ製の航空機とパイロットを撃滅しようとしたとすれば、日本軍機は無線と電話を駆使して設置したシェノールトの防空警報網に突入しなければならなかったはずである。真珠湾攻撃のあとで展開された日本軍機との空中戦で義勇兵部隊が誇った高い撃墜率を考えると、もし日本軍がシェノールトの部隊に攻撃を仕掛けたとしたら、たぶん手痛い損害を蒙っていただろう。

さらに、桂林の作戦本部の施設と隊員たちの宿舎には防空設計が施されていた点も看過できない。空中で不意打ちでもかけない限り、アメリカの爆撃機の破壊を目論む日本軍の攻撃は奏功しなかったのではないか。シェノールトは前方基地に航空機を放置することによってみすみす敵の攻撃を招くようなどじは踏まず、攻撃を仕掛けたあとは爆撃機を桂林あるいは成都付近の爆撃機用飛行場に退避させていただろう。爆撃機が夜間に作戦を展開していたら、日本軍には有効なレーダー・システムが不在だったことを考えると、爆撃機の迎撃は不可能ではなかったとしても、日本軍のパイロットにとって難題となったかもしれない。

もし中国とアメリカが強力な爆撃機編隊を中国で編成していたとしたら、そして、もし日本軍の空襲の際に相当数の日本人パイロットが失われていたとしたら、日本にとっての別の選択肢は、日中戦争に勝利するための努力を倍加し、中国においてさらに広範な地域の征服を試みることになっていたことだろう。この選択は、シェノールトの特別航空戦隊を日本本土からさらに離れた、日本軍による攻撃をより難しくする地点へ押しやることを意味しただろう。より多くの兵力と資源を中国との戦争に投入することこそ、マレー、ビルマ、オランダ領東インド諸島、フィリピンにおける日本軍の攻撃作戦が計画されていた一九四一年の段階で、日本にとってまさしくしたくないことだったのである。

中国で活動する効率のいいゲリラ航空戦隊が日本の東南アジア征服計画にもたらすもろもろの問題を、日本の戦争計画立案者たちが承知していたことは確かである。日本にとってさらに気掛かりだったのは、一九四二年になるとさらに多数の航空機がアメリカから中国に到着するという現実だった。その中には、日本本土の南部一帯を爆撃できるだけの航続距離を持ったロッキード・ハドソン爆撃機も含まれることになっていた。株洲、桂林、成都の各飛行場は、アメリカのB−17〝空の要塞〟の作戦基地として機能するよう、中国によって設計されていた。

それに加えて、アメリカの官僚たちは日本と経済戦争を戦っており、日本国内の〝爆撃目標〟を捜し当て、選択するアメリカ軍の作業を支援していた。アメリカと中国は公然と行動を共にしていたが、それればかりか、アメリカ、イギリス、中国、オランダ（いわゆる〝連合国〟）の間には東南アジアにおける日本の帝国主義的な企てと戦うための事実上の同盟関係が生まれていた。日本の戦争計画立案者たちが、アメリカを（イギリスとオランダも含めて）叩く時期は、遅れるより早いほうがよいと承知していたのは明らかである。

第二の疑問点は、シェノールト指揮下の爆撃隊はどの程度有効に日本を攻撃し、日本の国益を損ねることができたか、というものだ。もし目的が、本土を爆撃することによって日本を屈服させることだったとしたら、わずか一五〇機からなる爆撃隊では成功しなかったろう。しかしながら、シェノールトがアメリカ第一四空軍司令官として、コンソリデイティッド社製のB−24リベレーター（四発の重爆撃機）をついに手に入れたときに集中的に狙ったのは、日本の船舶、補給線、そして日本の戦時経済の生産力を生み出す資源だった。シェノールトがその後の戦局で、決して多いとは言えない数のアメリカ製重爆撃機でなし得たことを、一九四一年にどのような作戦を展開することになっていたかを示す尺度とみなせるなら、彼は戦闘機でしたように爆撃機を用いたヒット・エンド・ランの攻撃を展開するために爆撃機を配備し、空中戦で優位を保ち、日本軍をうろたえさせていたことだろう。

シェノールトは一匹狼で通っていたが、決してギャンブラーではなかった。こと戦闘となると、彼は部下に勝算があるように入念に計画した。シェノールト指揮下の爆撃隊は日本の国益にとってきわめて重要な補給線と中間準備地域を粉砕していたことだろう。たとえば、日本軍機動部隊が揚子江河口に結集し、そこからマレー、シンガポール、オランダ領東インド諸島、そしてフィリピンを攻撃するために南に向かった一九四一年一一月二五日に、何が起こっていたか想像していただきたい。アメリカ製の爆撃機と、それを操縦するアメリカ人パイロットを予定通りに手に入れていたとしたら、日本の機動部隊が中国湾岸を離れる前にシェノールトは船隊に爆撃を加えていたことを、少しでも疑う余地があるだろうか。事実、このことは合同委員会計画ＪＢ－３５５で予想されていたことだった。同計画の三つ目の戦略的目標は、「インドシナに向かう日本軍先遣隊の動きを妨害する目的で、日本の補給品や補給線を破壊すること」だったのである。(註2)アメリカの爆撃機は、連合国の植民地と財産目当ての日本軍先遣隊を襲撃することによって日本の軍事行動を阻止できたはずだから、合同委員会計画ＪＢ－３５５は明らかに防止的効果を目論んで立案されたものだった。

合同委員会計画と日本の真珠湾攻撃の関係についてよく考えてみると、もろもろの考えが思い浮かんでくる。同計画では、シェノールトは一九四一年一〇月三一日までに三五〇機の戦闘機と一五〇機の爆撃機を確保することになっていた。もし、日本に対する爆撃作戦が一九四一年一一月に始まっていれば、いくつかのことが起こっていただろう。

第一に、それがいかに中国空軍の隠れ蓑の下で行なわれたものであっても、アメリカの日本に対する意図は明白になったはずだ。つまり日本は、挑戦状を叩きつけられていただろう。日米のパイロットの間で展開されたであろう戦闘の意味を、ハワイのアメリカ軍司令官たちが理解しなかったはずはない。ハワイが高度の警戒態勢を敷いていたとしたら、果たして日本は、海軍空母機動部隊をハワイまで気づかれずに航行させることに成功していただろうか。

第二に、時宜を得て合同委員会計画ＪＢ－３５５を実行していれば、アメリカは東南アジアと西太平洋のみならず、ハワイにおける日本の侵略を抑える可能性があった。また、もし一九四一年一一月の段階で日本本土が夜な夜な空襲を受けていたとしたら、果たして日本海軍機動部隊はハワイに向かっただろうかという疑問も湧いてくる。もしかしたら、日本海軍の提督たちは、直接の関心を真珠湾ではなくて、中国で活動するシェノールトの特別航空戦隊に向けていたかもしれない。

第三は、シェノールトの計画はなぜ実現しなかったか、という疑問だ。シェノールトが時を得てアメリカの爆撃機を受け取れなかったのには、いくつかの理由があった。一九四一年八月一日号のアメリカン・アビエーション・デイリー紙によれば、一九四一年七月一七日までに合計一〇〇〇機のロッキード・ハドソン機がイギリスに引き渡されていた。(註3) カリーから宋美齢に宛てた一九四一年七月二三日付の電報では、六六機の爆撃機が約束され、「そのうちの二四機は直ちに引き渡される」ことになっていたが、アメリカは中国に対するこの約束を守らなかった。真珠湾攻撃以前のアメリカの航空機生産量は限られてはいたものの、陸軍航空隊用の航空機の生産量は、一九四〇年は一四二二機で、四一年は三七八四機だった。(註4) 軽爆撃機は、一九四〇年は八九一機で、四一年は二三九六機。(註5) 中距離爆撃機は一九四〇年が六二機で、四一年が四六〇機だったのである。(註6)

一九四〇年と四一年に、イギリス空軍は一一八〇機のカーティスP－40トマホーク戦闘機を受け取ったが、そのうちの一〇〇機が中国に、そして二〇〇機がソ連に回された。(註7)アメリカが考えた優先順位が異なっていたら、特別航空戦隊に提供するアメリカ製戦闘機は十分にあった。また、ロッキード・ハドソンとカーティスP－40戦闘機の供給量は潤沢だったばかりか、ダグラスDB－7爆撃機も生産されており、フランスは一〇〇機受け取っていた。(註8)DB－7爆撃機は日本本土を爆撃して中国に帰着するだけの航続距離はなかったが、中国近海を航行する日本船や、中国と仏領インドシナにある日本軍の飛行場や集結地の空爆に展開できただろう。

『中国－ビルマ－インド戦域』の共著者で歴史家のチャールズ・ロメイナスとライリー・サンダーランドは、アメリカには、中国がB－17爆撃機を「戦闘機の護衛や対空砲火の援護なしで」配備するのではないかという懸念があった、と記している。(註9)合同委員会計画に対するこの批判は、根拠がないわけではない。アメリカ義勇兵部隊の絡む中国側の航空作戦は以下の三局面にわたって進められる予定だった。つまり、①中国南西部とビルマ・ルートの上空を援護する、②桂林を含む中部中国から作戦を開始する、③日本本土空爆のため、株洲に爆撃機を配置する、である。実際、義勇兵部隊の〝親方〟シェノールトは、短期訓練計画の下でアメリカ人の若者を一人前のパイロットに育て上げた。

中国側の上空援護になんらかの不備があったとしたら、その問題は無線と電話を使った警報網と、爆撃機基地の上空で迎撃と哨戒飛行に当たる義勇兵部隊の戦闘機によって克服されていただろう。事実、朱仙、麗水、玉山の各飛行場で滑走路が延長され、大量の弾薬と燃料が備蓄されたとき、日本側は次のように報告している。「これらの作業は、ほぼ連日、衡陽から桂林まで飛ぶ戦闘機によって防

御されている」(註10)

日本は「浙江地域の飛行場は日本に対する襲撃のための発着地点として敵にとって有利に使われる可能性がある」ことを認めている。(註11) 前進航空基地の爆撃に成功したあとですら、日本側は「敵は毎回飛行場の再建に成功している」と報告しているのだ。(註12) したがって、日本を襲撃するために、シェノールトはＢ－17を上空援護なしに前方基地に配置していただろうという見方に、これ以上の反論は不要である。

航空燃料の供給量の払底を理由に計画の可能性に異論を唱える向きは、合衆国陸軍航空隊のクレイトン・ビッセル将軍が、当時アメリカの対中軍事使節団を取り仕切っていたジョセフ・スティルウェル将軍に宛てた、一九四二年七月二六日付の覚書の中身を熟考すべきである。覚書は、中国が当時一五〇万ガロンの一〇〇オクタン航空燃料と、一三〇万ガロンの八七、九一、九二オクタンの航空燃料を保有していたことを確認している。合衆国が保有していた航空燃料のほかに、イギリスは三七万五〇〇〇ガロンの一〇〇オクタン航空燃料を持っていた。覚書はさらに、中国は大量の爆弾を備蓄していたことを確認している。中国が一九四一年一二月以降に備蓄燃料を大幅に増やしたとは考え難い。当時の備蓄燃料の量は、主要な作戦ではないとしても、Ｂ－17による日本襲撃を繰り返し行なうために必要な一〇〇オクタン航空燃料が一九四一年末の中国には十分にあったことを示している。

しかしながら、アメリカでは熟練パイロットの数はＢ－17爆撃機の数と同じくらい限られていたため、陸軍省とマーシャル将軍はアメリカ人パイロットがＢ－17を中国まで飛ばすことを許さなかった。彼らが義勇兵部隊に志願することを許可すれば、陸軍航空隊の拡大計画が著しく損なわれたかもしれない。また、日本空爆の航続距離範囲内にある中国各地の飛行場に予備部品を送ることはきわめて難しかったため、B－17のメンテナンスの問題は解決不能だったかもしれない。(註13)

特別航空戦隊をめぐるもろもろの事象の組み合わせの中のもう一つの要素は、陸軍航空隊におけるシェノールトの一匹狼という評判だったかもしれない。ハップ・アーノルド将軍はB－17を中国に送ってシェノールトの指揮下に置くことなど、毛頭考えていなかった。アメリカが大恐慌の混乱から立ち直ろうとしているとき、現役の最新型B－17はわずか一一四機しかなかった。(註14)合衆国空軍史研究の第六巻、「一九一八年から四四年までの重爆撃機の開発」は、陸軍航空部隊参謀長が陸軍次官に宛てた一九四一年一〇月一七日付の文書を引用して、〝空の要塞〟B－17爆撃機は当時アメリカに八三機、海外には三一機あったと記している。一九四一年末までに生産されたB－17の総数は（試作機を含めて）二三五機で、そのうちの大多数は合衆国陸軍航空隊に引き渡され、二〇機がイギリス空軍に渡っている。(註15)

中国がボーイング社のB－17〝空の要塞〟やコンソリデイティッド社のB－24リベレーターなどの爆撃機引渡しの恩恵に浴することがなかった反面、大英帝国はこれらの航空機をヨーロッパ上空の空爆に数回だけ使ったあと、北太平洋上空でナチス潜水艦を探す哨戒活動に格下げしている。もしアメリカの航空機への必要度に関するイギリスの誇張をアメリカが真に受けなかったとしたら、中国用の戦闘機と爆撃機はふんだんにあったことだろう。

ところで、合同委員会計画JB－355の下で中国に割り当てられたアメリカの航空機はどうなったのだろうか。中国は最終的に、約束された航空機のうちの多数を確かに受け取っている。たとえば、中国向けの一〇四機のヴァルティ・バンガード戦闘機は、一九四二年五月にインドのカラチ（一九四七年パキスタンがインドから分離独立して首都となる）に到着している（註16）。ロッキード・ハドソン爆撃機は一九四二年八月から中国に到着しはじめた（註17）。中国が受け取ったロッキード・ハドソンは、合計二六機だった。バンガードとハドソンは戦闘ではアメリカ人パイロットではなく、主に中国人パイロットが操縦したようだ。一九四二年四月一日に中国に割り当てられたリパブリックＰ－43ランサー戦闘機一〇八機のうち、中国は同年、四一機を受け取っている（註18）。

さて四つ目に、アメリカ義勇兵部隊は合法的な集団だったのかという点を考察してみたい。この疑問に答えるためには、二つの要素を吟味すべきである。一つは、中国における軍務に志願したアメリカ人は、国籍喪失のリスクを負っていたのか、という点だ。そしてもう一つは日本軍に捕らえられた場合、アメリカ義勇兵部隊の隊員の身分は国際法の下でどのようなものだったのか、という点である。

アメリカ国務省は、合衆国内で中国人の雇用担当者によるアメリカ人志願者の募集活動を許可しないように気を配った。あからさまな刑法違反を是認できなかったからだ。そして、アメリカ人の代理人が民間企業ＣＡＭＣＯと雇用契約を結ぶために合衆国の軍人を募集するという猿芝居がすでに演じられているなかで、義勇兵には日本と戦争中の中国に仕えることでアメリカ国籍喪失の可能性が発生するのではないかという疑問を呈する者もいた。シェノールトは隊員たちに、民主主義的信条を公言する国家のために戦う限り、彼らのアメリカ国籍は安泰であると請け合ったと伝えられている（註19）。しかしながら、「民主主義的信条の公言」という文言は、西側の基準から見てお世辞にも民主主義の模範とは言えない中国国民党には馴染まなかった。中国は、名目上は最後の皇帝を打ち倒した共和国ではあったが、政治的権力はもろもろの地方を支配する軍閥に集中していたのである。

蒋介石は総統として浮上したが、彼の国民党政府は毛沢東と周恩来が率いる共産主義との公然たる交戦状態にあった。中国の国益に対する一九三七年の日本の攻撃はナショナリズムの高まりを生み、共産党と国民党の間に休戦に似たような状態を引き起こした。だが、蒋介石の政府は汚職と腐敗にまみれていた。蒋自身は民主主義的原則を公言したかもしれないが、一九四〇年から四一年の中国はとても民主主義の砦などと呼べる国家ではなかった。

しかし、中国における国民党政権の欠陥はさておき、中国自体の生き残りはアメリカの国益に適うとみなされていた。だから、義勇兵たちは中国政府に仕えることによって合衆国政府から国籍を剥奪される危険はなかったわけである。だが、義勇兵たちが日本軍に捕らえられた場合はどうなっただろうか。戦争犯罪人として処刑されていただろうか。

「シェノールトとフライング・タイガーズ――英雄たち……だが、その適法性は?」と題する秀逸な論文の中で、アメリカ空軍元法務官のリチャード・ダンは、アメリカ義勇兵部隊の適法性を分析している。ダンによると、合法的な戦闘員は戦争法規の下で戦闘に従事する特権を与えられ、敵に捕らえられると戦争捕虜の身分が保証される。しかし、非合法的に武器を取った戦闘員には戦争捕虜の身分は保証されない。

義勇兵部隊の隊員は、中国空軍の軍人でもアメリカ軍の軍人でもなかった。彼らが合法的な戦闘員であることを主張するための唯一の法的根拠は、〝義勇兵部隊〟としての次の四つの条件をすべて満たしているかどうかにかかっていた。つまり、①特定の記章があるか、②武器を公然と携帯しているか、③戦争法規に従って作戦を展開しているか、④〝部下に対して監督責任のある人物の指揮下にあるか〟だった。ちなみに、義勇兵部隊のパイロットと技術者はCAMCOに雇われており、シェノールトは一九三七年来顧問としてCAMCOではなく、中国銀行から報酬が支払われていた。

ダンによると、シェノールトが義勇兵たちと直接的な関係があると認められるためには、契約に基づく関係が存在しなければならなかった。だが（ジュネーブ条約を管理する）赤十字国際委員会は、仮にそのような雇用契約があったとしても、契約者であるシェノールトを、被雇用者たる義勇兵たちに対して条約が義務づける意味合いで監督責任を持つとはみなさないのである。

簡単に言えば、フライング・タイガーズの面々は、ジュネーブ条約に守られずに戦争行為に従事する傭兵、つまり外国の勢力に仕える義勇兵たちだったのである。政治的に公正で法規定の厳密な今日のアメリカの環境下で、果たしてこのような戦闘部隊が結成されるか、あるいは結成できるか否かは疑問である。ちなみに、アメリカ義勇兵部隊の隊員たちを〝傭兵〟と性格づけることは、筆者として彼らの志願の動機を軽視するものではなく、単に当時理解されていた形で彼らの法的地位を認識したにすぎない。

先制攻撃と報復攻撃

太平洋地域のアメリカの軍隊——そして、中国に配置されていた肝心のシェノールトの部隊——の姿勢は、一九四一年の夏と秋の時点ではどのようなものだったのか。アメリカは日本に対して先制攻攻撃に専念していたのだろうか。あるいは、そうではなくて先制攻撃を受けたあとの報復攻撃を仕掛けることに焦点を絞っていたのか。

アメリカ政府が一九四一年秋までは日本に対する先制軍事行動を計画していたことは、もろもろの証拠が示すとおりである。この計画は、海軍情報部長アーサー・マッコラム少佐が記した一九四〇年一〇月七日付の行動覚書「対日開戦促進計画」（〝マッコラム覚書〟）の内容と一致していた。マッコラムが提案したとおり、アメリカは日本に対して、全面的禁輸と中国に対する相当な経済・軍事援助を含む、先制行動とは言えないまでもきわめて挑発的な数々のイニシアティブをとった。アメリカが日本に対する先制的軍事行動を計画していた証拠は、ビルマで訓練を受けたアメリカ義勇兵部隊の存在と蔣介石の政府に対するアメリカ製爆撃機の供与の約束によってのみ確認されるわけではなく、一九四一年九月にマッカーサー将軍に中継されたイギリス政府覚書にも見られるのである。その内容の一部を、以下に改めて引用してみたい。

直ちに作戦を開始し、プロパガンダ、テロ、日本の通信・軍事施設の妨害に精力を注ぎ……個々の日本人の暗殺もまた、考慮されるべきである……われわれは機動部隊を日本に可能な限り近い地点に置くべきである……西には、航空基地の準備がすでに進行中で装備が備蓄されつつある中国があり……。

イギリス政府覚書の内容は、ルーズベルト政権は一九四一年の九月に入っても、依然としてB－17

爆撃機を中国に配備することを考えていた証拠を提示している。それに加えて、爆撃機用の基地は中国各地においてハイペースで建設中だった。ビッセル将軍がスティルウェル将軍に送った一九四二年七月二六日付覚書は、次のように記している。「……重爆撃機の作戦にとって世界でもっとも優れた飛行場の一つである成都は、わずか九九日で建設されたことが想起されるべきである……」。中国では、爆撃機用の基地が建設されていたばかりでなく、日本に対するアメリカ、中国、イギリスの軍事構想を支援するために、航空燃料の備蓄量も増加されていたのである。

ブレリートン将軍がワシントンからフィリピンに赴く前に軍による重要なブリーフィングを受け、アメリカ陸軍航空隊の航空参謀から膨大な量の詳細な資料を提供されていたことを、忘れてはならない。ブレリートンがワシントンからフィリピンに向かったのは、一九四一年一〇月一七日か、そのあたりである。(註20)スティムソン陸軍長官は、アメリカのB－17は日本を空爆してフィリピンが敵の手に落ちるのを阻むことによって、太平洋における対日軍事圧力の源としての役割を果たすべきだと信じていたため、一九四一年の後半には、重爆撃機編隊の大規模な増強がフィリピンで進行中だった。

日米間の軍事対決は、一九四一年一一月二五日に日本軍の機動部隊が揚子江の河口から南に向かったあと、不可避となった。ルーズベルト大統領は、リンドバーグとアメリカ第一主義運動ばかりではなく、アメリカ人は第二次世界大戦への参戦に反対であることを示す世論にも対峙しなければならなかった。目先がよく利く政治家だったルーズベルトは、インガーソル提督がキンメル提督とショート将軍に宛てた一九四一年一一月二七日付の〝戦争警報〟のメッセージの内容を知ると、日本が「最初に公然たる軍事行動に出るべき」であると言明することによって、それまでの自分の立場を変えている。その日以来、太平洋におけるアメリカの軍事的姿勢は、先制的行動から報復的行動に変わった。真珠湾攻撃のあと、しかもブレリートンが日本の支配下にあった台湾の高雄港襲撃許可を求めたにもかかわらず、マッカーサーがこの攻撃のためにB－17を発進させることを拒否したため、アメリカは報復空爆を実行することができなかったのは、不幸なことだった。アメリカの軍事姿勢が先制的な行動から防御的、あるいは報復的な行動へと変化したのは、部分的には、野村・来栖両大使に一九四一年一一月二六日に手渡された、中国とフランス領インドシナからの日本の撤退を迫る〝ハル・ノート〟が生んだ結果だった。戦争を回避する望みが少しでもあったとしたら、それはこの時点で失われてしまったのである。

結論

中国に仕えて空を飛ぶゲリラ航空戦隊を隠れ蓑として日本を爆撃するというアメリカの秘密計画は、フィリピンに多数のＢ－17爆撃機を配備することを目論んだスティムソン陸軍長官の構想と並んで、東南アジアにおける日本の侵略を阻止する可能性を秘めていた。だが、これら二つの計画が不発に終わった結果、アメリカは史上きわめて稀な先制攻撃の機会を失ったと見るべきである。

仮に、合同委員会のＪＢ－３５５計画が時を得て実行されていたとしても、アメリカと日本の戦争は回避できなかったかもしれないが、日本政府がこの二つの計画を不気味なものとみなしていたと考える理由がある。日本は、アメリカとその同盟国が日本を包囲し、空軍力で粉砕する準備をしていることに気づいていたのである。

ＪＢ－３５５が予定通りに実行されていれば、それは日本に対して中国でさらなる資源を消費することを強いる手段を、アメリカその他の連合国に与えることになり、その結果、日本の真珠湾奇襲は阻止されていたかもしれない。

アメリカと中国による対日先制爆撃が一九四一年一一月初旬に始まっていたとすれば、ハワイのアメリカ陸海軍は非常に高度の警戒態勢を敷いていたはずだ。海と空の哨戒という形で警戒態勢を強化することによって、一九四一年一二月七日（日本時間一二月八日）に日本機動部隊がやりおおせた真珠湾攻撃から、あの奇襲という要素が取り除かれていた可能性は大だっただろう。

対日先制攻撃に必要な人員と資材の提供を拒まれたＪＢ－３５５は、真珠湾攻撃のあとの長きにわたって世に知られることなく、人々の記憶から遠のいていった。そして今日、それは歴史に付されたつの脚注にすぎない。つまりそれは、時宜を得て効果的に実行されることがなかった、アメリカの常軌を逸した異端の先制的軍事計画だったのである。だが、一九四一年の夏と秋には、ＪＢ－３５５計画はまだ生きており、日本側にとっては警戒心を抱かずにはいられないほどのペースで進行していた。本著の明かす数々の事実は、一九四一年一二月七日の日米間の力の激突をこれまでより完全かつ正確な歴史的観点から考察することを可能にするだろう。

ＪＢ－３５５計画が生まれた政治状況は、アメリカが公式には交戦状態にない時期に、事実上、一交戦国を援助し、軍事行動を率先して計画・実行しようとしたアメリカ大統領の姿を明らかにしている。もし一九四一年の夏に、ＪＢ－３５５計画の全貌がアメリカ国民に知られていたとしたら、大統領は弾劾の危険を冒していたかもしれない。この計画はおおかたのアメリカ人には不評だっただろうと言うとしたら、それは控えめすぎる表現ということになろう。

しかしながら、日本が〝大量殺戮兵器〟を保有していたことは、言及に値する。日本は中国人絶滅を目論んだ戦争で炭疽菌と腺ペストを使用した。また、核兵器の製造に実際に取り組んでいたのである。東南アジアで日本が力の座にのし上がったことがもたらす危険を理解していたら、当時のアメリカ国民は合同委員会計画JB－355にもっと寛大だっただろうか。

ルーズベルト政権でもっとも才能があり優秀だった閣僚の何人かは、軍部の重鎮たちと共に、シェノールトの先制攻撃計画は日本を中国との戦争の泥沼に引きずり込むひとつの有効な手段だとみなした。しかしながら、彼らは結局、この計画の成功に欠かせない資源をそのために割り当てることに不本意だったのである。

第二次世界大戦終了時の国際連合結成の前の時点では、国際法は、一国が切迫し、かつ即時に起こりうる敵国からの攻撃の危険に対して取る先制軍事行動を認めている。これは、自分あるいはその他の人間を殺す、あるいは痛い目に遭わせると言って脅す暴漢に対して個人が凶器を使うことを認めた自己防衛法と同じ考えだ。だが、合同委員会計画は、そのような類の先制攻撃ではなかった。日本との戦争は確かに「切迫していた」が、一九四〇年にこの爆撃構想が初めて討議された時点では、アメリカの国益に対する危険は即時に起こりうるものではなかった。しかしながら、アメリカ人の生命に対する危険は、一九四一年一一月二五日に日本軍の被護送軍隊輸送船団が揚子江を離れ、翌二六日に日本の空母機動部隊が択捉島の単冠湾からハワイに向かって出港した時点で、切迫し、かつ即時に起こりうるものとなった。一九四一年の秋には平和への望みはまだ残っていたが、日本軍のこうした行動は日米間の懸案だった非暴力的解決にとって良い前兆ではなかったのである。

先制的軍事行動のこのような正当化は議論の余地を残すものだが、それでは、二〇〇三年に始まったアメリカの対イラク軍事介入の後、それは今後どの程度まで拡大され、あるいは過去の制約が解かれていくのだろうか。この疑問に答えることは難しい。しかしながら、「切迫し、かつ即時に起こりうる敵からの攻撃の危険」という過去（国連誕生の前まで）の規準を当てはめた場合、ブッシュ大統領はアメリカ国民に対しても国際世論の陪審に対しても、イラク政府が大量殺戮兵器を保有していたからこそ先制軍事行動は正当だったと納得させるに足る証拠を提示した、と万人が認めているわけではない。しかし、イラク政府は二〇〇一年九月一一日の合衆国本土における同時多発テロに関わっていたと主張する者もいるのである。この分析の下では、イラクは〝悪の枢軸〟の一部であり、アメリカの報復攻撃――先制攻撃ではないとしても――を受けて当然だった。

一九四一年一二月七日を振り返ってみると、真珠湾攻撃のあとのアメリカはより先制的に行動するようになったようだ。朝鮮半島およびベトナムへのアメリカの介入は、先制的行動を取ることによって東南アジアにおける共産主義の蔓延を阻止するために立案されたのだった。

世界には身を挺して無辜の市民を殺傷したいという自殺願望に駆られた分子がいる、という過酷で不可避の現実を認識すれば、先制攻撃を行なうために過去に必要とされた、「切迫し、かつ即時に起こりうる脅威」という歴史的な規準は、たとえその脅威が直ちに発生しないとしても、先制攻撃をまず間違いなく正当視するために緩和されてよいのではないだろうか。もし、国家的あるいは超国家的な勢力、あるいは宗教的勢力による攻撃が確実に起こるとしたら、文明社会は危険が即時に訪れるものではないとしても、先制的な力の使用に対してこれまでより寛容になれるかもしれない。

アメリカ、スペイン、イギリス、そしてその他の国々におけるイスラム教過激派分子の自殺覚悟のテロ攻撃に鑑み、文明社会の住人たちは自らの平和と安全保障にとって実在する明白な不安を感じていることは明らかだ。このような風潮は先制的軍事行動に対してさらなる寛容の精神を生むかもしれないが、その一方で、それが人間の不必要な苦しみを回避するために努力する世界の指導者たちの決意と責任感を鈍らせるものであってはならない。

エピローグ

第二次世界大戦が勃発すると、クレア・リー・シェノールト大佐のアメリカ義勇兵部隊（ＡＶＧ）は〝フライング・タイガーズ〟として知られるようになった。このグループの公式な沿革史には、空中戦が展開された開戦直後からの六カ月間に義勇兵パイロットたちは二九六機の日本機を撃墜し、四名が命を落とした、とある。フライング・タイガーズはアメリカの戦闘機部隊の中で最高の撃墜率を達成したことになる。

シェノールトは義勇兵部隊が一九四二年七月にアメリカ陸軍航空隊に編入されると、准将として再び兵役に就き、中国空軍機動部隊と、そのあとはアメリカ第一四空軍の指揮を執った。最終的には少将の地位まで昇格したが、一九四五年八月、日本が降伏する直前に司令官の任を解かれた。シェノールトの拒絶というアメリカの軍エスタブリッシュメントの〝伝統〟がそのときも守られ、彼は東京湾に停泊中の戦艦ミズーリの艦上で催された降伏文書調印式に招かれなかった。アメリカの第二次大戦参戦と同時に、フィリピンで〝空の要塞〟Ｂ－17爆撃機の壊滅的な損失を蒙った司令官ダグラス・マッカーサー将軍がこの式典を取り仕切ったのは、皮肉なことだった。

戦後、シェノールトは合衆国に戻ってありきたりの生活を送るつもりはなく、中国における操業を目的とした民間航空会社、民航空運公司（シビル・エア・トランスポート、略称ＣＡＴ）を上海に設立した。ＣＡＴは中国の内戦の間、蒋介石総統のために物資を運んだ。一九四七年に蒋介石が中国から台湾に亡命すると、シェノールトも拠点を台湾に移し、ＣＡＴはアメリカ中央情報局（ＣＩＡ）の任務を帯びて中国の空を飛んだ。やがてＣＩＡはＣＡＴを買収し、エア・アメリカと改名した。ベトナム戦争中、エア・アメリカはラオスとカンボジアでＣＩＡの秘密作戦に携わった。

〝ローン・イーグル〟ことチャールズ・リンドバーグは、民間人パイロットとして太平洋の戦地の上空で展開された空中戦を戦う道を選んだ。彼は、ブルックス・ブラザーズで購入した海軍将校の軍服を階級章も記章もつけずに身に着けた。日本軍に捕らわれたとしたら、彼は国のない男として扱われただろう。リンドバーグは海軍〝技術顧問〟として、ラバウルを含む南太平洋の島々の上空を戦闘任務で合計三五回飛び、Ｆ４ＵコルセアとロッキードＰ－38ライトニングの二種類の戦闘機を操縦した。第五空軍第四三三戦闘機部隊の一員として飛んだ一九四四年七月二八日に、リンドバーグは日本陸軍の九九式襲撃機（アメリカ側は〝ソニア〟と呼んだ）一機を撃墜している。ルーズベルトの諸政策に反対だったリンドバーグは、陸軍航空隊の隊員として合衆国に仕えることをよしとせず、愛国者としての義務を果たす別の手段を見つけたのだった。シェノールトやフライング・タイガーズの隊員たちと同様、リンドバーグが民間人として空中戦を戦ったのは皮肉なことだった。

一方、〝チャイナ・プロジェクト〟を合同委員会計画ＪＢ－３５５として管理し、ルーズベルト大統領の信用が篤かった補佐官ロークリン・カリーは、KGBのエージェントだったことが戦後になって発覚し、合衆国から南米コロンビアへ逃亡して、アメリカの市民権を放棄した。一九九三年、首都ボゴタで死去。享年九一。

真珠湾攻撃の総隊長淵田美津雄中佐はキリスト教に改宗し、アメリカで伝道師になった。友人に、ビリー・グラハム牧師がいる。

コーデル・ハルは国際連合設立の労が報われ、ノーベル平和賞を受賞している。

第二次世界大戦後、ウィリアム・ポーリーはブラジルとペルーでアメリカ大使を務めた。ポーリーは熱心な共和党員で、CIA長官アレン・W・ダレスの親友だった。ユナイテッド・フルーツ・カンパニーがグアテマラ政府によって国有化されたあとの一九五四年、ポーリーはハコボ・アルベンス政権を倒したクーデターで一役買った。キューバでは航空会社とバス会社のオーナーだったポーリーは、フルゲンシオ・バチスタの政権維持に貢献している。実際、ポーリーはバチスタが権力の座から転落したあと、アメリカ国内の反カストロ派のキューバ人に武器と資金を提供するよう、アイゼンハワー大統領に圧力をかけた。一九六三年六月、ポーリーとその他多くの男たちは、複数のソ連人将校を探し出すため、密かにキューバに到着した。ポーリーに同行した一人、エディー・ベイヨは後に残った。ベイヨは捕らえられた後に処刑されたという噂が流れた。ポーリーは一九七七年一月、弾丸による傷が元で死亡した。公式な死因は自殺とされているが、ポーリーが生前に展開した極秘裡の行動の数々を考えると、この結論が正しくない可能性も出てくる。

真珠湾攻撃の発案者山本五十六提督は一九四三年四月一八日に、搭乗機の一式陸上攻撃機（アメリカは〝ベティ〟と呼んだ）が太平洋の前線視察中にソロモン群島のブーゲンビル上空で撃墜され、死亡した。

真珠湾攻撃の時点で総理大臣だった東条英機陸軍大将は、極東軍事裁判所における裁判のあと、戦争責任で有罪判決を受け、絞首台の露と消えた。

クレア・リー・シェノールトは、一九四〇年一二月を出発点として、中国、アメリカ、イギリス、オランダを対象とした日本の侵略を制限する可能性を呈した、型破りの先制的軍事行動の遂行を請け負った。彼の野望は最終的にアメリカの大統領とその内閣の承認を得た。彼は自分の周りに、危険を恐れない行動家の面々を集めた。彼は日本を攻撃する手段として中国で秘密航空戦隊を組織する陰謀に従事し、多くの協力者を得た。彼の野心はすべて十分に実現したわけではないが、彼は中国の誉れとして、中国人に大いに尊敬されている。中国人民にとって、シェノールトと彼に仕えた男女すべてが英雄である。彼らの努力によって、第二次世界大戦中、中国は瓦解して日本の意のままにならずに済んだのである。シェノールトは一九五八年、故郷ルイジアナ州のニューオリンズの病院で死去した。遺体は、アーリントン国立墓地に収められている。

謝辞

筆者は、本書執筆に必要な資料あるいは支援を提供してくださった多くの人々や団体に、この場を借りて深甚なる謝意を表したい。

まず、ライオンズ・プレス社のトム・マッカーシー編集長と担当編集者のホリー・ルビノ女史のご両名に、拙稿に興味を持ち、活字になるまでお力添え賜ったことに感謝したい。また、リチャード・Ｌ・ダン米国空軍（退役）中佐、トーマス・Ｂ・スティーリー、スタンレー・Ｆ・ブロイヤー米国海軍（退役）大佐、リック・ウルフ（アメリカ義勇兵部隊〔ＡＶＧ〕のパイロットだったフリッツ・ウルフの子息）、Ｂ・Ｊ・ドボルサック（ロッキード・ジョージア社元専属パイロット）、ロバート・オームズビー・ジュニア（ロッキード・ジョージア社元社長）、そして、拙稿を吟味し批評していただいた元ＡＶＧ機付長フランク・ロソンスキーの諸兄にも、一言御礼申し上げたい。

リチャード・Ｌ・ダンは日本軍の無線通信記録、アメリカの航空機の対中供与に関する情報、一九四一年五月から六月にかけて訪中したアメリカ軍事使節団に関するアメリカ大使館付海軍武官および海軍武官補の報告書、中国における航空燃料供給、軍用飛行場の建設、米中英の対日空爆計画に関するその他多くの資料を惜しみなく提供してくれた。トーマス・B・〝スキッパー〟・スティーリーは拙稿に快く目を通し、手直しのための提案をしてくれた。

ルーズベルト大統領記念図書館の歴史家ロバート・パークスには、本著にとって不可欠な資料を探す際にきわめて貴重な手助けを賜った。また、国立海軍航空博物館の歴史家ヒル・グッドスピードには、アメリカ海軍が作成したアメリカ義勇兵部隊関連文書（〝ペンサコーラ文書〟）をCD－ROMで提供していただいた。ちなみに、本文書関連の情報は本著が出版される前に他界したジャッキー・ボウルズが収集したものである。また、アメリカ空軍歴史研究所は、シェノールトの理論「防衛的追撃の役割」の写しを提供してくれた。スタンフォード大学所属のフーバー研究所は、アメリカ義勇兵部隊公式戦争日誌（一九四一年一二月一七日～一九四二年七月一九日）の写しを提供してくれた。トーマス・キンメル（真珠湾攻撃時にアメリカ太平洋艦隊司令長官だった故ハズバンド・E・キンメル提督の孫にあたる）は、当時傍受された日本の暗号外交電報によるメッセージ（「紫《パープル》コード」）の解読記録を提供してくれた。

ダグラス・マッカーサー将軍記念財団の文書係、ジェームズ・W・ゾーベルは、「日本を破る際の課題――情勢の概観」と題する、一九四一年九月一九日付のイギリス極東総司令部の覚書（〝英国政府覚書〟）の写しを提供してくれた。ジョージ・C・マーシャル記念財団の副文書係、ペギー・ディラードは、マーシャル将軍がニューヨーク・タイムズ紙の軍事記者ハンソン・ボールドウィンに送った、一九四九年九月二一日付の書簡の写しを提供してくれた。

国立公文書館の文書係タッブ・ルイスは、一九四一年四月に商務省輸出規制物資課運営委員会が日本国内の爆撃目標について討議した際の会議録を提供してくれた。フーバー研究所の文書担当官ロナルド・M・バラトフは、クレア・シェノールトとロークリン・カリーが交わした通信の写しを提供してくれた。彼はまた、イギリス航空省が中国の空を飛び、中国のために戦うイギリス人義勇兵の集団を派遣する計画を、ウィリアム・ポーリーと共に推進していた証拠を提供してくれた。さらに氏は、日本の真珠湾攻撃計画に関して朝鮮の地下組織から送られた報告に関する、国務省のスタンレー・K・ホーンベックの手紙も提供してくれた。

元AVGパイロットのアメリカ空軍退役将軍デビッド・リー・〝テックス〟・ヒル、ローズマリー・シェノールト・シムラル（シェノールト将軍の令嬢）、ロバート・オームズビー・ジュニア、ダニエル・フィッシャーの各位は電話インタビューに応じてくれた。バート・キンゼーとリチャード・L・ダンは、ボーイングB‐17〝空の要塞〟爆撃機の生産に関わる情報を提供してくれた。トム・パンドルフィは〝ペンサコーラ文書〟の原本から作成した最初の写しを提供してくれ、さらに、自身が所蔵するAVG関連写真の使用を認めてくれた。故マックス・シェノールト（シェノールト将軍の子息の一人）の伴侶エドナ・シェノールト夫人は、筆者が家族のアルバムの写しを取ることを許可してくれたが、その中にはシェノールトの写真のほかに日中戦争の間のシェノールトの動静に関して掲載された新聞記事が含まれていた。フライング・タイガーズ協会は本書に使用された写真の複製を快く認めてくれたが、シーラ・ビショップ・アーウィン（AVGパイロット、ルイス・シャーマン・ビショップ令嬢）からも同じような協力を得た。これらの写真の提供は、誠に有難いことだった。

また、チャレンジ・パブリケーションズ傘下のエア・クラシックス誌は、アメリカから中国に輸出され、クレア・リー・シェノールトが操縦した最初のカーティス－ライト社製ホーク75H型戦闘機の試作機の写真掲載を快諾してくれた。

ジェフ・ブレイン（シナリオ作家）、ビル・ウェイジズ（映画監督兼撮影監督）、フィリップ・ベラリー（シナリオ作家）、コーキー・フォーノフ（スタント・パイロット、航空コーディネーター）、トニー・ビル（映画プロデューサー兼監督）、アンドリュー・ベルコフ（娯楽関係弁護士）の各位は、このプロジェクトに取り組む私の仕事を支援してくれた。

私の法律事務所のスタッフ、キャシー・オーとメアリー・シバーソンは、拙稿のタイプ、添削、手直しを献身的かつ骨身惜しまずに行なってくれた。

最後になってしまったが、本書の発刊に至る長い道のりでご助力を賜ったその他多くの人々に、本プロジェクトを温かく支えてくださったことに対して衷心からお礼を述べさせていただきたい。

関連年表　日米開戦への道

一九三一年
九月一八日　満州事変勃発。奉天郊外で南満州鉄道の線路が爆破された事件（柳条湖事件）をきっかけに、日本の関東軍、中国北東部（満州）を占領。

一九三二年
三月一日　満州国建国。

一九三三年
三月二七日　日本、中国への満州返還を拒否し、正式に国際連盟からの脱退を表明。

一九三五年
一二月　米陸軍航空隊の教官クレア・リー・シェノールト大尉、中華民国の毛邦初大佐から中国空軍で働くよう勧誘されるが、断る。

一九三六年

七月二〇日　中国政府、シェノールトに高額の報酬を提示して中国空軍の軍事顧問になるよう再度勧誘。

一九三七年

四月三〇日　シェノールト、米陸軍を退役。翌月、中国へ渡る。中国空軍大佐の階級を与えられる。

七月七日　北京郊外の盧溝橋で日中両軍が衝突（盧溝橋事件）。日中の全面戦争へと発展。

一二月一〇日　中華民国の首都南京に対して日本軍が総攻撃を開始。同月一三日に南京は陥落。

一二月一二日　米海軍の砲艦パナイ号が、長江で日本海軍機によって撃沈される（パナイ号事件）。

一九三九年

八月三〇日　山本五十六、連合艦隊司令長官に親補される。

九月一日　ドイツ軍、ポーランドに侵攻。第二次世界大戦始まる。

一九四〇年

三月三〇日　日本の傀儡政権である南京国民政府（汪兆銘政権）が成立。

六月二四日　日本政府、英国にビルマ・ルートおよび香港経由による援蔣行為の停止を要求。イギリスは七月に入り、日本の要求に応じビルマ・ルートを短期間閉鎖。

七月　日本、フランスに対して仏領インドシナを経由した援蔣行為の停止を要求。雲南鉄道および中国への自動車道が閉鎖される。

九月二三日　米国、航空機用揮発油の西半球以外への輸出を全面禁止。

日本、北部仏領インドシナに進駐開始。進駐後も統治権はフランス側に残された代わり、日本軍は飛行場の使用権を得て中国南部への空襲を開始。

九月二七日　日独伊三国軍事同盟が締結される。

一〇月一六日　米国、鉄鋼と屑鉄、屑銅の対日輸出を禁止。

一一月　蔣介石、ルーズベルト大統領宛に、中国で活動する特別航空戦隊の結成を提案する秘密覚書を作成。

一一月一一日　英海軍艦載機の雷撃でイタリア海軍の戦艦三隻が撃沈・大破される（タラント空襲）。

一二月八日　ホワイトハウスの昼食会で、ルーズベルト大統領をまじえて中国本土から日本を爆撃するプランが検討される。

一二月二一日　シェノールト、モーゲンソー財務長官に対日先制爆撃計画案を提出。

一二月二三日　ルーズベルト政権、すでに英国への供与が決まっていたカーティスＰ－40戦闘機一〇〇機の中国への振り替えを承認。

一九四一年

一月二六日　山本連合艦隊司令長官、第十一航空艦隊参謀長の大西瀧治郎少将に真珠湾攻撃の研究を指示。

二月上旬　大西少将、源田実中佐に真珠湾の攻撃計画作成を指示。翌月上旬、源田は第一案を提出。

一九四一年

二月一一日　新駐米大使野村吉三郎、ワシントン着任。

三月一一日　米国で武器貸与法が成立、連合国への軍事支援が可能になる。

四月一三日　日ソ中立条約調印。

五月一五日　ルーズベルト大統領、カリー補佐官に対して、爆撃機の供与をふくむ対中支援計画を進めるよう指示。

六月初旬　第一義勇兵部隊の第一陣（一〇〇名のパイロットと約二〇〇名のサポート要員）、サンフランシスコを出航して中国へ向かう。

六月二二日　ドイツ軍、ソ連に侵攻。独ソ戦開始。

七月八日　シェノールト、カリー補佐官から電報を受け取る。米国は一九四一年一一月までに、爆撃機と一〇〇名のパイロットなどからなる第二義勇兵部隊を中国に提供する、という内容だった。

七月九日　UP通信が、米国人義勇兵が使用する多数の飛行機が順次ラングーンに到着しつつあることを報じる。

七月一〇日　第一義勇兵部隊の第二陣がサンフランシスコを出航。

七月二三日　ルーズベルト大統領、対日先制爆撃計画を規定した陸海軍合同委員会計画「JB－355」を承認。

七月二五日　米国、在米日本資産を凍結。シェノールト、英国の植民地だったビルマ（現ミャンマー）のチードウ軍用飛行場を視察。ここを特別航空戦隊の拠点とすることが決まる。

七月二八日　日本軍、南部仏領インドシナに進駐。

八月一日　米国、石油を含む戦略物資の対日輸出を全面的に禁止。また同日、蒋介石は総統命令第五九八七号を交付し、アメリカ人義勇兵による特別航空戦隊が結成されたことを宣言した。

八月　特別航空戦隊の米海軍側責任者にチェスター・ニミッツ提督が就任。

九月六日　日本、御前会議で、一〇月下旬までに経済封鎖の緩和に関する外交交渉がまとまらない場合は米・英・蘭に対して開戦を決意することが決まる。

九月一二日〜二〇日　連合艦隊司令部、東京・目黒の海軍大学において、対米・英・蘭作戦図上演習を実施。

九月三〇日　ルーズベルト大統領、ノックス海軍長官とスティムソン陸軍長官に秘密覚書を送り、すでに中国に提供された一〇〇機の戦闘機に加えて、数カ月以内に二六九機の戦闘機と六六機の爆撃機を供与する方針を伝える。

一〇月九日　連合艦隊旗艦の戦艦「長門」の艦上で図上演習が行なわれる。

一〇月一八日　東条英機内閣成立。

一〇月二四日　第一義勇兵部隊の三飛行隊がビルマのチードウ飛行場で活動を開始。

一〇月三一日　ユナイテッド・ステーツ・ニューズ誌、「日本への爆撃空路」と題する記事を、東京を円で囲んだイラスト入りで掲載。各戦略拠点から爆撃機の取るべき航路と所要飛行時間が記されていたが、香港と重慶から東京までの飛行時間も含まれていた。

一一月二日　日本の空母機動部隊、有明湾に集結。真珠湾攻撃を想定した演習が行なわれた。

一一月五日　御前会議で帝国国策遂行要領を決定。開戦の方針が事実上決まる。

一九四一年

一一月一五日　米陸軍参謀総長マーシャル将軍、新聞記者の一団に、日本に対する攻撃的な戦争の準備をしていると言明。その主要兵器はB－17〝空の要塞〟であり、これら爆撃機は日本の都市を火の海にすることになると語る。来栖三郎遣米特命全権大使、ワシントン着任。

一一月二一日　第二義勇兵部隊がサンフランシスコを出航。中国向けの爆撃機や戦闘機も船積みされつつある、あるいは近々船積みされる状態にあった。

一一月二二日　ハワイ奇襲機動部隊、択捉島・単冠湾に集結。

一一月二三日　空母機動部隊指揮官の南雲忠一中将、旗艦「赤城」に艦隊の各級指揮官を招集。真珠湾攻撃の具体的な作戦計画を下達。

一一月二六日　空母機動部隊、単冠湾から真珠湾に向けて出撃。同日、米国は日本に対して「ハル・ノート」を提示。

一二月二日　大本営、連合艦隊に対して「ニイタカヤマノボレ　ヒトフタマルハチ」を打電。（内容は「日米開戦日が一二月八日と決定された。予定通り行動せよ」）

一二月四日　マレー作戦部隊、海南島三亜港出発。

一二月七日　午前七時五五分（ハワイ時間）　日本の空母艦載機が真珠湾への攻撃を開始。
午後二時二〇分（ワシントン時間）　来栖、野村両大使、国交断絶を通告するメッセージをハル国務長官に手交。真珠湾攻撃開始から五五分後のことだった。

原註

はしがきに代えて

1 Henry Morgenthau Jr. Diary 342A, China Bombers, December 3-22, 1940（"Morgenthau Diary"）.

第1章

1 Martha Byrd, *Chennault: Giving Wings to the Tiger*, Tuscaloosa: University of Alabama Press, 1987（"Byrd"）, p.60.

2 Claire Lee Chennault, *Way of a Fighter*, New York: G. P. Putnam's Sons, 1949（"*Fighter*"）p.29; Byrd, p.60; Daniel Ford, *Flying Tigers—Claire Chennault and the American Volunteer Group*, Washington: Smithsonian Institution Press, 1991（"Ford"）, p.17. *Fighter* は最後の曲芸飛行が行なわれたのは一九三六年のパンアメリカン航空大演習だったとしているが、実際は一九三五年一二月一一～一四日だったことを示す証拠がある。Byrd およびダニエル・フォードから筆者宛の二〇〇四年五月七日のｅメール参照。

3 二〇〇四年六月二二日に筆者が行なったローズマリー・シェノールト・シムラル（シェノールト大佐の長女）への電話インタビュー。

4 Chester G. Hearn, *The Illustrated Directory of the United States Navy*, London: Salamander Books, Ltd.,

2003（"Hearn"）, p.174.

5 Ibid.

6 Ibid.

7 Byrd, p.60.

8 "The Role of Defensive Pursuit," Air Force Historical Research Agency（AFHRA）, Document Number 248.282.4（"Defensive Pursuit"）.

9 Byrd, p.60.

10 Ibid.

11 Ibid., p.61.

12 Ibid., p.62.

13 Ibid.

14 Ibid., p.63.

15 Ibid., p.64.

16 Ibid.

17 Ibid., p.65.

18 Ford, p.19.

19 Ibid.

20 Barbara Tuchman, *Stilwell and the American Experience in China,* New York: McMillan, 1970.（バーバラ・W・タックマン著『失敗したアメリカの中国政策――ビルマ戦線のスティルウェル将軍』杉辺利英訳、

朝日新聞社）

21 Patrick Laureau, *Condor: The Luftwaffe in Spain 1936-1939*, East Yorkshire: Hikoki Publications, Ltd., 2000.

22 Ford, p.23.

23 Ibid.

24 Ibid.

25 Ibid., p.25.

26 Ibid.

27 Warren M. Bodie, *The Lockheed P-38 Lightning*, Hayesville, NC: Widewing Publications, 1991.

28 Ibid.

第2章

1 Report of interview with Commander Bruce G. Leighton, USNR, by Major Rodney A. Boone, USMC, January 17, 1940 ("Boone Report"), p.2.

2 問題の時期にはヘンリー・スティムソンが陸軍長官だった。しかし一九四一年七月一八日付の大統領への勧告は、ロバート・パターソン陸軍次官とフランク・ノックス海軍長官によって署名された。

3 Byrd, p.107.

4 *Fighter*, p.96.

5 アンダーソンは、一九四一年一二月七日に真珠湾に停泊していた戦艦の指揮を執ることになる。

6 Boone Report, p.l.
7 レイトンは、インターコンチネント社の子会社であるCAMCOの活動を、インターコンチネント社の活動と述べていたようである。
8 Boone Report, p.l. ロウニングがロウィング（壘允）を意味することは明白。
9 Ibid.
10 Ibid.
11 Ibid.
12 アメリカ陸軍航空隊に多数採用されることはなかったヴァルティA－19攻撃機を指している可能性が高い。この機は単発でシートは三席（パイロット、爆撃手あるいは航法士、射手用）あり、動力源は列形エンジンで、最大爆弾搭載量は約四五〇キロだった。中国を含む何カ国かに輸出された。
13 陸軍航空隊のP－36機から派生したカーティス－ホークH－75型機の輸出用モデルを指す。
14 カーティス－ライト社が設計し、CW－21として知られた低翼単発機。軽量で、ほぼ一〇〇〇馬力のエンジンを動力源としたこの機は、劇的な上昇機能を誇った。だが、セルフ・シールの燃料タンクも、パイロットの保護装置も装着していなかった。主として、中国とオランダ領東インド諸島の空軍に運用された。
15 Boone Report.
16 Ibid.
17 Ibid.
18 ロドニー・A・ブーン少佐は、海軍情報局の極東課で、課長のアーサー・マッコラム少佐の下に仕えた。
19 Boone Report.

20 Ibid.
21 Ibid.
22 Ibid.
23 Ibid.
24 Ibid.
25 Ibid.
26 Confidential Memorandum for the Chief of Naval Operations, January 17, 1940, from Admiral W. S. Anderson (the "Anderson Memorandum"), Joint Board Papers.
27 キンメル提督の前のアメリカ太平洋艦隊司令長官で海軍省に戻っていた、ジェームズ・O・リチャードソンが、スタークの海軍作戦部長の任を解く命令書を書いた。
28 Anderson Memorandum.
29 See the one-page document marked "Confidential" in the folder of Joint Board 355 immediately after the Anderson Memorandum (the "Leighton Memorandum").
30 Leighton Memorandum.
31 Ibid.
32 Ibid.
33 Robert B. Stinnett, *Day of Deceit — The Truth About FDR and Pearl Harbor*, New York: Simon & Schuster, 2000 ("Stinnett"), p.7.（ロバート・B・スティネット著『真珠湾の真実——ルーズベルト欺瞞の日々』妹尾作太男訳、文藝春秋社）

34 Ibid.
35 Ibid.

第3章

1 *Fighter*, p.91.
2 Letter from William D. Pawley to Claire Chennault, January 31, 1939; Richard L. Dunn, monograph, "Curtiss-Wright CW-21 Interceptor."
3 ロークリン・カリーはカナダで生まれ、ロンドン・スクール・オブ・エコノミクスで経済学を学び、ハーバード大学で博士号を取得した。
4 Herbert Rowerstein and Eric Breindel, *The Venona Secrets—Exposing Soviet Espionage and America's Traitors*, Washington: Regnery Publishing, Inc. 2001.
5 Ibid.

第4章

1 Memorandum of Secretary of the Treasury Henry Morgenthau, December 8, 1940, Henry Morgenthau Jr. Diary Book 342A—China Bombers: December 3-22, 1940 ("Morgenthau Diary").
2 Secret Memorandum from the Chinese Government, November 30, 1940, Morgenthau Diary ("China's Secret Memorandum, November 30, 1940").
3 Ibid.

4 *Fighter*, p.92.

5 Iris Chang, *The Rape of Nanking — The Forgotten Holocaust of World War II*, New York: Penguin Books, 1998, p.38.（アイリス・チャン『ザ・レイプ・オブ・南京』巫召鴻訳、同時代社）

6 Morgenthau Memorandum, December 8, 1940, Morgenthau Diary.

7 Secret Memorandum from the Chinese Government, November 30, 1940, Morgenthau Diary.（"China's Secret Memorandum"）

8 Ibid.

9 Richard L. Dunn, "The Vultee P-66 in Chinese Service,"Monograph, http://www.warbirdforum.com/dunnp66 htm, October 5, 2005.

10 Ibid.

11 China's Secret Memorandum.

12 Ibid.

13 Ibid.

14 Ibid.

15 Handwritten letter from Dr. T. V. Soong to Morgenthau, dated December 9, 1940, Morgenthau Diary.

16 Ibid.

17 Ibid.

第5章

1 Morgenthau Memorandum of December 10, 1940, Morgenthau Diary（"Hull/Morgenthau Conference Memorandum"）.

2 Ibid.

3 Ibid.

4 Ibid.

5 Linda R. Robertson, *The Dream of Civilized Warfare—World War I Flying Aces and the American Imagination,* Minneapolis: University of Minnesota Press, 2003.

6 Memorandum of Morgenthau, December 3, 1940, confirming a meeting with Ambassador Lothian "yesterday"（the "Lothian/Morgenthau Memorandum"）, Morgenthau Diary.

7 Ibid.

8 Morgenthau Memorandum, December 7 and 8, 1940, Morgenthau Diary.

9 Ibid.

10 英国本土航空決戦に関するさらに詳しい記述は、下記の文献を参考にされたい。Peter Townsend, *Duel of Eagles*, Edison: Castle Books, 2003; Lynne Olson and Stanley Cloud, *A Question of Honor: The Kosciuszko Squadron—Forgotten Heroes of World War II,* New York: Alfred A. Knopf, 2003; Philip Kaplan and Richard Collier, *The Few—Summer 1940, The Battle of Britain,* London: Orion Publishing Group, 2002; Norman Franks, *Battle of Britain,* New York: Gallery Books, 1981; John Ray, *The Battle of Britain*, London: Cassell & Co., 1994; Leonard Mosley, *The Battle of Britain,* Morristown: Time-Life

Books, Inc., 1977（レナード・モズレー著『イギリス本土攻防戦』平岡正訳、タイムライフブックス）。

11 Lothian/Morgenthau Memorandum, December 3, 1940.

12 A. Scott Berg, *Lindburgh*, New York: G. P. Putnam's Sons, 1998（"Berg"）, p.387.

13 Ibid., p.357.

14 Ibid., p.386.

15 Ibid., p.387.

16 Ibid.

17 Ibid.

18 Ibid., p.388.

19 Ibid., p.389.

20 Ibid., p.393.

21 Von Hardesty, *Lindberg—Flight's Enigmatic Hero*, San Diego: Tehabi Books, Inc., 2002（"Hardesty"）, p.133.

22 Berg, p.396.

23 Ibid.

24 Ibid., pp.396-97.

25 Ibid., p.397. 世界中の国々からメダルを授与されたリンドバーグは、一九三八年一〇月一八日にベルリンのアメリカ大使館で催された外交上の夕食会で、ヘルマン・ゲーリングからドイツの鷲印の国章をあしらった勲章を受けた。Hardesty, p.132.

26 Ibid.

27 Ibid., pp.397-98.

28 Ibid., p.398.

29 一九三九年九月二一日に行なわれた大統領の演説〝中立法修正の提言〟。

30 Berg, p.399.

31 Hardesty, p.133.

32 大英帝国は、一九四〇年から四五年の間に六六億八五五〇万ポンド相当を非軍需品の輸入に費やし、二五五万五八〇〇ポンドを軍需品の輸入に費やした。John Keegan, *Atlas of the Second World War*, Ann Arbor: Borders Press, 2003.

33 Translation of Chinese telegram dated December 12, 1940, from General Chiang Kai-shek to President Roosevelt, Morgenthau Diary.

34 Ibid.

35 Ibid.

36 Translation of Chinese telegram from General Chiang Kai-shek to Secretary Morgenthau, dated Chungking, December 16, 1940, Morgenthau Diary.

37 Ibid.

38 Note of Morgenthau, December 19, 1940, reciting: "After Cabinet, the Secretary gave Mr. Hull a copy of each of the two letters from General Chiang Kai-shek," Morgenthau Diary. Morgenthau's Memorandum of December 20, 1940, confirming a meeting with Dr. Soong, a Mr. Young, and a Mrs.

Klotz (the "Soong Meeting Memorandum"), Morgenthau Diary.

39 Morgenthau's Memorandum of a phone conversation with President Roosevelt, December 18, 1940, Morgenthau Diary.

40 Ibid.

41 Ibid.

42 Ibid.

43 Ibid.

44 Ibid.

45 Ibid.

46 Memorandum of Morgenthau, December 18, 1940, concerning a phone conversation with Dr. Soong, Morgenthau Diary.

47 Ibid.

48 Morgenthau's Memorandum of a second conversation with Dr. Soong on December 18, 1940, Morgenthau Diary.

49 Ibid.

50 Confidential oral statement appended to letter from the Division of Far Eastern Affairs of the Office of Secretary of State to Secretary Hull, December 3, 1940.

51 Ibid.

52 Ibid.

第6章

1 *Fighter*, p.92.
2 The Soong Meeting Memorandum, Morgenthau Diary.
3 コンソリデイティッド社製のＰＢ２Ｙコロネードを指すものと思われる。
4 The Soong Meeting Memorandum, Morgenthau Diary.
5 John Toland, *The Flying Tigers*, New York: Random House, 1963（"Toland"）, p.4.
6 Byrd, p.68.
7 Ibid., pp.68-69.
8 Robert Somerville, editor, with other contributors, *Century of Flight*, Richmond: Time Life Books, 1999, p.108.
9 Transcript of telephone conversation between Frank Knox and Henry Morgenthau, December 20, 1940, 5:13 P.M. found at page 20-23 of the Morgenthau Diary.
10 Notes on conference at home of the secretary, 5:00 P.M., Saturday, December 21, 1940, Morgenthau Diary.
11 Ibid.
12 Ibid.
13 Ibid.
14 Ibid.
15 Ibid.

16 Ibid.
17 Ibid.
18 Ibid.
19 Ibid.
20 Ibid.
21 Ibid.
22 Ibid.
23 Ibid.
24 Ibid.
25 Ibid.
26 Morgenthau memorandum of meeting at Stimson's home, December 22, 1940 ("The Stimson Meeting"), Morgenthau Diary.
27 Ibid.
28 Ford pp.47-48.
29 The Stimson Meeting.
30 Ibid.
31 Confidential Memorandum from Mr. Young to the Secretary, December 22, 1940, pages 29-31 of the Morgenthau Diary.
32 Berg. p.413.

33 Ibid., p.412.
34 Ibid., pp.414-15.
35 Ibid., p.418.
36 Ibid.
37 Ibid., p.419.
38 Ibid., p.420.
39 Ibid. ルーズベルトとリンドバーグの間の確執に関するさらなる記述は、Joseph E. Persico, *Roosevelt's Secret War—FDR and World War II Espionage*, New York: Random House, 2001, pp.39, 129.

第7章

1 Edwin P. Hoyt, *Japan's War—The Great Pacific Conflict*, New York, Cooper Square Press, 2001 ("Hoyt"), pp.214, 475, fn.8, Chapter 20.
2 Dan Van der Vat, *Pearl Harbor, The Day of Infamy: An Illustrated History*, Toronto: Basic Books, 2001 ("Van der Vat"), p.19.（ダン・ヴァン・ダーヴァット著『パールハーバー――アメリカが震撼した日』村上能成訳、光文社）
3 Ibid.
4 源田実が一九四八年三月一五日にマッカーサーの戦史室長で歴史家のゴードン・プランゲ博士に提出した宣誓供述書。*Pearl Harbor Papers—Inside the Japanese Plans*, edited by Donald M. Goldstein and Catherine D. Dillon. Dulles, Virginia: Brassey's, 1993 (the "*Pearl Harbor Papers*"), p.13.

5 Ibid.

6 Stinnett, p.31.

7 Secret Memorandum from Navy Secretary Frank Knox to Secretary of War Stimson, January 24, 1941.

8 *The Pearl Harbor Papers*, pp.18-19.

9 Ibid.

10 Ibid., p.19.

11 Ibid.

12 Telegram to U. S. Department of State from Major James M. McHugh, February 10, 1941.

13 Ibid.

14 Report of Major F. J. McQuillen, USMC, assistant naval attaché for air, circa early June 1941 ("McQuillen Report"), p.2.

15 McQuillen Reportと、筆者が二〇〇五年一二月一六日にリチャード・ダン氏から受け取ったeメール。

16 McQuillen Report, p.4.

17 Ford, p.350.

18 Ibid.

19 Ibid.

20 Craig Nelson, *The First Heroes: The Extraordinary Story of the Doolittle Raid—America's First World War II Victory*, New York: Penguin Books, 2003 ("Nelson"), p.77.

21 Van der Vat, p.26.

22 Nelson, p.77.

23 Minutes of meeting of Steering Committee of the Expert Control Commodity Division of the U.S. Department of Commerce, dated April 22, 1941, National Archives, FEA. Administrator of Export Control, Box 698, Entry 88.

24 Ibid.

第8章

1 Hoyt, p.194.

2 Secret Memorandum for President Roosevelt, the Commander-in-Chief, from Captain W.R. Purnell, U.S. Navy Chief of Staff, United States Asiatic Fleet, USS *Houston*, May 13, 1941, regarding "Certain Strategic Considerations in Connection with Orange War—Rainbow III" ("Orange War—Rainbow III"), Franklin D. Roosevelt Library: Small Collections: FDR Library: Misc.: Joint Board 355 ("Joint Board Papers") (the "Purnell Memorandum").

3 Ibid.

4 Ibid.

5 Ibid.

6 Ibid.

7 Ibid.

8 Ibid.

9 Ibid.
10 Ibid.
11 Ibid.
12 Ibid.
13 Ibid.
14 Ibid.
15 Ibid.
16 Ibid.
17 Ibid.
18 Ibid.
19 Ibid.
20 Ibid.
21 Ibid.
22 Alan Schom, *The Eagle and the Rising Sun*, New York: W. W. Norton & Company, 2004, p.107.
23 The Purnell Memorandum.
24 Ibid.
25 Ibid.
26 Ibid.
27 Ibid.

28 Ibid.
29 Ibid.
30 Ibid.
31 Ibid.
32 Ibid.
33 Ibid.
34 Ibid.
35 Ibid.
36 Ibid.
37 Ibid.
38 *Fighter*, p.93.
39 Ibid.
40 Ibid., p.94.
41 Ibid.
42 Ibid.
43 Ibid.

第9章

1 Charles F. Romanus and Riley Sunderland, *China-Burma-India Theater: Stilwell's Mission to China*

(*United States Army in World War II*), Washington, D.C., Office of the Chief of Military History, Department of the Army, 1953 ("Romanus and Sunderland"), p.12.

2 カーティス社がＨ81－Ａ2型機として輸出し、イギリス空軍がトマホークⅡおよびトマホークⅡＡと呼んだトマホークＰ－40Ｂ戦闘機の性能に関する数字は、Bert Kinzey, "P-40 Warhawk in Detail," Volume 61, Peachtree City: Detail & Scale, Inc., 1999, p.61.

3 チェックリストの順序は、以下の文献に依拠した。1) Royal Air Force. Pilot's Notes-Tomahawk I. Publication 2013A, n.d.; 2) Pilot Flight Manual for the Curtiss P-40 Warhawk, distributed by Aviation Publications of Appleton, Wisconsin, ISBN No. 0-87994-018-2; 3) the U.S.Army Air Force training film entitled *Ways of the War Hawk* [sic], distributed by Historic Aviation, New Brighton, Minnesota.

4 *Fighter*, p.102.

5 Ibid.

6 Daniel Whitney, *Vee's for Victory!: The Story of the Allison V-1710 Aircraft Engine, 1929-1948*. Atglen, Pa.: Shiffer Military History, 1998.

7 Ibid.

8 二〇〇三年一月七日に筆者が行なった、デビッド・リー・〝テックス〟・ヒル将軍への電話インタビュー。

9 同前。

10 同前。

11 同前。

12 同前。

13 同前。

14 同前。

15 Charles Bond and Terry Anderson, *A Flying Tiger's Diary*, College Station: Texas A&M University Press, 1984.

16 Gregory Boyington, *Baa, Baa, Black Sheep*, New York: Putnam, 1958; Bruce Gamble, *Black Sheep One — The Life of Gregory "Pappy" Boyington*, Novato: Presidio Press, Inc.,2000.

第10章

1 Michael Schaller, *The U.S. Crusade in China,1938-1945*, New York: Columbia University Press, 1979（"Schaller"）, p.84.

2 U.S.Navy American Volunteer Group Papers, Record Group 4-9. Emil Buehler Naval Aviation Library, National Museum of Naval Aviation, Accession Number 1997.269（"the Pensacola Papers"）.

3 Statement of Commander Bruce Leighton, circa 1941（"Leighton's Statement"）, the Pensacola Papers.

4 Ibid.

5 Ibid.

6 Ibid.

7 Ibid.

8 Ibid.　塁允（中国）にあったＣＡＭＣＯの修理工場を指す。

9 Ibid.

10 Ibid.

11 レイトンの供述は付録として「正式な合意」に触れているが、筆者が入手した〝ペンサコーラ文書〟には当該の合意書の写しは含まれていなかった。

12 The Pensacola Papers, Chennault's memorandum of introduction issued by Captain Beatty, April 14, 1941.

13 The Pensacola Papers, Irvine's memorandum of introduction issued by Captain Beatty, April 14, 1941.

14 Leighton's Statement, the Pensacola Papers. レイトン少佐の供述では、陸軍航空隊基地への紹介状は「航空隊司令官事務所」から来たことになっている。

15 Ibid.

16 Ibid.

17 Ibid. レイトンの供述（ペンサコーラ文書）は、ニミッツ提督がビーティ大佐から〝チャイナ・プロジェクト〟を引き継いだ時点で提督がノックス海軍長官に送った一九四一年八月一五日付マル秘覚書と内容的に矛盾している。レイトンは、海軍の軍人がアメリカ義勇兵部隊に入隊した後も、海軍に残った同期生と同じ年功権が行使できると語ったが、この件に関するニミッツの見方は、アメリカ義勇兵部隊への志願者は中国で義勇兵部隊のメンバーとして活動する間は退職手当や年功権は得られないというものだった。

18 Ibid.

19 Ibid.

20 Confidential Memorandum for the Secretary of the Navy from W. L. Keys, February 3, 1941, from the Pensacola Papers.

21 Ibid.
22 Ibid.
23 Ibid.
24 Ibid.
25 Ibid.
26 Memorandum for the Commanding Officer, Naval Air Station Jacksonville from Captain Frank E. Beatty, aide to Secretary Knox, April 14, 1941 (the "Chennault Letter of Passage"), the Pensacola Papers.
27 Memorandum for the Commanding Officer, Naval Air Station Jacksonville from Captain Frank E. Beatty, aide to Secretary Knox, April 14 (the "Irvine Letter of Passage"), 1941, the Pensacola Papers.
28 *Fighter*, p.102.
29 Duane Schultz, *The Maverick War: Chennault and the Flying Tigers*, New York: St. Martin's Press, 1987 ("*The Maverick War*"), p.10. また、Toland, p.16の次の記述も参照されたい。「一九四一年四月一五日、大統領は非公開の行政命令に署名した。この命令で大統領は、予備役将校と下士官が陸軍航空隊、海軍および海兵隊を除隊してシェノールトのアメリカ人義勇兵グループに入隊することを承認した」
30 筆者が二〇〇三年五月一二日に行なった、ルーズベルト大統領記念図書館のロバート・パークスへの電話インタビュー。
31 Letter from Captain Beatty to Captain James Shoemaker, August 4, 1941, the Pensacola Papers.
32 Ibid.

33 "Chennault Is Sticking It Out In China," *Montgomery Advisor,* August 31, 1937.

34 Secret Memorandum from Commander J. B. Lynch to Admiral Chester W. Nimitz, August 7, 1941 (the "Lynch Memorandum"), the Pensacola Papers.

35 Ibid.

36 Ibid.

37 Ibid.

38 Ibid.

39 Ibid.

40 Ibid.

41 Ibid.

42 Ibid.

43 Ibid.

44 Letter from Aubrey W. Fitch, Commander Carrier Division I, USS *Saratoga,* to the Chief of the Bureau of the Aeronautics, August 7, 1941, the Pensacola Papers.

45 Ibid.

46 Ibid.

47 Secret Memorandum from Captain H. N. Briggs to the Chief of the Bureau of Navigation of the United States Navy, August 8, 1941, the Pensacola Papers.

48 Ibid.

49 Ibid.

50 Ibid.

51 Ibid.

52 Ibid.

53 Ibid.

54 Memorandum for the Admiral, August 14, 1941, from H. G. Hopwood, August 14, 1941 with a handwritten inscription on the margin of the document which reads: "Admiral Dunfield, AVN, Harry M. Geselbracht, No. 83389, Secret Memo dated 8/15/41, personal safe of the Chief of BuNav", the Pensacola Papers.

55 Confidential Memorandum from Captain Frank E. Beatty to Secretary Frank Knox, August 15, 1941, regarding "Release of Naval Personnel for Ultimate Employment by the Chinese Government", the Pensacola Papers.

56 Ibid.

57 Ibid.

58 Ibid.

59 Ibid.

60 Ibid.

61 Ibid.

62 Handwritten note by C. W. Nimitz, August 18, 1941, the Pensacola Papers.

63 Ibid.

64 Ibid.

65 Ibid.

66 Ibid.

67 Memorandum for Admiral Nimitz from Commander J. B. Lynch, August 19, 1941, regarding "Releases and Resignations to Accept Employment with Central Aircraft Manufacturing Co." (the "Lynch Memorandum"), the Pensacola Papers.

68 Ibid.

69 Secret Memorandum for the Secretary of the Navy from Admiral C. W. Nimitz, August 15, 1941, regarding "Release of Naval Personnel for Ultimate Employment by the Chinese Government" (the "Nimitz Memorandum"), the Pensacola Papers.

70 Ibid.

71 Leighton Statement.

72 Nimitz Memorandum.

73 Lynch Memorandum to Nimitz, August 7, 1941.

74 Nimitz Memorandum.

75 Ibid.

76 Ibid.

77 Ibid.

78 Ibid.

79 Ibid.

80 Secret Memorandum from Franklin D. Roosevelt to Navy Secretary Frank Knox, September 30, 1941 (the "Roosevelt Secret Memorandum"), the Pensacola Papers.

81 Ibid.

82 Letter from Harry Claiborne to Admiral C. W. Nimitz, Chief of Bureau of Navigation, October 4, 1941, the Pensacola Papers.

83 Ibid.

84 Letter from Richard Aldworth to Dr. Laughlin[sic] Currie, October 4, 1941, cc: Admiral Chester Nimitz, the Pensacola Papers.

85 Ibid.

86 Confidential Memorandum for Admiral Nimitz, Captain V. D. Chapline, October 18, 1941, concerning pilots required and available—January through March, 1941, the Pensacola Papers.

87 Ibid.

88 Letter from Navy Secretary Frank Knox to Dr. Lauchlin Currie, Executive Office of the President, November 7, 1941, the Pensacola Papers.

89 Ibid.

90 Letter from Lauchlin Currie, administrative assistant to the president, to Honorable Frank Knox, Secretary of the Navy, November 8, 1941, the Pensacola Papers.

91　Ibid.

92　Memorandum for Admiral Nimitz from Navy Secretary Frank Knox, November 10, 1941, the Pensacola Papers. 下方に以下の注意書きが見られる。①タワーズは彼にＯＫと言った、②自分もＯＫである、③自分が返事を書く――ＣＷＮ。

93　Letter from Lauchlin Currie, administrative assistant to the president, to Rear Admiral C. W. Nimitz, chief of Bureau of Navigation, Navy Department, December 4, 1941, the Pensacola Papers.

第11章

1　Robert Smith Thompson, *A Time for War; Franklin D. Roosevelt and the Path to Pearl Harbor*, New York: Prentice Hall, 1991 ("Thompson"), p.322.

2　ロークリン・カリーは冷戦中に合衆国を棄てコロンビアに居住、一九五六年にアメリカ国籍を剥奪された。

3　カリーがルーズベルトに送った一九四一年五月九日付覚書は、the Pearl Harbor Hearings as Part 19, pp.3489-3495に発表された。RPL, President's Secretary's File, Diplomatic Correspondence, China: 1941, Box 27.

4　Letter from Dr. Lauchlin Currie to General George C. Marshall, May 12, 1941.

5　Memorandum from Lieutenant Colonel E. E. MacMorland of the Office of the War Department to Colonel Orlando Ward, secretary to the General Staff, May 12, 1941 (the "MacMorland Memorandum"), Joint Board Papers.

6　Documents consisting of four pages, beginning with the inscription "Strategic Estimate" following the

MacMorland Memorandum (the "Strategic Estimate"), Joint Board Papers.

7 Ibid.

8 Ibid.

9 Ibid.

10 Letter from President Roosevelt to Dr. Lauchlin Currie, May 15, 1941.

11 Memorandum for Mr. Lovett from Major General H. H. Arnold, deputy chief of staff for Air, June 11, 1941, regarding "Status of Chinese Requests for Aid"[sic], (the "Arnold Memorandum"), Joint Board Papers.

12 Strategic Estimate, Joint Board 355.

13 Ibid.

14 Ibid.

15 Ibid.

16 Ibid.

17 Ibid.

18 Ibid.

19 Ibid.

20 Ibid.

21 日本とソ連は、一九四一年四月一三日に中立条約に署名した。

22 Strategic Estimate, Joint Board 355.

23 Ibid.

24 Letter from Lauchlin Currie, administrative assistant to the president to Honorable Frank Knox, Secretary to the Navy, May 28, 1941, Joint Board Papers.

25 Documents entitled "Short-Term Aircraft Program for China," dated May 29, 1941（"A Short-term Aircraft Program for China"）, Joint Board Papers.

26 President Roosevelt's Secret Memorandum, September 30, 1941, addressed to Secretary Frank Knox. 10章で記したとおり、まったく同文の覚書が陸軍長官ヘンリー・スティムソンにも送られた。

27 President Roosevelt's Secret Memorandum, September 30, 1941並びにStrategic Estimate included in Joint Board 355（Serial 691）は、Ｐ－40戦闘機一〇〇機がすでに中国に引き渡されたか、あるいは中国に向かう途中であると記している。すでに述べたとおり、ニューヨーク港でＰ－40一機の胴体が作業中に水没したため、中国の特別航空隊に提供される飛行可能なＰ－40戦闘機は九九機となった。

28 A Short-term Aircraft Program for China.

29 Ibid.

30 Ibid.

31 Ibid.

32 Ibid.

33 Ibid.

34 Ibid.

35 *Way of a Fighter*, p.107.「残りのスタッフは、その年の夏、インドと中国で手の空いているアメリカの民間人なら誰でもいいから起用した」

36 Arnold Memorandum.

37 Secret Memorandum for Chief of Staff regarding airplanes for China from Brigadier General L. D. Gerow, May 29, 1941, Joint Board Papers.

38 Ibid.

39 Ibid.

40 Secret Radiogram No.1135, June 14, 1941, 10:00 P.M. from Lieutenant General George Grunert in Manila to the War Department, Joint Board Papers; Secret Memorandum from Brigadier General L. T. Gerow, Acting Assistant Chief of Staff for the War Department, June 1941 (the exact date is missing), Joint Board Papers.

41 Letter from W. L. Bond to Lauchlin Currie, June 6, 1941 (the "Bond Letter"), Joint Board Papers.

42 Letter from Lauchlin Currie, assistant to the president, to Honorable Henry L. Stimson, Secretary of War, June 7, 1941, Joint Board Papers.

43 Confidential Memorandum of Kendall Perkins, chairman, Joint Aircraft Committee, Subcommittee on the Allocation of Deliveries, June 3, 1941, concerning Case No. 704, Addendum 1, PHR No. (none), 125 Republic P-43 aircraft for China, Joint Board Papers.

44 Letter of Lauchlin Currie, administrative assistant to the president, to Honorable Frank Knox, May 28, 1941, together with attachment "A Short-Term Aircraft Program for China, May 28, 1941," Joint Board Papers.

45 Revised Short-Term Aircraft Program, Joint Board Papers.

46 Ibid.

47 The Arnold Memorandum.

48 Ibid.

49 Report from the Joint Planning Committee of the Joint Board to the Joint Board, dated July 9, 1941, concerning Aircraft Requirements for the Chinese Government, Joint Board Papers.

50 Secret Memorandum from Admiral Harold R. Stark, Chief of Naval Operations ("CNO") to Secretary of War Stimson, July 14, 1941, Joint Board Papers.

51 Secret Letter from Acting Secretary of War Robert P. Patterson and Navy Secretary Frank Knox to President Roosevelt, July 18, 1941, Joint Board Papers.

52 Ibid.

53 Secret Memorandum from Lieutenant Colonel W. P. Scobey to the Chief of Naval Operations, July 23, 1941, concerning aircraft requirements to the Chinese government, and also Secret Memorandum from Lieutenant Colonel W. P. Scobey to the Chief of Staff, July 23, 1941, concerning aircraft requirements for the Chinese government, Joint Board Papers.

54 Confidential Memorandum for Admiral Kelly Turner from Lieutenant Colonel W. P. Scobey, August 28, 1941, concerning J. B. No. 355 (serial 691) —Aircraft Requirements for the Chinese Government, Joint Board Papers.

55 Ibid.

56 Ibid.

57 Memorandum of Major James M. McHugh, USMC, June 9, 1941, concerning conference of Claggett air mission with the generalissimo.

58 Ibid.

59 Ibid., pp.5,9.

60 Ibid.

61 Ibid.

62 Ibid.

63 Ibid.

64 Ibid., p.3.

65 Ibid.

66 Memorandum of Major James M. McHugh, USMC, June 10, 1941, concerning the conference of the Claggett air mission and the generalissimo.

67 McQuillen Report.

68 Ibid., p.1.

69 Ibid.

70 Ibid.

71 Ibid.

72 Ibid., p.3.

73 Ibid.
74 Ibid., p.5.
75 Ibid., p.9.
76 Ibid.
77 Ibid.

第12章

1 Gordon W. Prange, *At Dawn We Slept — The Untold Story of Pearl Harbor*, New York: Penguin Books, 1982 (“Prange”), p.17.（ゴードン・W・プランゲ著『真珠湾は眠っていたか』土門周平・高橋久志訳、講談社）
2 南京、上海、北京、広東の日本外交代表部に送られた、一九四一年五月二八日付の暗号公電第二六七号に関する、一九四一年五月二九日付暗号公電、東京回章第一一三九号。
3 東京から南京、上海、広東、北京に送られた一九四一年六月六日の東京回章第一二〇九号。
4 香港からの暗号公電第三二二号に関して、南京、上海、広東、北京の日本外交代表部へ送られた、一九四一年七月五日付東京回章第一四三七号。
5 *The Pearl Harbor Papers*, p.19.
6 Ibid., p.19.
7 Ibid., p.21.
8 Ibid.

9　Ibid.
10　Ibid., p.24.
11　Van der Vat, p.26.
12　*The Pearl Harbor Papers*, p.33.
13　Ibid.
14　Ibid., p.34.
15　Ibid.
16　Ibid.
17　Ibid., p.35.
18　Ibid., p.36.
19　Ibid.
20　Ibid.

第13章

1　Memorandum from General Clayton Bissell to General Joseph Stilwell, June 26, 1942.
2　*Fighter*, p.97.
3　東京から「一四日付の香港からのメッセージ第五〇〇号」に関して「ネット」に送られた、一九四一年一〇月一四日付東京回章第二一七六号。
4　同前。

5　同前。
6　*Fighter*, p.104.
7　Ibid.
8　*American Aviation Daily*, July 15, 1941, p.14, and the story captioned: "British Veto Conversion Suggestion; Hudsons Suddenly Moved Up to Canada—*American Aviation Daily* Queries British Quarters on Trans-Canada and Slow Bomber Movement Gets Quick Results."
9　Ibid.
10　*Maverick War*, p.14.
11　Ibid.
12　Telegram from Dr. Lauchlin Currie of the United States Department of State to the American Embassy in Chungking, for Madame Chiang, July 23, 1941.
13　*Fighter*, p.105.
14　Christopher Shores and Brian Cull with Yasuho Izawa, *Bloody Shambles, Volume II—The Defense of Sumatra to the Fall of Rangoon*, London, Grub Street, 1993（"*Bloody Shambles, Volume II*"）.
15　*Bloody Shambles, Volume II.*
16　*Fighter*, p.113.
17　Ibid., p.112
18　Ibid., p.113
19　Ford, p.83.

20 Ibid.

21 Ibid.

22 Jack Samson, *The Flying Tiger — The True Story of General Claire Chennault and the U.S.14th Air Force in China,* Guilford: The Lyons Press, 1987.

23 Telegram from Lauchlin Currie to the American consulate in Rangoon, November 12, 1941.

24 Memorandum for the President, November 17, 1941, from Lauchlin Currie, forwarding Churchill's message to Chiang Kai-shek, Franklin D. Roosevelt Library: President's Secretary's File, Diplomatic File, China ("China Diplomatic File").

25 Memorandum for the President from Dr. Lauchlin Currie, May 1, 1941, with attached statement to the press regarding publicity in connection with air mission to China, China Diplomatic File.

26 Cable to Lauchlin Currie from Madame Chiang Kai-shek, Chungking, July 22, 1941, China Diplomatic File.

27 Ibid.

28 Memorandum for the President from Lauchlin Currie, regarding hiring of pilots for China, October 3, 1941, China Diplomatic File.

29 Ibid.

30 Memorandum for the President from Lauchlin Currie, regarding pilots for China, September 18, 1941, China Diplomatic File.

31 Ibid.

32 Roosevelt Secret Memorandum.
33 Memorandum for the President from Harry L. Hopkins, September 30, 1941, China Diplomatic File.
34 Ibid.
35 Ford, pp. 93-94. 注＝ダグラス・ボストンは、輸出用はＤＢ－７、陸軍航空隊ではＡ－20と呼ばれていた。
36 Ford, p.94.
37 Ibid.
38 Ibid. ディスカバリー・チャンネルで放映された、一九九一年度アメリカ映画・ビデオ・フェスティバルでブルー・リボン賞を受賞した作品、ジョイ・ファーンレーとウィリアム・レーフラー共同製作・監督のドキュメンタリー映画、*Call to Glory* も参照されたい。
39 Ford, p.94.
40 "A Short-Term Aircraft Program for China," Joint Board Papers.
41 Ford, p.94.
42 爆撃機をアメリカから直接中国へ飛ばそうというシェノールトの計画は、本著14章に詳述されている。
43 ビルマのシェノールトの基地は日付変更線を越えた地点にあった。つまり、日本の真珠湾奇襲攻撃の期日は東南アジアでは一九四一年一二月八日だった。

第14章

1 Schultz, pp.11-12.
2 Thompson, p.375.

3 Ibid.

4 George C. Marshall Foundation; Hanson Baldwin Papers, Box 8, Folder 20.

5 *The United States News,* October 31, 1941, pp.18-19.

6 Ibid.

7 Ibid.

8 *The New York Times,* November 18, 1941, p.10.

9 Ibid.

10 Ibid.

11 *Time,* November 17, 1941.

12 Ibid., pp.32-33.

13 Ibid.

14 Ibid.

15 "The Problem of Defeating Japan—Review of the Situation," secret memorandum from British General Headquarters in the Far East, September 19, 1941, General Douglas MacArthur Foundation; Rec. Grp. 2, Box 1, MacArthur Personal Folder, "26 July 1941-12 September 1941."

16 Draft telegram from British Prime Minister Churchill to Lord Halifax in Washington, December 7, 1941.

17 The Second Appendix in *"And I Was There" Pearl Harbor and Midway—Breaking the Secrets* (by Rear Admiral Edwin T. Layton, USN [Ret.], with Captain Roger Pineau, USNR [Ret.] and John Costello, New York: William Morrow and Company, Inc., 1985, ["Layton"]), Secret Memorandum for

the Secretary and General Staff, November 21, 1941, regarding air offensive against Japan.

18 Ibid.

19 Ibid.

20 Ibid.

21 Ibid.

22 Ibid.

23 Ibid.

24 The Third Appendix in Layton, a map of the Western Pacific depicting the radii of action of the B-17, the B-24, and the B-18 from various potential air bases in that region.

25 Lewis H. Brereton, *The Brereton Diaries,* New York: William Morrow and Company, 1946 (*"The Brereton Diaries"*), p.22.

26 John Costello, *The Pacific War 1941-1945*, New York: Harper Collins Publishers, Inc., 1981 ("Costello"), p.638.

27 *The Brereton Diaries,* p.36.

28 William H. Bartsch, *December 8, 1941—MacArthur's Pearl Harbor,* College Station: Texas A&M University Press, 2003, p.243.

29 Ibid., pp.142-43.

30 Ibid.

31 Ibid.

32 Ibid.

33 Costello, p.vii.

34 Telegram from Lauchlin Currie to Madame Chiang, August 6, 1941.

35 Ibid.

36 Telegram from Lauchlin Currie to Madame Chiang, August 26, 1941.

37 Radiogram from General John Magruder to the Secretary of War of Chief of Staff, November 8, 1941, at 8:27 A.M..

38 Ibid.

39 Ibid.

40 Ibid.

41 Ibid.

42 Ibid., p.2.

43 Radiogram from General John Magruder from Chungking to AMMISCA, November 9, 1941, at 3:33 P.M..

44 Letter from Clair Chennault to Dr. T. V. Soong, September 4, 1941, Hoover Institution Archives, Collection Title, Claire Chennault, Box 2, Folder I.D., Number 6.

45 Letter from Clair Chennault to Dr. T. V. Soong, September 23, 1941, Hoover Institution Archives, Collection Title, Claire Chennault, Box 2, Folder I.D., Number 26.

46 Ibid.

47 Telegram from Clair Chennault to Lauchlin Currie, October 22, 1941, Hoover Institution Archives, Collection Title, Claire Chennault, Box 2, Folder I.D., Number 26.

48 Letter of Lauchlin Currie to Clair Chennault, November 22, 1941, Hoover Institution Archives, Collection Title, Claire Chennault, Box 2, Folder I.D., Number 26.

49 Ibid.

50 Ibid.

51 Note on meeting between C.A., Org. 2, Org. 5, and Mr. W. Pawley, president, CAMCO, 20 November 1941, Hoover Institution Archives, Collection Title, Claire Chennault, Box 4, Folder I.D., Number 11.

52 Ibid.

53 Ibid.

54 Ibid.

55 Ibid.

第15章

1 Carl von Clausewitz, *On War*, Princeton: Princeton University Press, 1976, p.198.（クラウゼヴィッツ著『戦争論』篠田英雄訳、岩波文庫／カール・フォン・クラウゼヴィッツ著『戦争論』清水多吉訳、中公文庫ＢＩＢＬＩＯ）

2 Van der Vat, p.27.

3 以下の文献参照。Susan Wells, *December 7, 1941—Pearl Harbor, America's Darkest Day*, San Diego:

Tehabi Books, 2001; Van der Vat; Prange; Layton; Nelson; Carl Smith, *Pearl Harbor: Day of Infamy*, Oxford: Osprey Publishing, 1999; Bert Kinzey, *Pearl Harbor—Awakening the Sleeping Giant*, Peachtree City: Detail and Scale, Inc., 2001.

4 Christopher Shores and Brian Cull with Yasuho Izawa, *Bloody Shambles, Volume I — The Drift to War to the Fall of Singapore*, London, Grub Street, 1992, pp. 97-98.

5 Ibid.

6 Ibid., pp.108-27.

第16章

1 *The New Webster Encyclopedic Dictionary of the English Language*, Chicago: Consolidated Book Publishers, p.800.

2 Ibid., p.33.

3 アメリカ議会両院合同議会におけるルーズベルト大統領の一九四一年一二月八日の〝汚辱の日〟演説。

4 アメリカ議会対日宣戦布告、一九四一年一二月八日午後四時一〇分（東部標準時間）承認。

5 アメリカ議会対ドイツ宣戦布告、一九四一年一二月一一日承認。

6 Berg, pp.431-32.

7 Nelson, p.111.

8 Robert L. Scott, *God is My Co-Pilot*, New York: Charles Scribner's Sons, 1943, p.50.

9 Nelson, pp.119-30.

10 Ibid., p.xii.

第17章

1 Schaller, p.83.

2 Page 9 of the Strategic Estimate in the Joint Board Plan supplied by Dr. Currie to Colonel E. E. MacMorland, referenced in MacMorland's memorandum of May 12, 1941, to Colonel Orlando Ward, concerning Chinese aircraft requirements.

3 *American Aviation Daily*, August 1, 1941, p.18. リチャード・ダンから筆者宛に二〇〇五年一二月一八日午後一〇時に送られたeメールも参照。

4 リチャード・ダンから筆者宛に送られた二〇〇五年一一月一四日午前一一時一分に送られたeメール。

5 同前。

6 同前。

7 同前。

8 同前。

9 Romanus and Sunderland, p.12.

10 Japanese Monograph Number 76, "Air Operations in the Chinese Area," (prepared under the auspices of the Chief of History, U. S. Army).

11 Ibid.

12 Ibid.

13 Romanus and Sunderland, pp.12-13.

14 リチャード・ダンから筆者に宛てた二〇〇五年一〇月九日付eメール。

15 航空歴史家バート・キンゼーからの二〇〇四年七月一六日付eメール。Y1B-17が一三機、B-17Aが一機、B-17Bが三九機、B-17Cが三八機、B-17Dが四二機、B-17Eが一〇二機の合計が一九四一年末までに中国側に引き渡された、と述べている。

16 Richard L. Dunn, "The Vultee P-66 in Chinese Service." October 5, 2005. http://www.warbirdforum.com/dunnp66.htm.

17 Ibid.

18 Richard L. Dunn, "Republic P-43 Lancer in Chinese Service." October 5, 2005. http://www.warbirdforum.com/richdunn.htm.

19 Richard L. Dunn, "Chennault and the Flying Tigers—Heroes, But Were They Legal?" October 5, 2005. http://www.warbirdforum.com/legal.htm.

20 *The Brereton Diaries* の一一ページに、ブレリートン将軍は自分がワシントンを離れたのは一九四一年一〇月一七日と記しているが、作家のウィリアム・H・バーチは自著 *December 8, 1941—MacArthur's Pearl Harbor* で、ブレリートンは一九四一年一〇月一八日にワシントンでブリーフィングを受けており、*The Brereton Diaries* は記録された出来事が実際に起こってからしばらく後になって書かれたため、将軍は日付を錯覚していると述べている。

資料・写真の転載許可について

筆者はまず、イギリスの詩人A・E・ハウスマンの"Epitaph on an Army of Mercenaries"(「傭兵隊の墓碑銘」)(Copyright 1939, 1940 by Holt, Rinehart & Winston, Inc. Copyright 1967 by Robert E. Symons. Copyright 1965 by Henry Holt and Company)の転載許可に対して、ハウスマンが遺した作品の著作権代理人である全米作家協会とHenry Holt and Companyに謝意を表したい。また、Potomac Press(旧称 Brassey's)にも、真珠湾奇襲攻撃計画の主たる起草者、源田実中佐の宣誓供述書の内容を引用する許可を賜ったことに対して謝意を述べたい。宣誓供述書と源田及び大西瀧治郎中将のものとされるその他の発言は、Brassey's刊のDonald M. Goldstein and Katherine V. Dillon著、*The Pearl Harbor Papers*(Copyright 1993 by Prange Enterprise, Inc. and published by Brassey's)に記載されたものである。

ローズマリー・シェノールト・シムラル夫人は、父君クレア・リー・シェノールトの回想録、*Way*

of a Fighter（Copyright 1949 by Claire Lee Chennault）から引用することを許可してくれた。

ダニエル・フォード氏は、自著 *Flying Tigers—Claire Chennault and the American Volunteer Group*（Copyright 1991 by Daniel Ford and published by Smithsonian Institution Press）の中の数節を引用することを許可してくれた。

ジャック・サムソン氏は、自著 *The Flying Tigers—The True Story of General Claire Chennault and the U.S. 14th Air Force in China*（Copyright 1987 by Jack Samson）から筆者が広範に引用することを許可してくれた。


なお、本著の綴じ込みの写真は、フライング・タイガーズ協会及びシーラ・ビショップ・アーウィン夫人の好意によるものである。厚く御礼申し上げたい。

訳者あとがき

真珠湾攻撃の日が、また巡ってくる。六七年目に当たる本年一二月八日（アメリカ時間、一二月七日）も、例年どおり、平和と日米友好を謳うパールハーバー記念式典がホノルルで催され、両国の関係者が参列するだろう。

式典は五〇周年（九一年）と六〇周年（〇一年）に取材したが、心境は毎回複雑だった。アメリカの軍事誌 *Soldier of Fortune* で以前読んだ、「米国は、日本海軍空母機動部隊による真珠湾奇襲の約一カ月前の一九四一年一一月一日に日本本土を先制攻撃する計画を、密かに進めていた」という内容の特集記事のことが久しく気になっていたからである。

同誌八九年一月号に掲載された一三ページの詳報は、ルーズベルト大統領が同秘密計画を承認していたことを記す証の一つとして、「了解……ＦＤＲ。一九四一年七月二三日」と署名され、戦後、アメリカ国立公文書館が解禁した陸海軍合同委員会の機密文書をイラストに使っていた。

「本誌独占　パールハーバー以前にあったアメリカの日本空爆秘密計画」というタイトルに引かれて

任地ニューヨークで読んだ記事だったが、軍関係者しかまず購読しない特殊な雑誌だったこともあって、中身を鵜呑みにするわけにはいかなかった。だが、その後の調べでこの秘密計画なるものの全体像が少しずつ明らかになり、〝計画どおり実行に移されていたとしたら、奇襲によって太平洋戦争の口火を切っていたのはアメリカだったのではないか〟という思いが、徐々に募っていった。

秘密計画が実在したことが確信できたのは、公文書館とスタンフォード大学のフーバー研究所に詰めた数年後のことだ。ジャーナリスト生活の半分近くをアメリカで過ごすなかで、真珠湾の日が近づくたびに毎年、周囲から厭でも聞こえてくる〝あれは日本の卑劣な騙し討ちだった〟の決まり文句に辟易させられてきた身としては、この計画は何としても日本の読者に伝えなければならないと思った。そして折あって、拙文は『文藝春秋』二〇〇二年九月号に、「ルーズベルト『日本奇襲』新資料」の題で掲載された。

対日先制攻撃は、蒋介石に雇われたアメリカ人義勇兵が操縦する一五〇機の長距離爆撃機を中核とする一大航空部隊が中国大陸南東部の秘密基地から本州を襲い、続いて各地の主要都市に連夜、焼夷弾の雨を降らせる計画だった。だがアメリカは、爆撃機供与を中国に約束したものの、ナチスの猛攻に喘ぐイギリスを優先的に支援する必要から引渡しが遅延し、真珠湾奇襲に後れを取ったのだった。

東京大空襲の惨禍を考えれば、焼夷弾爆撃による被害は甚大だったに違いない。その場合、もし東条首相が真珠湾の翌日にルーズベルトが議会で行なったあの〝汚辱の日〟演説並みの激しい口調で国際世論に訴え、アジア・太平洋地域の平和のための日米交渉が続行中に中国空軍の隠れ蓑で行なわれた奇襲は〝卑劣極まりない背信行為〟であると非難していたら、国際社会はどう反応しただろうか。

また、これは著者自身も触れていることだが、もし四一年一一月に先制攻撃を受けていたとしたら、日本は果たして一カ月後の一二月八日に予定されていた真珠湾作戦を強行していただろうか。そして、中国大陸の秘密基地に配備されたアメリカ製爆撃機による本土空襲は、南進作戦の展開をどう左右していただろうか。

アメリカは戦後、この秘密計画に関して口をつぐんできた。わずかにＡＢＣテレビが、人気キャスターのバーバラ・ウォルターズの「２０／２０」ニュース・ショウで九一年一二月二六日に特集を組んだが、目立った社会的反響はなかった。ちなみに、訳者が二度のパールハーバー記念式典で取材したアメリカ側参列者は、いずれもこの計画を〝修正主義者の戯言に過ぎない〟と決めつけたし、あからさまな敵意を示す場合もあった。

だが、こうした反応は、訳者が感知したアメリカ人参列者の心理を考えれば驚くに当たらない。彼らは押し並べて、日本側参列者（なかには、真珠湾攻撃に加わった元零戦パイロットもいた）は、真珠湾攻撃を〝反省し、過ちを詫びる〟ために毎年参列していると思っている、というのが率直な印象だった。

真珠湾奇襲は戦術的には空前の成果を挙げたが、開戦劈頭で米太平洋艦隊の主力部隊に〝痛撃を与え……西太平洋侵攻を不可能〟にすることによって敵に戦意を喪失させるという山本五十六連合艦隊司令長官の目論見に反して、開戦直前までひたすら非介入を訴え続けた米国民は〝リメンバー・パールハーバー〟の合い言葉の下でたちまち固く結束した。

真珠湾作戦は戦略的失敗だった。短期決戦を目指してアメリカに一か八かの勝負を挑んだ日本は、そもそも勝ち目のない総力戦を三年八カ月の長きにわたって戦う羽目に陥り、その結果、国は疲弊し、国土は焦土と化した。死者は軍人・軍属二三〇万人、民間人八〇万人といわれる。また、真珠湾をめぐってルーズベルト政権が執拗に展開した反日プロパガンダ作戦は、国際社会に日本人の〝卑劣さ〟を印象づけ、それが東京空襲や広島と長崎への原爆投下を懲罰として容認させる要因となった。

戦争回避を目指す日米外交交渉の切り上げの対米通告は、周知のとおり奇襲開始後になされた。事前に通告せよとの本省指令に背いた日本大使館の体たらくはお話にならないが、ルーズベルトは、奇襲の前日に一四部に分けて日本大使館に送信された日本政府の長文の最後通告を、その日のうちに読んでいた（日本の戦争指導者は外務省公電がほとんどすべて傍受・解読されていたことに気づいていなかった）。だが、自国の奇襲計画を棚に上げて通告の遅延を盾に取り、日本人移民の問題等で二〇世紀前半から高じてきた米国民の反日感情を巧みに煽り立てたのだった。

アメリカを長年観察するなかで訳者は、アメリカ人の心理の根底に戦後なおくすぶり続ける言い知れぬ対日不信は、真珠湾奇襲の翌日のルーズベルト演説に起因する反日感情の残滓ととらえてきた。演説はラジオの実況放送で全米に流され、少なくとも数百万人のアメリカ人が聴いている。

残されている録音を聴くたびに、実に巧みな演説だったと思うが、それにしても日本は、なぜその時、国際世論に訴えようとしなかったのだろうか。満州問題をめぐって、一九三三年に国際連盟を脱退していたからだったのか。理由はともあれ、当時の政府は、日本は対米戦争を回避するために大幅な妥協に甘んじる覚悟で交渉の最終段階に臨んでいたこと、だがアメリカは、最後まで原理原則に固執する高圧的な姿勢を変えようとしなかったこと、さらには、日本が対日最後通牒とみなした四一年一一月二六日の〝ハル・ノート〟が当時のわが国にとって極めて理不尽なものであったことを、世界に対して明確に主張することを怠った。国際情報戦略は、端からアメリカの独り舞台だったと断じざるを得ない。

いまさら、歴史の〝もし〟を論じて何になる、と考える向きもおられよう。だが、訳者は敢えて問いたい。もし日本がその時、自らの立場を国際社会に明示していたとしたら、連合国による経済封鎖に直面する資源小国の立場を理解した国もあったのではないだろうか、と。現に、東京裁判で日本無罪を主張したインドのパル判事は、「あのような文書を突きつけられたら、モナコのような小国でもアメリカ相手に立ち上がらざるを得なかっただろう」と述べているのである。

つらつら思うに、真珠湾を〝卑劣な騙し討ち〟と非難したアメリカとて、日米交渉続行中に中国の隠れ蓑で日本を先制空爆する秘密計画を温めており、それを大統領が承認していたという点では、五十歩百歩ではなかったか。計画こそ不発に終わったが、道義的には、日本と〝同じ穴のムジナ〟ではなかったか。計画どおりに日本を先制空爆していたとしたら、果たして日本に事前に通告していただろうか。

本著は、中国国民党政府に空軍顧問（大佐）として雇われた米陸軍航空隊退役大尉シェノールトが、モーゲンソー財務長官、カリー大統領補佐官等ルーズベルト政権の重鎮の強力な支援の下で密かに立案し、大統領のお墨付きを得た対日先制攻撃のための秘密計画の全貌を、単行本の形で初めて解き明かした労作である。

著者アラン・アームストロングは、ジョージア州アトランタで航空関係の訴訟を専門とする弁護士で、復元された第二次大戦の戦闘機の操縦を趣味とする。少年期から、太平洋戦争初期に勇名を馳せたアメリカ義勇兵航空部隊〝フライング・タイガーズ〟に強く惹かれていた著者は、同部隊の活動記録「ペンサコーラ文書」に遭遇したことをきっかけに、対日先制攻撃計画の企画書であるアメリカ政府機密文書、〝JB－355〟の存在を知った。そして、敏腕訴訟弁護士ならではの周到さで、事実関係の検証と執筆に五年の歳月を費やしている。

本著（"Preemptive Strike" The Lyons Press社、二〇〇六年発刊）のことは、シンガポールの主要紙ストレート・タイムズに書評を書いた友人のオーストラリア人ジャーナリストから連絡を受けて知った。いずれ日米両国で単行本にしようと考えていたテーマだったので、早速取り寄せて一気に読み終えた。そして本著には、戦時アメリカの真珠湾奇襲を巡る反日プロパガンダが創り上げた、実態と異なる日本人観の再考を国際社会に喚起すると同時に、戦後日本の多くの人々が〝東京裁判史観〟の下で真珠湾について一方的に感じさせられてきた〝罪悪感〟を払拭するパワーがある、と確信するに至った。

また本著は、二〇〇三年三月のイラク進攻決断時のように、アメリカが深刻な国際的危機に対処する際に、ホワイトハウスの深部がどのように機能するかに関する考察にとって貴重な糧を提供している。国際電話とｅメールで著者と交信するなかで、太平洋戦争と日米関係のあるべき姿に対するバランスの取れた視点に共感を覚え、主要出版社に話を持ちかけてみることにした。

だが、日本語版の実現は、意外に時間を要した。当方としては、本著の歴史資料的価値に鑑み、話はたちどころにまとまるものと考えていた。だが、刊行の可能性の検討を依頼した各版元の編集者諸氏に、いずれも判を押したように「せっかくですが、弊社で出版するのはどうやら難しいようです」と次々に断られた。著者と異なった史観を持つ編集者自身が、本著の刊行を〝意気に感じなかった〟というのがたぶん本音だったのだろう。

ちなみに、一つのテーマが作品として結実するためには、著者と編集者の間の〝阿吽の呼吸〟の妙が必要である。これは、長年出版に関わるなかで、痛感してきたことだ。つまり、編集者と著者の感性が合致することが肝要なのである。編集者の心の琴線に触れない作品が日の目を見ることは、まずあり得ない。

本著が全国の書店の店頭に並ぶのと前後して、二〇〇八年度アメリカ大統領選挙の一般投票と選挙人投票が行なわれる。他国の首脳選挙戦の結果について云々するのは不謹慎かもしれないが、いずれの党の候補が当選しても、アメリカにオバマ候補が強調する〝変化〟がもたらされ、真の信頼関係に基づいた対等な日米パートナーシップの礎となる、新しい日米対話への機運が高まってほしいと念じている。むろん日本側にも、新時代の日米関係に関する明確なビジョンを構築し、真に実りある同盟関係の土台となる実質的な対話を実現する潮流を創生するための、本格的な意欲と努力が求められる。

日米双方にとって悲劇だった太平洋戦争の真実について認識を深めることは、両国民に課された重要な課題である。本著が明かす新事実が、両国においてその一助となることを切望するものである。

今回、縁あって、拙訳は日本経済新聞出版社から刊行されることになった。原著を一読した翻訳出版部長の國分正哉氏は、速やかに刊行を決断された。これこそ、訳者が先に触れた著者と編集者の間の〝阿吽の呼吸〟のなせる業であり、実に痛快な展開だった。厚く御礼申し上げたい。また、史実や航空関係の記述を確かめるに当たって、多くの方々のご支援を賜った。心からの謝辞を述べさせていただきたい。

なお、原著巻末には、付録として二五ページにわたって左記の三つが掲載されている。

・ヘンリー・モーゲンソーの日記集三二四Ａ「中国、航空機、一九四〇年一二月三日〜二二日」に記された関連文書のインデックス
・ペンサコーラ国立海軍航空博物館内エミール・ビューラー・ライブラリーが所蔵するアメリカ義勇兵部隊関連書類、記録群四・九（アクセス番号一九九七・二六九）に記された文書（通称「ペンサコーラ文書」のインデックス）
・フランクリン・Ｄ・ルーズベルト大統領記念図書館所蔵文書のインデックス。同図書館スモール・コレクション、雑録、ＪＢ－３５５関係

これらの付録は、いずれも本書の主張を裏付ける文書や記述の所在を記したものだが、その性格上、英文のままでないと訳者のように原資料を検索したい人間には役に立たないし、それ以外の日本人読

者にとって長大な英文データの羅列である。そこで編集部と協議のうえ、著者の了解を得て日本語版からは削除した。ただし、日本語版の読者のために、著者は本書の専用ホームページ http://www.preemptivestrikethebook.com/ のなかに、これらの付録を掲載する意向であることを付記しておく。

また、本著に引用された公文書（特に第一四章の〝東京回章〟）、真珠湾関連文献、記述等のなかには、終戦時に焼却された、あるいは進駐軍に戦後接収されたまま未返還であることなどを含む理由から、原典にたどり着けないものがあったことをお断りしておきたい。いずれも、可能な限り原著の記述に忠実に訳出するよう心がけたが、いつか原典が発掘され、ニュアンスのずれは自明となる日が来るに違いない。至らない点は、あらかじめお詫びしておきたい。

最後に、私事を付記することをお許しいただきたい。昨年末、かつてシカゴで学び、日米関係に常々少なからぬ関心を抱いていた長男の妻が原因不明の急病で倒れ、一〇二日に及ぶ集中治療の甲斐なく、幼子を遺して旅立った。享年三一。常に笑みを絶やすことなく、巧まずして周りの人々の心を癒やす、賢くて美しい女性だった。

日本語訳の発刊が決まったのは、人事不省に陥った直後だった。きっと、彼女の魂が後押ししてくれたに違いないと思っている。拙訳は、感謝を込めて彼女の墓前に捧げたい。

二〇〇八年秋

塩谷　紘

〔や・ら・わ〕

〔ま〕

〔な〕

〔は〕

〔た〕

〔か〕

〔さ〕

索　引

著訳者紹介

アラン・アームストロング（Alan Armstrong）

ジョージア州アトランタを拠点に活動する航空問題専門の弁護士。1945年アトランタ生まれ。エモリー大学ロースクールを経て弁護士活動を開始。アメリカ法廷専門弁護士協会、ジョージア州法曹協会の会員であり、98年からは同州法廷専門弁護士協会の航空部門委員長をつとめる。航空法の権威として寄稿や講演活動を活発に展開し、連邦議会の下院航空小委員会で証言した経歴も持つ。また、自ら航空機操縦ライセンスを取得し、趣味で第二次大戦中に活躍した戦闘機や爆撃機などを操縦している。日本海軍の九七式艦上攻撃機の複製機を所有。2008年、本著をもとに自ら執筆した脚本がヴィジョン・フェスタ映画祭の脚本部門でトップ入選を果たし、現在、ハリウッドの関係者と映画化に関して折衝中。

塩谷　紘（しおや・こう）

ジャーナリスト。1940年生まれ。ＡＰ通信社記者、「リーダーズ・ダイジェスト」日本版編集長、「Asia, Inc.」コラムニスト、「文藝春秋」北米総局長を経て2004年に独立し、主として国際畑で執筆活動を展開。国際関係研究機関Pacific Century Instituteの理事もつとめる。主な著訳書に、『「リーダイ」の死――最後の編集長のレクイエム』（サイマル出版会）、『もう一つの母国、日本へ』（ドナルド・キーン著、講談社インターナショナル）、『モダン・ゴルフ』（ベン・ホーガン著、ベースボールマガジン社）などがある。

「幻」の日本爆撃計画

「真珠湾」に隠された真実

2008年11月13日　1版1刷

著　者　アラン・アームストロング
訳　者　塩　谷　　紘
発行者　羽　土　　力

発行所　日本経済新聞出版社
http://www.nikkeibook.com/
東京都千代田区大手町1-9-5　〒100-8066
電話03-3270-0251

印刷・製本／中央精版印刷株式会社

Printed in Japan　ISBN978-4-532-16674-8